Schriftenreihe der ASI – Arbeitsgemeinschaft Sozialwissenschaftlicher Institute

Reihe herausgegeben von

Frank Faulbaum, Duisburg, Deutschland

Stefanie Kley, Hamburg, Deutschland

Birgit Pfau-Effinger, Hamburg, Deutschland

Jürgen Schupp, Berlin, Deutschland

Jette Schröder, Mannheim, Deutschland

Christof Wolf, Mannheim, Deutschland

Herausgegeben von
Frank Faulbaum
Universität Duisburg-Essen

Stefanie Kley
Universität Hamburg

Birgit Pfau-Effinger
Universität Hamburg

Jürgen Schupp
DIW Berlin

Jette Schröder
GESIS – Leibniz-Institut für
Sozialwissenschaften

Christof Wolf
GESIS – Leibniz-Institut für
Sozialwissenschaften

Weitere Bände in der Reihe http://www.springer.com/series/11434

Tobias Wolbring · Heinz Leitgöb ·
Frank Faulbaum
(Hrsg.)

Sozialwissenschaftliche Datenerhebung im digitalen Zeitalter

Hrsg.
Tobias Wolbring
Fachbereich Wirtschafts- und
Sozialwissenschaften
FAU Erlangen-Nürnberg
Nürnberg, Deutschland

Heinz Leitgöb
Fachbereich Soziologie
Katholische Universität
Eichstätt- Ingolstadt
Eichstätt, Deutschland

Frank Faulbaum
Institut für Soziologie
Universität Duisburg-Essen
Duisburg, Deutschland

ISSN 2625-9427   ISSN 2625-9435 (electronic)
Schriftenreihe der ASI – Arbeitsgemeinschaft Sozialwissenschaftlicher Institute
ISBN 978-3-658-34395-8   ISBN 978-3-658-34396-5 (eBook)
https://doi.org/10.1007/978-3-658-34396-5

Die Deutsche Nationalbibliothek verzeichnet diese Publikation in der Deutschen Nationalbibliografie; detaillierte bibliografische Daten sind im Internet über http://dnb.d-nb.de abrufbar.

© Der/die Herausgeber bzw. der/die Autor(en), exklusiv lizenziert durch Springer Fachmedien Wiesbaden GmbH, ein Teil von Springer Nature 2021
Das Werk einschließlich aller seiner Teile ist urheberrechtlich geschützt. Jede Verwertung, die nicht ausdrücklich vom Urheberrechtsgesetz zugelassen ist, bedarf der vorherigen Zustimmung der Verlage. Das gilt insbesondere für Vervielfältigungen, Bearbeitungen, Übersetzungen, Mikroverfilmungen und die Einspeicherung und Verarbeitung in elektronischen Systemen.
Die Wiedergabe von allgemein beschreibenden Bezeichnungen, Marken, Unternehmensnamen etc. in diesem Werk bedeutet nicht, dass diese frei durch jedermann benutzt werden dürfen. Die Berechtigung zur Benutzung unterliegt, auch ohne gesonderten Hinweis hierzu, den Regeln des Markenrechts. Die Rechte des jeweiligen Zeicheninhabers sind zu beachten.
Der Verlag, die Autoren und die Herausgeber gehen davon aus, dass die Angaben und Informationen in diesem Werk zum Zeitpunkt der Veröffentlichung vollständig und korrekt sind. Weder der Verlag noch die Autoren oder die Herausgeber übernehmen, ausdrücklich oder implizit, Gewähr für den Inhalt des Werkes, etwaige Fehler oder Äußerungen. Der Verlag bleibt im Hinblick auf geografische Zuordnungen und Gebietsbezeichnungen in veröffentlichten Karten und Institutionsadressen neutral.

Planung/Lektorat: Katrin Emmerich
Springer VS ist ein Imprint der eingetragenen Gesellschaft Springer Fachmedien Wiesbaden GmbH und ist ein Teil von Springer Nature.
Die Anschrift der Gesellschaft ist: Abraham-Lincoln-Str. 46, 65189 Wiesbaden, Germany

Inhalt

Vorwort 3

Grundlagen

Heinz Leitgöb & Tobias Wolbring
Die Methoden der sozialwissenschaftlichen Datenerhebung
im digitalen Zeitalter.
Entwicklungen, Möglichkeiten und Herausforderungen 7

*Sonja Malich, Florian Keusch, Sebastian Bähr,
Georg-Christoph Haas, Frauke Kreuter & Mark Trappmann*
Mobile Datenerhebung in einem Panel.
Die IAB-SMART-Studie 45

Carina Cornesse & Ines Schaurer
Inklusion von Menschen ohne Internet in zufallsbasierte
Onlinepanel-Umfragen 71

Messung

Alexander Wenz
Completing Web Surveys on Mobile Devices.
Does Screen Size Affect Data Quality? 101

Ranjit K. Singh
Harmonizing Data in the Social Sciences with Equating 123

Silke L. Schneider & Verena Ortmanns
Measuring Migrants' Homeland Education.
A validation study of competing measures 141

Anwendungsbeispiele

Stefan Jünger
Subjektiv geschätzter und tatsächlicher Ausländeranteil in der Nachbarschaft
Analysen mit dem georeferenzierten ALLBUS 2016 und dem Zensus 2011 173

Oliver Wieczorek, Alexander Brand & Niklas Dörner
Die Online-Repräsentation (sozial-) räumlicher Ungleichheit am Beispiel von Airbnb in zehn deutschen Städten 199

Corinna Drummer
Schulwege und ihre Bedeutung für Schulleistungen.
Potenziale georeferenzierter Daten für die empirische Bildungsforschung am Beispiel des Nationalen Bildungspanels ... 221

Edgar Treischl, Sven Laumer, Daniel Schömer, Jonas Weigert, Karl Wilbers & Tobias Wolbring
Give a Little, Take a Little? A Factorial Survey Experiment on Students' Willingness to Use an AI-based Advisory System and to Share Data 253

Autorenverzeichnis 283

Vorwort

Neue Möglichkeiten der Datenerhebung mittels digitaler Technologien, aber auch die Verfügbarkeit umfassender prozessproduzierter Daten, die bei der Nutzung sozialer Medien, Smartphones oder sogenannter Wearables anfallen, bergen ein enormes Potenzial für die empirische Sozialforschung. So lassen sich beispielsweise räumliche Mobilitätsmuster und soziale Kontexte mittels georeferenzierter Daten in bisher nicht gekannter Art und Weise messen, während sich in anderen Bereichen gerade die Möglichkeiten einer zeitlich feinkörnigen Abbildung dynamischer Prozesse als besonders fruchtbar erwiesen hat. Es erscheint vor diesem Hintergrund nicht übertrieben von einer digitalen Revolution in den Sozialwissenschaften zu sprechen, welche die empirische Sozialforschung aber auch mit neuen Herausforderungen und Fragestellungen konfrontiert. Diese betreffen etwa technische Herausforderungen von Datenzugang, -verknüpfung und -handling, methodische Fragen nach Datenqualität und Maßnahmen zu deren Sicherung sowie ethische und rechtliche Aspekte.

Der vorliegende Sammelband versucht diese Dynamiken der fortschreitenden Digitalisierung der sozialwissenschaftlichen Datenerhebung thematisch aufzugreifen. Er ist aus der Herbsttagung „Empirische Sozialforschung in Zeiten der Digitalisierung – Methodische Konsequenzen neuer Technologien der Datenerhebung" hervorgegangen, die im Rahmen der traditionellen Kooperation zwischen der Arbeitsgemeinschaft sozialwissenschaftlicher Institute (ASI) e.V. und der Sektion „Methoden der empirischen Sozialforschung" der Deutschen Gesellschaft für Soziologie (DGS) am 15. und 16. November 2019 bei GESIS am Standort Köln stattfand.

Der Sammelband gliedert sich in drei Teile. Der erste Teil des Buches „Grundlagen" umfasst Beiträge, die sich thematisch mit den methodologischen bzw. methodischen Grundlagen der Digitalisierung der Datenerhebung bzw. ihrer Entwicklung auseinandersetzen. Der zweite Teil „Messung" konzentriert sich auf Fragen der Messgüte und Maßnahmen zu deren Sicherung. Der letzte Teil des Buches „Anwendungsbeispiele" stellt schließlich Ansätze der praktischen Implementierung digitaler Erhebungsmethoden in unterschiedlichen Anwendungskontexten vor. Außerdem wird in einem Beitrag versucht, ein methodologisches Framework zur Prüfung der Akzeptanz KI-basierter Technologien vorzulegen.

Unser Dank gilt abschließend allen Autorinnen und Autoren, deren Einsatz das Werk erst ermöglicht hat. Ganz besonders bedanken wir uns bei Frau Bettina Zacharias (GESIS) für ihre professionelle Arbeit bei der Korrektur und Formatierung der Beiträge und Frau Dr. Jette Schröder für die tatkräftige Unterstützung bei der Organisation der impulsgebenden Tagung. Wir hoffen, die Beiträge zu einer empirischen Sozialforschung im 21. Jahrhundert stoßen auf Ihr Interesse und wünschen viel Freude bei der Lektüre.

Duisburg, Frankfurt und Nürnberg im Januar 2021

Frank Faulbaum, Heinz Leitgöb, Tobias Wolbring

Grundlagen

Die Methoden der sozialwissenschaftlichen Datenerhebung im digitalen Zeitalter
Entwicklungen, Möglichkeiten, Herausforderungen

Heinz Leitgöb [1] *& Tobias Wolbring* [2]

[1] Universität Eichstätt-Ingolstadt
[2] Friedrich-Alexander-Universität Erlangen-Nürnberg

1 Einleitung

Das angebrochene digitale Zeitalter, treffend charakterisiert durch *computers everywhere* (Salganik 2018, S. 3), eröffnet den Sozialwissenschaften einzigartige Möglichkeiten des Erkenntnisgewinns und neuartige Forschungsfelder (z.B. Fussey und Roth 2020). Watts (2011, S. 266) sieht darin nicht weniger als „the potential to revolutionize our understanding of ourselfes and how we interact (...)". Gleichsam sind damit aber auch große Herausforderungen verbunden.

Aus wissenschaftstheoretischer Sicht vollzieht sich infolge der *digitalen Revolution* (Wolbring 2020) ein Paradigmenwechsel im Sinne Kuhns (1962), und zwar von der traditionell umfragedominierten Sozialforschung hin zum neu etablierten Forschungsbereich der *Computational Social Sciences* bzw. *Social Data Sciences* (Kitchin 2014a). Befeuert wird dieser Prozess durch eine Reihe von technologischen Innovationen, zum Beispiel der Entwicklung mobiler internetfähiger Endgeräte, des flächendeckenden Ausbaus des mobilen Breitbandinternets, der Verbreitung zahlreicher globaler und kostenfrei nutzbarer *Social Media* Plattformen, des Aufbaus einer umfassenden Server-Infrastruktur zur Speicherung enormer Datenmassen, der massiven Zunahme der Speicher- und Prozessorkapazitäten sowie der Entwicklung von *twenty first-century* Anwendungen (Efron und Hastie 2016) im Bereich der Daten-

© Der/die Autor(en), exklusiv lizenziert durch
Springer Fachmedien Wiesbaden GmbH, ein Teil von Springer Nature 2021
T. Wolbring et al. (Hrsg.), *Sozialwissenschaftliche Datenerhebung im digitalen Zeitalter*, Schriftenreihe der ASI – Arbeitsgemeinschaft Sozialwissenschaftlicher Institute, https://doi.org/10.1007/978-3-658-34396-5_1

analyse inklusive Softwareimplementierung. Die steigende Nutzung dieser digitalen Technologien in der empirischen Sozialforschung hat zur Folge, dass sich das Methodenspektrum sowohl im Bereich der Datenerfassung, -aufbereitung und -archivierung als auch im Bereich der Datenanalyse nachhaltig ausdifferenziert und erweitert (McFarland et al. 2016). Weiterhin gilt die zunehmende Verfügbarkeit von *Big Data*[1] für Forschungszwecke als Triebfeder dieses rapiden Transformationsprozesses.

Vor dem Hintergrund der skizzierten Entwicklungen wird die Zukunftsfähigkeit der Sozialwissenschaften auch maßgeblich von deren Anpassungsleistung an jene Bedingungen abhängen, die mit der fortschreitenden Digitalisierung der empirischen Forschung verbunden sind. Davon ist die Grundlagenforschung in gleichem Maße betroffen wie die anwendungsorientierte Forschung. Aus diesem Grund widmet sich der Übersichtsartikel den methodischen Möglichkeiten des Einsatzes neuer digitaler Technologien für den Bereich der sozialwissenschaftlichen Datenerhebung und den daraus resultierenden Herausforderungen. In der Folge wird versucht, die bedeutsamsten Digitalisierungsprozesse in der sozialwissenschaftlichen Datenerhebung nachzuzeichnen und damit zusammenhängende Potentiale und Herausforderungen aufzuzeigen.

---

[1] Im sozialwissenschaftlichen Kontext bezeichnet *Big Data* von Behörden, Unternehmen und sonstigen Institutionen bzw. Akteuren generierte Daten, die prinzipiell für andere Zwecke als die (Grundlagen-)Forschung erhoben werden, zum Beispiel aufgrund gesetzlicher Dokumentationspflichten oder zu Verwaltungs-, Werbungs- und Marketingzwecken (Salganik 2018). Insgesamt wird unter dem Begriff ein komplexes und sich fortlaufend weiterentwickelndes Datenphänomen subsumiert, das vielfältige Eigenschaften aufweist und definitorisch schwer zu fassen ist (z.B. Callegaro und Yang; De Mauro et al. 2015; Japec et al. 2015). Weitgehende Einigkeit besteht in der Literatur allerdings hinsichtlich der drei Haupteigenschaften von *Big Data*: *Volume*, *Velocity* und *Variety* (die drei Vs; Beyer und Laney 2012; Laney 2001). Für weiterführende Informationen zum Thema *Big Data* in den Sozialwissenschaften sei unter anderem auf Foster et al. (2016), Kitchin (2014a, 2014b), Kitchin und McArdle (2016) sowie Olshannikova et al. (2017) verwiesen. Einen umfassenden Überblick zu den analytischen Möglichkeiten stellen Tsai et al. (2015) zur Verfügung und Hesse et al. (2015, S. 659) diskutieren ein wissenstheoretisches Konzept „of translating big data to knowledge".

2 Digitalisierung der Befragungsformen und Web Surveys

Die digitalen Innovationen der letzten Jahrzehnte haben den Bereich der sozialwissenschaftlichen Erhebungsmethodik bzw. Datengewinnung in vielfacher Hinsicht beeinflusst und tiefgreifend verändert (z.B. Couper 2005, 2017). Einen frühen Meilenstein dieser Entwicklung markieren die Bemühungen, digitale Technologien verstärkt in die traditionellen analogen Befragungsformen zu integrieren und Face-to-Face- und Telefonumfragen zunehmend computergestützt durchzuführen.

Digitale Technologien können dabei nicht nur die praktische Umsetzung von Befragungen erleichtern, sondern auch zur Sicherung der Datenqualität beitragen. Exemplarisch kann hierfür etwa das *Interactive Voice Response* (IVR; z.B. Couper et al. 2004; Dillman et al. 2009; Kreuter et al. 2008; Tourangeau et al. 2002) zur Reduktion von sozial erwünschtem Antwortverhalten bei sensitiven Fragen in Telefonumfragen und audio- bzw. videounterstütze Formen der selbstadministrierten Befragung zur Inklusion systematisch unterrepräsentierter Gruppen mit defizitären Sprach- bzw. Lesekompetenzen (z.B. Couper et al. 2003; Gerich 2008; O'Reilly et al. 1994; Turner et al. 1998) genannt werden.

Eine weitere richtungsweisende Innovation im Rahmen der Digitalisierung der empirischen Sozialforschung war die Erschließung des Internets zum Zwecke der umfragebasierten Datenerhebung (z.B. Couper und Bosnjak 2010; Evans und Mathur 2005; Fielding et al. 2017; Manfreda und Vehovar 2008; van Selm und Jankowski 2006). So hat sich insbesondere mit browserbasierten Web Surveys eine kostengünstige Alternative zu intervieweradministrierten Befragungsformen etabliert, die neben der monetären Attraktivität noch eine Reihe weiterer überzeugender Vorteile bietet. Hierzu zählen etwa die durch die Selbstadministration zu erwartende geringere Messfehlerbelastung in sensitiven Merkmalen (Leitgöb 2019), die fehlerfreie und aufwandsneutrale Datenerfassung, die große Reichweite bei zentralisierter Umfrageadministration, neue Möglichkeiten der Erstellung komplexer Fragebogendesigns durch die automatisierte Filterführung und die zufallsbasierte Anordnung bzw. Zuweisung von Fragen sowie die Generierung einer Vielzahl von Paradaten wie Bearbeitungs- und Antwortlatenzzeiten (z.B. Kreuter 2013, 2015; Mayerl 2013; McClain et al. 2019; Urban und Mayerl 2007), die als Datenquelle unter anderem der weiterführenden Erforschung des Antwortverhaltens von Befragten dienen können.

Online Access Panels (z.B. Faas 2003; Stoop und Wittenberg 2008 sowie Kapitel 17 bis 21 in Engel et al. 2015) erlauben es ferner kostengünstig und vergleichsweise zeitnah auf aktuelle Ereignisse mit der Sammlung von repräsentativen Umfragedaten zu reagieren (siehe auch Cornesse und Schaurer in diesem Band). So wurde etwa im Rahmen der COVID-19 Pandemie die wissenschaftliche und öffentliche Diskussion mit empirischen Befunden angereichert, die auf Basis maßgeschneiderter Online Access Panel Befragungen generiert wurden.[2]

Schließlich profitieren die ursprünglich vor allem als Reaktion auf sinkende Rücklaufquoten und steigenden *Coverage Error* in den klassischen Single Mode Surveys etablierten *Mixed Mode Survey Designs* (z.B. de Leeuw und Berzelak 2016; de Leeuw et al. 2008; Dillman und Edwards 2016; Dillman et al. 2014; Dillman und Messer 2010; Tourangeau 2017) von der Verfügbarkeit von Web Surveys als zusätzlicher Kombinationsvariante (de Leeuw und Hox 2011). Auf diese Weise können einerseits vermehrt auch jene (insbesondere jüngeren Geburtskohorten angehörenden) ausgewählten Personen zur Teilnahme an Umfragen bewogen werden, die digitale Kommunikationskanäle aufgrund der intensiven Alltagsnutzung präferieren und die Teilnahme in anderem Survey Mode mit hoher Wahrscheinlichkeit verweigern würden (zu Mode Präferenzen siehe z.B. Al Baghal und Kelley 2016; Olson et al. 2012; Smyth et al. 2014a, 2014b). Andererseits lässt sich aus der *Satisficing Theory* (allgemein: Simon 1957; einschlägig für das Antwortverhalten in Umfragen: Krosnick 1991, Krosnick et al. 1996) ein positiver Effekt der Möglichkeit zur Teilnahme im präferierten Erhebungsmodus auf die Datenqualität ableiten. Konkret sollte sich dadurch die Motivation bzw. Bereitschaft vieler Befragter erhöhen, den Fragebogen sorgfältig, gewissenhaft und bis zum Ende zu bearbeiten, d.h. *Satisficing* zu reduzieren. Empirische Evidenz zugunsten der Annahme wurde von Smyth et al. (2014a) vorge-

---

2   Für den deutschsprachigen Raum können in diesem Zusammenhang das *Austrian Corona Panel* (https://viecer.univie.ac.at/coronapanel), die *Sondererhebung des GESIS-Panels zum Ausbruch des Corona-Virus SARS-CoV-2* (https://search.gesis.org/research_data/ZA5667) sowie die *SINUS-Studie in Deutschland, Österreich und der Schweiz zur COVID-19-Pandemie* (https://www.sinus-institut.de/veroeffentlichungen/meldungen/detail/news/corona-umfrage-grosse-sorgen-in-deutschland-oesterreich-und-schweiz/news-a/show/news-c/NewsItem/news-from/47) als Beispiele genannt werden (Stand: 26.01.2021).

legt. Weiterhin gelten *push-to-web* Surveys, definiert von Dillman (2017, S. 3) als „data collection that uses mail contact to request responses over the internet, while withholding alternative answering modes until later in the implementation process", als attraktive Möglichkeit zur Optimierung der Erhebungskosten. Ihre Entwicklung steckt gegenwärtig allerdings noch in den Kinderschuhen (Lynn 2020).

Eine der größten Herausforderungen, die sich im Rahmen der Durchführung von Mixed-Mode Surveys stellt, ist die Herstellung von Messäquivalenz zwischen den Survey Modes (z.B. Hox et al. 2015). Dies trifft insbesondere auf die Kombination von selbst- (z.B. webbasiert) und intervieweradministrierten Survey Modes (z.B. telefonisch, Face-to-Face) zu. Innovative Möglichkeiten zur empirischen Prüfung auf Messäquivalenz unter systematischer Selbstselektion der Befragten in den zur Teilnahme ausgewählten Survey Mode wurden spezifisch für latente Konstrukte von Hox et al. (2015) und Klausch et al. (2013) sowie allgemein von Klausch et al. (2015), Leitgöb (2017), Vandenplas et al. 2016, Vannieuwenhuyze et al. (2010, 2014) und Vannieuwenhuyze und Loosveldt (2013) vorgelegt.

3 Vom Desktop-PC zu Smartphones und Wearables

Der flächendeckende Ausbau leistungsfähiger mobiler Netzwerke wie 4G und 5G, in Kombination mit dem gestiegenen Angebot an bezahlbaren mobilen Endgeräten (insbesondere Smartphones) und für deren Nutzung optimierte Online Survey Tools eröffnete eine bislang unbekannte Flexibilität hinsichtlich der räumlichen und zeitlichen Ausgestaltung des Befragungssettings durch die Befragten (z.B. Andreadis 2015; Antoun et al. 2019; Buskirk und Andres 2012; Couper et al. 2017; de Bruijne und Wijnant 2013; Mavletova und Couper 2014; Millar und Dillman 2012; Stapleton 2013; Toepoel und Lugtig 2015; Toninelli et al. 2015).[3]

---

3 Gemäß den Daten von StatCounter GlobalStats (https://gs.statcounter.com; Stand: 26.01.2021) ist der Anteil der Nutzerinnen und Nutzer von mobilem Internet in den letzten 10 Jahren weltweit von 3,5 % (September 2010) auf 50,2 % (September 2020) gestiegen und hat den Anteil für Desktop-Geräte (PCs und Laptops) seit 2016 hinter sich gelassen (September 2020: 47,2 %). In Deutschland entwickelte sich der Anteil von 0,7 % (September 2010) auf

Die Mobilität, die der Einsatz von Smartphones und *Wearables*[4] zur Erhebung sozialwissenschaftlicher Daten bietet, begründet ferner ihr Potential zur situativen (Echtzeit-)Erfassung unterschiedlichster Informationen mittels SMS- bzw. App-basierter Survey-Tools (z.B. Jäckle et al. 2019; Keusch et al. 2019; Kreuter et al. 2020; Lau et al. 2018, 2019; Link et al. 2014; Pinter 2015; Read 2019; Scherpenzeel 2017). Dies trifft sowohl für *aktive* als auch *passive* Formen der Datenerhebung zu. Während erstere eine aktive Rolle der Probanden erfordern (z.B. im Rahmen von *Time Use Diaries*; siehe etwa Chatzitheochari et al. 2018; Elevelt et al. 2019; Lev-On und Lowenstein-Barkai 2019), erfolgt bei letzteren die Datensammlung autonom im Hintergrund.

Abgesehen vom Tragen des entsprechenden Geräts fällt damit bei passiven Erhebungsformen kein Aufwand für die Probanden an – die Messungen werden unabhängig von deren Aktivitätsniveau, etwa sogar während der Schlafphasen, realisiert. Auf diese Weise lassen sich bislang zumindest für breite Bevölkerungsgruppen schwierig zu erfassende Informationen wie GPS-basierte Positions- und Mobilitätsdaten (einführend: Kandt 2019; Lakes 2019) sowie (gesundheitsbezogene) Tracking- und Prozessdaten (z.B. Herz- und Atemfrequenz, Blutdruck, Körpertemperatur, Schrittleistung, Kalorienverbrauch) nun einfach erheben und systematisch mit Umfragedaten verknüpfen. Das enorme

---

41,1 % (September 2020). Dieser Trend im Nutzungsverhalten des Internets (siehe dazu auch Link et al. 2014) hatte zur Folge, dass mobile Endgeräte für die Teilnahme an Web Surveys nicht dauerhaft unberücksichtigt bleiben konnten (Toninelli und Revilla 2016). So musste auch der bis dahin unbeabsichtigten Beantwortung von Web Surveys mittels mobiler Endgeräte entgegengewirkt werden, da hierfür nicht optimierte Designs die Datenqualität negativ beeinflussen (z.B. de Bruijne und Wijnant 2014; Peterson 2012; Wells et al. 2013).

4   Unter dem Begriff *Wearables* werden kleinformatige portable Computertechnologien subsumiert, die von Individuen am Körper getragen werden, dabei über verbaute Sensoren fortlaufend unterschiedlichste Messungen (z.B. Körpervitalfunktionen und andere personenbezogene Merkmale der Trägerinnen und Träger, Umgebungsmerkmale wie die Raumtemperatur, geographische Positionsdaten) realisieren und die generierten Daten speichern bzw. zur Archivierung an Server übermitteln. *Wearables* werden als Teil des *Internets der Dinge* (*Internet of Things*; IoT) verstanden. Die bekanntesten Beispiele sind *Smartwatches*, *Fitness* bzw. *Activity Trackers*; *Smart Cloths* und Digitalbrillen.

Potenzial, dass sich aus solchen reichhaltigen und feinkörnigen „*digital traces*" (Golder und Macy 2014) ergibt, liegt auf der Hand und wird durch die Erfolgsgeschichte des *Internets der Dinge* und der Smart-Home-Technologien weiter an Bedeutung gewinnen (z.B. Helbing 2015).

Trotz dieser Aussicht, mittels neuer Technologien präzise Messungen bislang oft nur schwer oder aufwändig erfassbarer Konstrukte generieren zu können, stellen sich selbstverständlich auch hier Fragen nach der Güte der Messungen. So kann das Tragen von Wearables etwa Reaktivität auslösen, d.h., das beforschte Verhalten der Teilnehmenden in systematischer Art und Weise beeinflussen (Piwek et al. 2016). Gleichzeitig können Probleme bei der Datenerfassung und -übermittlung zu unvollständigen oder fehlerhaften Messungen führen. Dies ist etwa der Fall, wenn Wearables nicht richtig getragen werden oder mangels ausreichender Netzabdeckung Lücken im Mobilitätsprofil entstehen.

Entsprechend müssen auch die mittels neuer Technologien generierten Messungen vor dem Hintergrund des Total Survey Error (TSE) Frameworks kritisch evaluiert werden. Dies gilt sowohl hinsichtlich möglicher Fehlerquellen bei der Messung als auch hinsichtlich einer adäquaten Repräsentation der interessierenden Grundgesamtheit. Erste Ansätze dazu werden in den relevanten Kapiteln in Biemer et al. (2017) ausgearbeitet. Da allerdings das surveybasierte Framework des TSE inklusive der psychometrisch fundierten Messfehlerkonzepte nicht so einfach auf viele neuartige Datenformate/-typen (z.B. Prozessdaten durch Tracking) anwendbar bzw. direkt übertragbar ist, gilt es geeignete Mess- sowie Datentheorien, Qualitätskriterien und entsprechende Verfahren der Qualitätssicherung zu entwickeln und damit über die Fachdisziplinen hinweg geteilte Standards zu etablieren. Überlegungen in diese Richtung werden etwa von Graeff und Baur (2020; Baur et al. 2020) angestellt. Zudem scheint mit dem Ansatz der graphischen Repräsentation fehlender Daten (Mohan et al. 2013; Mohan und Pearl, forthcoming; Thoemmes und Mohan 2015) ein vielversprechendes generalisiertes Framework vorzuliegen, das es erlaubt, unterschiedlichste Mechanismen des Datenausfalls analytisch zu fassen bzw. zu bearbeiten.

Schließlich liegt eine Besonderheit, mit der sämtliche Bemühungen in der Entwicklung von Konzeption zur Evaluation der Datenqualität im Kontext von *Big Data* konfrontiert sind, in ihrer schieren Masse bzw. Dimensionalität. So schreiben Cai und Zhu (2015, S. 3): „Data volume is tremendous, and it is difficult to judge data quality within a reasonable amount of time". Ungeachtet dessen muss in Sinne des *Scientific Rigours* das Ziel klar darauf ausgerichtet sein, mit Nachdruck stringente Qualitätskonzepte für die neuen Datenformate/-typen zu schaffen, die eine umfassende Beurteilung entsprechender Daten zumindest in dem Maße ermöglichen, wie es derzeit nur für Umfragedaten möglich ist.

4 Soziale Medien und Netzwerke

Die Entwicklung, Bereitstellung und globale Verbreitung von Social Network bzw. Media Plattformen wie Facebook (2.271 Mio. aktive User Accounts im Januar 2019; Hootsuite und We Are Social 2019, S. 81), YouTube (1.900 Mio.; ebd.), Instagram (1.000 Mio.; ebd.), TikToc (500 Mio.; ebd.) und Twitter (326 Mio.; ebd.) eröffnete eine der mittlerweile bedeutsamsten *Big Data*-Quellen in den Sozialwissenschaften (z.B. Felt 2016; Foster et al. 2016; Ghani et al. 2019; Lazer und Radford 2017; Salganik 2018).[5]

Neben ihrer schieren Masse besitzen diese sozialen Netzwerkdaten (nachfolgend *SND*) eine Reihe weiterer Eigenschaften, die Umfragedaten im Allgemeinen nicht aufweisen. Zunächst liegen sie in nicht-standardisierter Form (verbal bzw. visuell-auditiv) vor und sind wenig strukturiert. Allerdings lassen sich die Messages unter Anwendung von Text Mining-Verfahren (z.B. Ignatow und Mihalcea 2017; Manderscheid 2019; Puchinger 2016) strukturieren, um so weitere Informationen zu extrahieren. In der Folge können daraus auch quantitative Daten über die Textinhalte gewonnen werden.

Weiterhin werden SND global und kontinuierlich produziert, so dass sich beispielsweise mittels georeferenzierter Tweets unmittelbare soziale Reaktionen der Network Community auf weitreichende Ereignisse wie politische Entscheidungen, Demonstrationen, epidemiologische Lagen, (Umwelt-)Katastrophen sowie Terroranschläge erfassen und geographisch zuordnen lassen. Hierdurch eröffnen sich auch vielfältige neue Möglichkeiten zu komparativen Analysen und/oder Längsschnitt-

---

5 Mittlerweile stehen für den gezielten Download und die Aufbereitung von Tweets mehrere Programme in Standardstatistikpaketen zur Verfügung, allen voran die R-Applikationen `TwitteR` und `rtweet` sowie das Stata-Modul `twitter2stata`.

analysen (z.B. Fletcher und Nielsen 2018; Jaidka et al. 2019; Ruhrberg et al. 2018; Sewalk et al. 2018; Zubiaga et al. 2018).

Fraglos ergeben sich im Rahmen der sozialwissenschaftlichen Verwendung von SND auch nennenswerte Einschränkungen und Fallstricke, die deren Potential, einen substantiellen Beitrag zu einer erklärenden Soziologie zu leisten, einschränken (Häußerling 2019). Zum Beispiel ist die Nutzung entsprechender Plattformen in der Regel selektiv, so dass die Nutzerinnen und Nutzer kein repräsentatives Abbild der Allgemeinbevölkerung darstellen (für den Fall von Twitter siehe z.B. Blank 2017). Dies wirft ernsthafte Fragen nach der externen Validität der gewonnenen Befunde auf (z.B. Lazer et al. 2020; Munger 2019).[6] Auch muss das Verhalten auf derartigen Online-Plattformen nicht notwendigerweise mit Offline-Verhalten korrespondieren und kann durch soziale Prozesse (z.B. Streben nach Aufmerksamkeit und Anerkennung) in ganz spezifischer Art und Weise geprägt sein. Schließlich hat auch der Zugriff auf Daten mittels APIs und anderer Tools häufig weitere Selektivitäten zur Folge und es ist die Tendenz erkennbar, dass die *Social Media*-Plattformen zunehmend den freien (Massen-)Zugriff auf ihre Daten rechtlich und/oder technisch beschränken (z.B. Felt 2016).

Vor dem Hintergrund der Problematiken konstatieren Ruths und Pfeffer (2014, S. 1064) in ihrer Einschätzung zur Anwendungspraxis von SND im Zuge der Erforschung menschlichen Verhaltens „the need for increased awareness of what is actually being analyzed when working with social media data" und plädieren für die Etablierung höherer methodologischer Standards. Gleichzeitig halten sie fest, dass nicht alle SND-basierten Forschungsvorhaben im gleichen Maße betroffen sind und rufen zu einer differenzierten Bewertung auf.

Trotz aller Limitierungen erscheinen SND auch deswegen als besonders attraktiv, weil sie reichhaltige Informationen enthalten, die nicht nur auf Handlungen, sondern auch auf Handlungsmotive, individuelle Präferenzen, soziale Einflüsse und Entscheidungsprozesse schließen lassen (z.B. Keuschnigg et al. 2017). Insbesondere besteht die Hoff-

---

6   Im Gegenzug erlauben SND allerdings auch die Erfassung von Informationen über spezifische Subpopulationen, die mit konventionellen Erhebungsstrategien aus verschiedenen Gründen schwer zu erreichen sind bzw. eine geringe Teilnahmebereitschaft aufweisen. Exemplarisch können hierfür etwa Mitglieder in Gangs bzw. kriminellen Organisationen genannt werden (z.B. Balasuriya et al. 2016; Frey et al. 2020; Patton et al. 2017).

nung, durch Nutzung digitaler Verhaltensspuren gerade bei sensitiven Themen nicht-reaktive, unverzerrte (nicht von Framing-Effekten des Erhebungsdesigns bzw. -settings und sozial erwünschtem Antwortverhalten sowie kognitiven Fehlleistungen der Befragten beeinträchtigte) Messungen zu generieren (siehe z.b. Diekmann 2020). Denn den Individuen ist zwar bewusst, dass andere ihre Nachrichten, Likes und Posts mitlesen können, nicht jedoch, dass diese auch zu Forschungszwecken vermessen werden. Dies bietet nicht nur in den sozialen Medien, sondern auch auf anderen Webseiten die Möglichkeit zur Durchführung natürlicher (z.b. Phan und Airoldi 2015) und echter Experimente (z.b. Salganik 2018; Salganik et al. 2006; van de Rijt et al. 2014).

Ferner stehen für SND unterschiedliche Meta-Informationen zur Verfügung, inklusive der zwischen den Nutzerinnen und Nutzern bestehenden Netzwerkstrukturen. Auf diese Weise lassen sich Prozesse der Netzwerkentstehung und sozialen Beeinflussung in bisher nicht gekannter Art und Weise empirisch abbilden und untersuchen (siehe z.B. Lewis et al. 2008). Eine wichtige Voraussetzung ist auch hier neben der Sicherung einer entsprechenden Datenqualität, geeignete Analyseverfahren zur Hand zu haben, die nicht nur das Arbeiten mit derart umfangreichen Datenmengen, sondern auch eine Identifikation der interessierenden kausalen Effekte ermöglichen.

Schließlich können SND als komplementäre Datenquelle angesehen und via *Record Linkage*-Verfahren mit Umfragedaten fusioniert werden, um das datenanalytische Potential der Verknüpfung beider Datenquellen auszuschöpfen (z.B. Al Baghal et al. 2019; Sloan et al. 2020). Neben Daten aus sozialen Netzwerken gilt dies auch für vielfältige andere, online verfügbare Datenschätze, die in strukturierter oder unstrukturierter Form vorliegen und die es von Seiten der empirischen Sozialforschung zu erschließen gilt. So produzieren beispielsweise auch onlinebasierte Handels- bzw. Auktionsplattformen wie Amazon und Ebay massenhaft digitale Daten, die das Kaufs- und Verkaufsverhalten von Akteuren abbilden. Diese können etwa zur empirischen Untersuchung von Reputationseffekten in Online-Märkten herangezogen werden (z.B. Diekmann et al. 2014).

5 Integration und Fusion unterschiedlicher Datenquellen

Wie bereits im vorherigen Abschnitt angedeutet, erlaubt die Synthese von Daten aus mehreren verfügbaren Quellen (durchaus auf unterschiedlichen Aggregatebenen) die Entfaltung eines analytischen Potentials, das den Wert der isolierten Analyse einzelner Datensätze in aller Regel deutlich übersteigt (Dong und Srivastava 2015). Hierzu bedarf es einerseits elaborierter Ansätze der Datenintegration (auch als *Record Linkage* bzw. *Entity Resolution* bezeichnet), die in der Lage sind Daten über *dieselben* Objekte auch abseits des vielfach nicht verfügbaren Goldstandards eindeutiger *Personal Identification Numbers* (z.B. die Sozialversicherungsnummer) zusammenzuführen. In diesem Zusammenhang wurde in den letzten Jahren die Entwicklung fehlertoleranter Verfahren zur Verlinkung imperfekter Identifikatoren bzw. Quasi-Identifikatoren (z.B. Namen, Wohnort, Geburtsdatum) ebenso vorangetrieben wie das *Privacy Preserving Record Linkage*, das die Datenverknüpfung unter bestmöglicher Protektion der Privatsphäre der betroffenen Individuen gewährleisten soll (z.B. Antoni und Sakshaug 2020; Christen 2012; Herzog et al. 2007; Schnell 2015, 2016; Schnell et al. 2009; Vatsalan et al. 2013, 2017).

Andererseits rückt – insbesondere seit Beginn des *Big Data Booms* und der standardmäßigen Verfügbarkeit der dafür benötigten Rechenleistung – die in den Sozialwissenschaften an sich nicht neue Idee der Datenfusion (z.B. Cielebak und Rässler 2018; Dong und Srivastava 2015) stärker in den Blick. Im Gegensatz zur Datenintegration ist es hierbei das Ziel, Informationen aus mindestens zwei Datenquellen für *unterschiedliche* Objekte systematisch zu verknüpfen, zum Beispiel zur Verbesserung der Präzision der Schätzung von Populationsparametern (z.B. Aluja-Banet et al. 2015) sowie zur Vermeidung von *Sample Selection Bias* in Rahmen der Herstellung kausaler Inferenzen (z.B. Bareinboim und Pearl 2016; Hünermund und Bareinboim 2019).[7]

Analytisch kann die Datenfusion auch als *Missing Data* Problem verstanden und entsprechend bearbeitet werden (Enders 2010; Little und Rubin 2002; Rässler 2004). Zu den klassischen Verfahren der Datenfu-

---

7   Aus analytischer Perspektive definieren Gilula et al. (2006, S. 73) Datenfusion als „the problem of how to make inferences about the joint distribution of two sets of random variables [...] when only information on the marginal distribution of each set is available".

sion zählt insbesondere *Statistical Matching* (z.B. Bacher 2002; D'Orazio et al. 2006; Rässler 2002), während neuere Ansätze auf unterschiedlichen Prinzipien des überwachten (*supervised*) maschinellen Lernens beruhen, zum Beispiel *Classification and Regression Trees* und darauf basierende *Random Forests* sowie *Support Vector Machines* und neuronale Netzwerke inklusive *Deep Learning* (D'Ambrosio et al. 2012; Meng et al. 2020). Konkrete sozialwissenschaftliche Anwendungsbeispiele finden sich unter anderem in der Wahl- (Bacher und Prandner 2018), Bildungs- (Kaplan und McCarty 2013) und Marketingforschung (Breur 2011; van der Putten und Kok 2010).

6 Messverfahren

Eng mit den Digitalisierungsprozessen im Bereich der sozialwissenschaftlichen Datenerhebung verwoben sind die entsprechenden (Weiter-)Entwicklungen der surveybasierten Messverfahren. Dies trifft sowohl auf die Messverfahren selbst als auch auf die Methoden zu, die der Optimierung der Messpräzision dienen.

Computergestützte Erhebungsverfahren, allen voran Web Surveys, eröffnen völlig neue Möglichkeiten zur Messung sozialwissenschaftlicher Phänomene. Dies beginnt etwa im Rahmen der Multi-Indikatoren-Messung latenter Konstrukte (z.B. Einstellungen, Werte, psychologische Persönlichkeitseigenschaften). Während es lange Zeit gängige Durchführungspraxis war (und zum Teil noch immer ist), aus verfügbaren (Lang-)Skalen einige wenige Items auszuwählen bzw. Kurzskalen mit akzeptablem Präzisionsverlust zu entwickeln, um die Fragebogenlänge und somit die Bearbeitungsdauer in Grenzen[8] zu halten, erlauben computerbasierte adaptive Testverfahren (CAT; z.B. van der Linden und Glas 2000; Wainer 2000; für einen Überblick zu den psy-

---

8 Der Entscheidung für die Vorgehensweise liegt einerseits eine ökonomische Motivation zugrunde. Andererseits spielen Aspekte der Datenqualität eine entscheidende Rolle. So liegt beträchtliche empirische Evidenz vor, dass – weitgehend unabhängig vom Survey Mode – mit zunehmender Bearbeitungsdauer des Fragebogens der *Response Burden* und infolge dessen die Wahrscheinlichkeit für Item Nonresponse, einen Befragungsabbruch oder *Satisficing* steigt (z.B. Galesic und Bosnjak 2009; Liu und Wronski 2018; Mavletova und Couper 2015), d.h., eine bedeutsame Reduktion der Datenqualität eintritt.

chometrischen Grundlagen siehe Chang 2015; zum Einsatz von CAT in mobilen Endgeräten siehe Triantafillou et al. 2008) den effizienten Einsatz eines großen Itempools zur Aufrechterhaltung der Messpräzision bei geringem Bearbeitungsaufwand für die Befragten (zur Implementierung von CAT in allgemeinen Bevölkerungsumfragen siehe z.B. Montgomery und Cutler 2013). Die Vorzüge von CAT werden auch zunehmend bei der Durchführung von Kompetenztestungen im Rahmen groß angelegter Bildungsstudien, zum Beispiel bei PISA 2018 (Yamamoto et al. 2019), geschätzt.

Weiterhin erlauben computerbasierte Erhebungsverfahren die einfache Implementierung visuell gestützter Messverfahren. Exemplarisch kann hierfür der Einsatz graphischer bzw. videobasierter Elemente in Vignetten bzw. faktoriellen Surveys angeführt werden (z.B. Dinora et al. 2020; Facciani et al. 2020; Havekes et al. 2013; Rashotte 2003). Auf diese Weise kann der Standardisierungsgrad der Messung erhöht werden, da detailliert inszenierte Bilder/Videos wesentlich zur Konstruktion eines von allen Befragten geteilten Settings für das zugrundeliegende Szenario beitragen. Außerdem setzen textbasierte Vignetten entsprechende Sprach- und Lesekompetenzen voraus, über welche spezifische Gruppen von Befragten nicht verfügen. Eine Inklusion dieser Gruppen kann durch das Angebot videobasierter Vignetten sichergestellt werden (z.B. Dinora et al. 2020). Und auch im Rahmen der international-komparativen bzw. kulturvergleichenden Forschung scheinen visuelle Vignetten eine innovative Möglichkeit darzustellen, systematische Unterschiede in den kontextspezifischen Messungen, die auf die jeweilige sprachliche Ausgestaltung der Texte von Vignetten zurückzuführen sind, zu eliminieren (Facciani et al. 2020).

Als Methoden zur Optimierung von surveybasierten Messverfahren, die stark von der Digitalisierung der empirischen Sozialforschung profitiert haben, können schließlich *Web Probing* (z.B. Behr et al. 2017; Fowler und Willis 2020) und der breit angelegte Einsatz von *Eyetracking* (z.B. Lenzner et al. 2011; Neuert 2020; Neuert und Lenzner 2016) im Rahmen des kognitiven Pretestings beispielhaft genannt werden.

7 Computational Social Science als interdisziplinärer Forschungsbereich

Einen der aktuellsten Trends stellt schließlich die zunehmende inhaltliche und institutionelle Verzahnung von surveymethodologischer Forschung, *Big Data Science* und computerintensiver bzw. stark algorithmischer Verfahren der Datenanalyse, insbesondere des maschinellen Lernens[9] (z.B. Athey und Imbens 2019; Breiman 2001; Efron und Hastie 2016; Hastie et al. 2009; Molina und Garip 2019) und des *Bayesian Modelings* (z.B. Gelman et al. 2013; Kaplan 2014), dar. Daraus konstituiert sich, aufbauend auf den sozialwissenschaftlichen Fachdisziplinen auf der einen Seite und den technisch orientierten Fachrichtungen der Statistik, Mathematik und Informatik auf der anderen Seite, mit den *Computational Social Sciences* (CSS) bzw. *Social Data Sciences* (SDS) gegenwärtig ein eigenständiger sozialwissenschaftlicher Forschungsbereich (z.B. Chang et al. 2014; Edelmann et al. 2020; Kitchin 2014a; Lauro et al. 2017; Lazer et al. 2009, 2020; Mann 2016; Shah et al. 2015).

Insgesamt manifestiert sich diese Entwicklung auf unterschiedliche Art und Weise: Zuallererst erfolgte an den internationalen sowie deutschsprachigen Universitäten bzw. außeruniversitären Forschungseinrichtungen in den letzten Jahren eine Institutionalisierung des Forschungsbereichs in Form zahlreicher neuer Professuren/Lehrstühle, Fachabteilungen bzw. Forschungsgruppen, Studiengängen, Kolloquien sowie Spring bzw. Summer Schools (zu Ausbildungsaspekten siehe auch Abschnitt 8). Weiterhin wurden – neben den bereits seit längerer Zeit etablierten Journals wie der *Social Science Computer Review* (seit 1983) und *New Media & Society* (seit 1999) – in den letzten Jahren mehrere wissenschaftliche Journals mit einschlägiger Ausrichtung aufgelegt. Dazu zählen etwa *Big Data & Society* (seit 2014), das *Journal of Big Data* (seit 2015), das *Journal of Computational Social Science* (seit 2018) und *Social Media + Society* (seit 2015). Insgesamt ist die Masse an verfüg-

---

9 Breiman (2001) unterscheidet zwischen zwei Kulturen der statistischen Modellierung: (i) der traditionellen Kultur, die von der Generierung der Daten auf Grundlage eines stochastischen Datenmodells ausgeht und dieses nachzubilden versucht (z.B. alle Modelle, die sich unter dem generalisierten linearen Modell subsumieren lassen; McCullagh und Nelder 1989) sowie (ii) der algorithmischen Kultur, die den datengenerierenden Prozess als unbekannt betrachtet.

barer Literatur zu CSS bzw. SDS in der letzten Zeit stark gestiegen. Dies kann durch die Anzahl der Treffer im Rahmen einer Schlagwortsuche auf *Google Scholar* (Stichtag: 14.12.2020) für beide Begriffe empirisch belegt werden: Während für CSS für das Jahr 2010 insgesamt 308 Treffer ausgewiesen werden (SDS: 4 Treffer), liegt die Anzahl im Jahr 2015 bereits bei 1.230 Treffern (SDS: 12 Treffer) und wächst für das nicht ganz abgeschlossene Jahr 2020 auf 2.300 Treffer (SDS: 126 Treffer) an.[10]

Und schließlich kann auch die Gründung der *BigSurv* angeführt werden – eine unter der Schirmherrschaft der *European Survey Research Association* (ESRA) ins Leben gerufene Konferenz, die sich unter dem Motto „Big Data Meets Survey Science" (Eck et al. 2019; Hill et al. 2021) thematisch auf „Exploring New Statistical Frontiers at the Intersection of Survey Data and Big Data" (Hill et al. 2019) bezieht. Die erste Auflage der Konferenz fand 2018 in Barcelona (BigSurv18) statt, die zweite Auflage wurde im Herbst 2020 infolge der COVID-19 Pandemie online organisiert (ursprünglich war Utrecht als Austragungsort vorgesehen).[11]

Gerade wegen des enormen Potentials zur Generierung sozialwissenschaftlichen Erkenntnisgewinns, das den CSS zugesprochen wird (z.B. Conte et al. 2012), müssen zumindest in aller Kürze auch die damit verbundenen Herausforderungen offengelegt werden. Lazer et al. (2020) identifizieren insgesamt drei Schwerpunkte, die einer intensiven Auseinandersetzung bedürfen: (i) Zunächst bedarf es einer Reorganisation der Universitäten um ein multidisziplinäres Unterfangen dieser Größenordnung angemessen in Angriff nehmen zu können. Dies betrifft neben den universitären Strukturen und der (finanziellen) Ausstattung auch die akademische Ausbildung (siehe dazu Abschnitt 8).

(ii) Weiterhin gilt es neue Paradigmen der geteilten Datennutzung zu etablieren. Insbesondere wird vorgeschlagen, groß angelegte Forschungsdateninfrastrukturen mit dem Ziel der zentralisierten Speicherung und Bereitstellung qualitätsgesicherter Datenmassen inklusive relevanter Metainformationen, selbstverständlich unter Einhaltung aller datenschutzrechtlichen und ethischen Standards, zu schaffen. Ein

---

10 Um Unklarheiten bezüglich der Zähllogik zu vermeiden: Die Anzahl der Treffer bezieht sich jeweils nur auf das entsprechende Jahr und bildet nicht die Akkumulation der Treffer bis zu diesem Jahr ab.

11 Nähere Infos zu den Konferenzen sind verfügbar unter: https://www.bigsurv18.org (Konferenz 2018) bzw. https://www.bigsurv20.org (Konferenz 2020).

bedeutsamer Schritt in diese Richtung wurde in Deutschland bereits durch den Aufbau der *Nationalen Forschungsdateninfrastruktur* (NFDI; https://www.nfdi.de; Stand: 12.01.2021) gesetzt.[12] Für eine nachhaltige Institutionalisierung ist es zudem erforderlich, ist es zudem erforderlich, über die Regularien der öffentlichen Forschungsförderung, beispielsweise durch die DFG, und die Etablierung entsprechender Regeln der guten wissenschaftlichen Praxis die wissenschaftliche Datennachnutzung standardmäßig sicherzustellen. Auf diese Weise soll ein bislang in der Form noch nicht existentes wissenschaftliches Selbstverständnis des Teilens von Daten mit der Scientific Community, vermittelt über die zentralisierten Forschungsdateninfrastrukturen, entstehen.

(iii) Als letzte zentrale Herausforderung führen Lazer et al. (2020) schließlich die Entwicklung von klaren Richtlinien an, die den technischen, rechtlichen und ethischen Rahmen der CSS festlegen (siehe dazu Abschnitt 8). Für die Diskussion weiterer Herausforderungen sei auf Bravo und Farjam (2017) sowie Shah et al. (2015) verwiesen.

8 Fazit und Ausblick

Der vorliegende Beitrag versucht zu verdeutlichen, wie fundamental und weitreichend die Veränderungen sind, die sich für die empirische Sozialforschung im Rahmen der digitalen Revolution bereits ergeben haben und noch ergeben werden. Ausgehend von der zunehmend computergestützten Durchführung von Umfragen und der Verbreitung von Web Surveys gewinnen Smartphones und Wearables für die Erhebung von Daten ebenso immer mehr an Bedeutung wie Paradaten, Daten aus sozialen Medien und andere online verfügbare Informationen. Die daraus resultierenden Potenziale zur Vermessung von Gesellschaften, sozialen Gruppen und Individuen konnten dabei nur angedeutet werden. Die ausgewählten Beispiele zeigen jedoch bereits, dass die empi-

---

12 Explizit für die Sozialwissenschaften kann in diesem Zusammenhang die Einrichtung des von GESIS betreuten Datenarchivs für Sozialwissenschaften (https://www.gesis.org/institut/abteilungen/datenarchiv-fuer-sozialwissenschaften; Stand: 12.01.2021) genannt werden, das die Weiterführung des 1960 an der Universität zu Köln gegründeten Zentralarchivs für Empirische Sozialforschung mit mittlerweile mehr als 5.500 zur Verfügung stehenden Studien/Datensätzen darstellt.

rische Sozialforschung diese Entwicklungen proaktiv aufgreifen und mitgestalten muss, will sie nicht ins Hintertreffen gegenüber anderen Fachrichtungen geraten. Während der Fokus im vorliegenden Text dabei zwar auf Aspekten der Datenerhebung lag, sind in diesem Zusammenhang natürlich auch vergleichbar bemerkenswerte Entwicklungen im Bereich der Datenanalyse zu beachten. In diesem Zusammenhang muss vor allem der enorme Bedeutungsgewinn der algorithmischen Kultur der statistischen Modellierung (Breiman 2001, siehe auch Fußnote 9 in den letzten beiden Jahrzehnten angeführt werden. Diese wird unter dem Schlagwort „Künstliche Intelligenz" (KI) stark von der Informatik vorangetrieben, während selbst der Statistik in diesem Bereich bislang (allerdings ungewollt) lediglich eine Nebenrolle zukommt (Friedrich et al. 2020).

Nimmt man dabei die Herausforderungen in den Blick, die sich aus den skizzierten Digitalisierungsprozessen in der empirischen Sozialforschung ergeben, gelangt man schnell zu dem Schluss, dass diese sich zumindest ebenso vielfältig gestalten wie die Möglichkeiten des damit verbundenen Erkenntnisgewinns. Diese beginnen erstens bei *methodologischen* Fragestellungen, denn ein wesentlicher Grund für den Erfolg der digitalen Revolution ist es, dass es mit den neuen Daten(massen) und Methoden gelungen ist, praktische Probleme und Bedarfe zu adressieren. Gerade in den Bereichen der Klassifikation und der Prognose sind wesentliche Fortschritte erzielt worden, wobei eindrucksvolle Erfolge auch rein datengetrieben ohne gute theoretische Erklärungsmodelle erzielt werden konnten (siehe z.B. Lazer et al. 2014). Im Sog dieser Entwicklungen wurden, ausgehend von dem 2008 von Chris Anderson für das WIRED Magazine verfassten Artikel „The End of Theory: The Data Deluge Makes the Scientific Method Obsolete", Stimmen laut, die einen Bedeutungsverlust der etablierten wissenschaftlichen Methode zugunsten eines *„New Empiricism"* auf der Grundlage algorithmischer *Big Data* Anwendungen proklamierten (für Diskussionen zur Thematik siehe z.B. Boyd und Crawford 2012; Kitchin 2014a; Mazzocchi 2015; Pigliucci 2009; Succi und Coveney 2019). Dadurch ist das in der klassischen Sozialforschung immer noch weit verbreitete Modell der deduktiv-nomologischen Erklärung und deren Spielarten ebenso unter Druck geraten wie das mechanismenbasierte Erklärungsmodell der analytischen Soziologie (ausführlich: Hedström 2005) und das *„Scientific Model of Causality"* (Heckman 2005). So ist in den Sozialwissenschaften zwar einerseits unstrittig, dass ein theorieloses, KI-basiertes "Data Crunching" ohne substanzwissenschaftliche Expertise erhebliche Gefahren birgt, im Einzelfall mehr Schaden als Nutzen stiftet und zumindest nicht dauerhaft in dem Maße zum Erkenntnisgewinn beitragen kann, wie eine theoretisch fundierte statistische Theorie- und Modellbildung (siehe z.B. Wolbring 2020). Und auch von der Ablöse bzw. vollständigen Substitution surveybasierter Daten durch *Big Social Data* kann gegenwärtig nicht die Rede sein (z.B. Schnell 2019). Letztere müssen vielmehr als alternative Informationsquelle verstanden und gewinnbringend zum Einsatz gebracht werden. Im Idealfall können über die Fusion bzw. Integration der beiden Datentypen sogar Informationen extrahiert werden, die sich auf keine andere Weise gewinnen lassen (z.B. Callegaro und Yang 2018; Japec et al. 2015; Johnson und Smith 2017). Andererseits sehen sich die Wissenschaften zunehmend mit Erwartungen aus Wirtschaft, Politik und Gesellschaft konfrontiert, *unmittelbaren praktischen Mehrwert zu erzeugen*. Prognosen spielen hierbei sicherlich eine wichtige Rolle, wobei, wie Watts (2014) betont, ein solch stärkerer Fokus auf Vorhersagen für die Sozialwissenschaften durchaus förderliche Effekte haben und gar die Theoriebildung voranbringen könnte.

Einen zweiten Themenkomplex, der sich aus der digitalen Revolution für die empirische Sozialforschung ergibt, stellen *methodische* Fragestellungen dar. Beispielsweise sind die Zugangsmöglichkeiten zu digitalen (insbesondere internetbasierten) Informations- und Kommunikationstechnologien (IKT) nach wie vor ungleich verteilt. So sind, trotz des bereits relativ hohen Verbreitungsgrades der IKT in den deutschsprachigen Ländern, noch immer insbesondere ältere und sozioökonomisch benachteiligte Personen in der Population der Onlinerinnen und Onliner unterrepräsentiert (z.B. Friemel 2016).[13] Diese *Digital Di-*

---

13 Basierend auf einer von KANTAR im Auftrag der *Initiative D21* (Netzwerk für die digitale Gesellschaft; nähere Informationen unter: https://initiatived21.de) 2018/19 durchgeführten Umfrage der deutschen Gesamtbevölkerung ab 14 Jahren (zu den Erhebungsdetails siehe Initiative D21 2020) liegt der Anteil jener Personen, die das Internet nicht nutzen (Offlinerinnen und Offliner), bei 14 %. Der Anteil an digital abseitsstehenden Personen (Offlinerinnen und Offliner + Minimal-Onlinerinnen und -Onliner; die zwar über einen Internetzugang verfügen, sich aber nur schwer zurechtfinden und eine ablehnende Position gegenüber zunehmender Digitalisierung einnehmen) wird auf 18 % geschätzt. DESTATIS weist für 2019 einen Anteil an Off-

vide und daraus resultierende Selektivitäten in der Stichprobe gilt es weiter zu erforschen. Die Entwicklung von Lösungsansätzen hierfür ist ebenso ein wichtiges Forschungsdesiderat wie eine weitere Auseinandersetzung mit der Qualität von Daten, die mittels neuartiger digitaler Verfahren und Techniken erhoben werden.

Neben derartigen methodologischen und methodischen Fragestellungen muss sich die empirische Sozialforschung drittens mit Fragen der *Ethik* und des *Datenschutzes* weiter auseinandersetzen. Der aktuelle rechtliche Rahmen ist im europäischen Raum durch die 2018 eingeführte EU Datenschutz-Grundverordnung (DS-GVO) im Prinzip gesetzt, bietet jedoch einigen Interpretationsspielraum. Während die Leitlinien der DS-GVO bei Umfragen auf Basis neuer digitaler Technologien meist schon vorbildlich umgesetzt werden (für eine Befragung mittels Smartphone-App siehe Malich et al. in diesem Band), ist die Lage gerade bei Studien zu sozialen Medien und Online-Feldexperimenten deutlich heterogener. So liegt hier häufig weder vorab ein informiertes Einverständnis der Studienteilnehmerinnen und -teilnehmer vor, noch werden diese (oft schon mangels praktischer Möglichkeit) im Nachhinein über ihre unwissentliche Teilnahme aufgeklärt. Gerade die Sammlung umfangreicher und feinkörniger Daten und deren Verknüpfung mit anderen Datenquellen wirft dabei weitere Fragen nach der Anonymisierung von Forschungsdaten und deren Archivierung zu Zwecken der Nachnutzung auf. Die Entwicklung entsprechender Leitlinien und institutioneller Prozeduren ist an dieser Stelle ebenso von großer Bedeutung wie die Etablierung gegenstandsadäquater (forschungs-)ethischer Standards (z.B. Hand 2018; Herschel und Miori 2017; McDermott 2017; Richards und King 2014; Salganik 2018; Zwitter 2014).

Sowohl aus den methodologischen und methodischen als auch aus den datenschutzrechtlichen und ethischen Problemfeldern ergeben sich schließlich auch Desiderate für den Bereich der *akademischen Ausbildung*. Zwar sind zentrale Einsichten der empirischen Sozialfor-

---

linerinnen und Offlinern von insgesamt 12 % aus (Bezugszeitraum: erstes Quartal 2019; Erhebung: Nutzung von Informations- und Kommunikationstechnologien in privaten Haushalten (IKT); zu den Erhebungsdetails siehe DESTATIS 2020; Quelle: https://www.destatis.de/DE/Themen/Gesellschaft-Umwelt/Einkommen-Konsum-Lebensbedingungen/IT-Nutzung/Tabellen/zeitvergleich-computernutzung-ikt.html;jsessionid=B5C3CCE1236CFD106C64B25E552FC561.internet8742; Stand: 26.01.2021).

schung, wie etwa diejenige, dass selektive Stichproben zu verzerrten Schlüssen führen können, heutzutage ebenso aktuell wie eh und je. Es reicht jedoch nicht aus, diese Konzepte und Einsichten für die neuen digitalen Techniken der Datenerhebung durch entsprechende Adaption nutzbar zu machen. Stattdessen gilt es zusätzlich die *Digital Literacy* und *Data Literacy* zukünftiger empirischer Sozialforscherinnen und Sozialforscher durch eine entsprechende Reformierung der Methodenausbildung sicherzustellen.

Daher sind zumindest Grundkenntnisse der neuen digitalen Technologien und Verfahren als fester Bestandteil in den sozialwissenschaftlichen Lehrkanon zu integrieren. Konkret ist hier u.a. an die mathematischen und statistischen Grundlagen, Techniken der automatisierten Datenerhebung, den Umgang mit Datenbanken, KI-basierte Verfahren der Datenanalyse und entsprechende Software-Kenntnisse (insbesondere R und Python) zu denken, aber auch an die Vermittlung der Fähigkeit, ethische und rechtliche Aspekte kritisch zu reflektieren bzw. konform umzusetzen. Da dies von den Sozialwissenschaften schwerlich alleine zu leisten sein wird, erscheint uns nicht nur in der Forschung, sondern auch in der sozialwissenschaftlichen Ausbildung ein engerer Schulterschluss mit der Statistik und Informatik unabdingbar. Nur so wird es gelingen, die Zukunftsfähigkeit der empirischen Sozialforschung nachhaltig zu sichern.

Literatur

Al Baghal, T., & Kelley, J. (2016). The stability of mode preferences: Implications for tailoring in longitudinal surveys. *methods, data, analyses, 10*, 143–166.

Al Baghal, T., Sloan, L., Jessop, C., Williams, M. L., Burnap, P. (2019). Linking Twitter and survey data: The impact of survey mode and demographics on consent rates across three UK studies. *Social Science Computer Review, 38*, 517–532.

Aluja-Banet, T., Daunis-i-Estadella, J., Brunsó, N., & Mompart-Penina, A. (2015). Improving prevalence estimation through data fusion: Methods and validation. *BMC Medical Informatics & Decision Making, 15*, doi: 10.1186/s12911-015-0169-z.

Anderson, C. (2008) The end of theory: The data deluge makes the scientific method obsolete. *Wired*; 23.08.2008, Link: http://www.wired.com/2008/06/pb-theory (Stand: 26.01.2021).

Andreadis, I. (2015). Web surveys optimized for smartphones: Are there differences between computer and smartphone users. *methods, data, analyses, 9*, 213–228.

Antoni, M., & Sakshaug, J. W. (2020). Data linkage. In P. Atkinson, S. Delamont, A. Cernat, J. W. Sakshaug, & R. A. Williams (Hrsg.), *SAGE Research Methods Foundations.* doi: 10.4135/9781526421036931838.

Antoun, C., Conrad, F. G., Couper, M. P., & West, B. T. (2019). Simultaneous estimation of multiple sources of error in a smartphone-based survey. *Journal of Survey Statistics & Methodology, 7*, 93–117.

Athey, S., & Imbens, G. W. (2019). Machine learning methods economists should know about. *Annual Review of Economics, 11*, 685–725.

Bacher, J. (2002). Statistisches Matching. *ZA-Informationen, 51*, 3–66.

Bacher, J., & Prandner, D. (2018). Datenfusion in der sozialwissenschaftlichen Wahlforschung – Begründeter Verzicht oder ungenutzte Chance? Theoretische Vorüberlegungen, Verfahrensüberblick und ein erster Erfahrungsbericht. *Austrian Journal of Political Science, 47*, 61-76.

Balasuriya, L., Wijeratne, S., Doran, D., & Sheth, A. (2016). Finding street gang members on Twitter. *Proceedings of the 2016 IEEE/ACM International Conference on Advances in Social Networks Analysis & Mining (ASONAM)*, doi: 10.1109/ASONAM.2016.7752311.

Bareinboim, E., Pearl, J. (2016). Causal inference and the data fusion problem. *Proceedings of the National Academy of Sciences of the United States of America, 113*, 7345–7352.

Baur, N., Graeff, P., Braunisch, L., & Schweia, M. (2020). The quality of big data. Development, problems, and possibilities of use of process-generated data in the digital age. *Historical Social Research, 45*, 209–243.

Behr, D., Meitinger, K., Braun, M., & Kaczmirek, L. (2017). *Web Probing. Implementing Probing Techniques from Cognitive Interviewing in Web Surveys with the Goal to Assess the Validity of Survey Questions.* GESIS Survey Guidelines. Mannheim: GESIS.

Beyer, M. A. & Laney, D. (2012). *The Importance of "Big Data". A Definition.* Stamford: Gartner Research.

Biemer, P. P., de Leeuw, E. D., Eckman, S., Edwards, B., Kreuter, F., Lyberg, L. E., Tucker, N. C., & West, B. T. (Hrsg.) (2017). *Total Survey Error in Practice.* Hoboken: Wiley.

Blank, G. (2017). The digital divide among twitter users and its implications for social research. *Social Science Computer Review, 35,* 679–697.

Boyd, D., & Crawford, K. (2012). Critical questions for big data. Provocations for a cultural, technological, and scholarly phenomenon. *Information, Communication & Society, 15,* 662–679.

Bravo, G., & Farjam, M. (2017). Prospects and challenges for the computational social sciences. *Journal of Universal Computer Science, 23,* 1057–1069.

Breiman, L. (2001). Statistical modeling: the two cultures. *Statistical Science, 16,* 199–231.

Breur, T. (2011). Data analysis across various media: Data fusion, direct marketing, clickstream data and social media. *Journal of Direct Data & Digital Marketing Practice, 13,* 95–105.

Buskirk, T. D., & Andres, C. (2012). Smart surveys for smart phones: Exploring various approaches for conducting online mobile surveys via smartphones. *Survey Practice, 5,* doi: 10.29115/SP-2012-0001.

Cai, L., & Zhu, Y. (2015). The challenges of data quality and data quality assessment in the big data era. *Data Science Journal, 14,* 1–10.

Callegaro, M., & Yang, Y. (2018). The role of surveys in the era of "big data". In D. L. Vannette, & J. A. Krosnick (Hrsg.), *The Palgrave Handbook of Survey Research* (S. 175–192). Cham: Palgrave Macmillan.

Chang, H.-H. (2015). Psychometrics behind computerized adaptive testing. *Psychometrika, 80,* 1–20.

Chang, R. M., Kauffman, R. J., Kwon, Y. (2014). Understanding the paradigm shift to computational social science in the presence of big data. *Decision Support Systems, 63,* 67–80.

Chatzittheochari, S., Fisher, K., Gilbert, E., Calderwood, L., Huskinson, T., Cleary, A, & Gershuny, J. (2018). Using new technologies for time diary data collection: Instrument design and data quality findings from a mixed-mode pilot study. *Social Indicators Research, 137,* 379–390.

Christen, P. (2012). *Data Matching: Concepts and Techniques for Record Linkage, Entity Resolution, and Duplicate Detection.* Berlin: Springer.

Cielebak, J., & Rässler, S. (2018). Data Fusion, Record Linkage und Data Mining. In N. Baur, & J. Blasius (Hrsg.), *Handbuch Methoden der empirischen Sozialforschung. Band 1* (S. 423–439). Wiesbaden: Springer VS (2. Auflage).

Conte, R., Gilbert, N., Bonelli, G., Cioffi-Revilla, C., Deffuant, G., Kertesz, J., Loreto, V., Moat, S., Nadal, J.-P., Sanchez, A., Nowak, A., Flache, A., San Miguel, M., & Helbing, D. (2012). Manifesto of computational social science. *The European Physical Journal Special Topics, 214*, 325–346.

Couper, M. P. (2005). Technology trends in survey data collection. *Social Science Computer Review, 23*, 486–501.

Couper, M. P. (2017). New developments in survey data collection. *Annual Review of Sociology, 43*, 121–145.

Couper, M. P., Antoun, C., & Mavletova, A. (2017). Mobile web surveys. A total survey error perspective. In P. P. Biemer, E. de Leeuw, S. Eckman, B. Edwards, F. Kreuter, L. E. Lyberg, N. C. Tucker, & B. T West (Hrsg), *Total Survey Error in Practice* (S. 133–154). Hoboken: New Jersey.

Couper, M. P., & Bosnjak, M. (2010). Internet surveys. In P. V. Marsden, & J. D. Right (Hrsg)., *Handbook of Survey Methodology* (S. 527–550). Howard House: Emerald.

Couper, M. P., Singer, E., & Tourangeau R. (2003). Understanding the effects of audio-CASI on self-reports of sensitive behavior. *Public Opinion Quarterly, 67*, 385–395.

Couper, M. P., Singer, E., & Tourangeau R. (2004). Does voice matter? An interactive voice response (IVR) experiment. *Journal of Official Statistics, 20*, 551–570.

D'Ambrosio, A., Aria, M., & Siciliano, R. (2012). Accurate tree-based missing data imputation and data fusion within the statistical learning paradigm. *Journal of Classification, 29*, 227–258.

de Bruijne, M., & Wijnant, A. (2013). Can mobile web surveys be taken on computers? A discussion on a multi-device survey design. *Survey Practice, 6*, doi: 10.29115/SP-2013-0019.

de Bruijne, M., & Wijnant, A. (2014). Mobile response in web panels. *Social Science Computer Review, 32*, 728–742.

de Leeuw, E. D., & Berzelak, N. (2016). Survey mode or survey modes? In. C. Wolf, D. Joye, T. W. Smith, & Y.-C. Fu (Hrsg.), *The SAGE Handbook of Survey Methodology* (S. 142–156). Thousand Oaks: Sage.

de Leeuw, E. D., Dillman, D. A., & Hox, J. J. (2008). Mixed mode surveys: When and why. In E. D. de Leeuw, J. J. Hox, & D. A. Dillman (Hrsg), *International Handbook of Survey Methodology* (S. 299–316). New York: Taylor & Francis/Lawrence Erlbaum Associates.

de Leeuw, E. D., & Hox, J. J. (2011). Internet surveys as part of a mixed-mode design. In M. Das, P. Ester, L. Kaczmirek (Hrsg.), *Social and*

Behavioral Research and the Internet: Advances in Applied Methods and Research Strategies (S. 45–76). New York: Routledge/Taylor & Francis Group.

De Mauro, A., Greco, M., & Grimaldi, M. (2015). What is big data? A consensual definition and a review of key research topics. *AIP Conference Proceedings, 1644,* 97–104.

DESTATIS (2020). *Erhebung über die private Nutzung von Informations- und Kommunikationstechnologien. IKT 2019. Qualitätsbericht.* Verfügbar unter: https://www.destatis.de/DE/Methoden/Qualitaet/Qualitaetsberichte/Einkommen-Konsum-Lebensbedingungen/ikt-private-haushalte-2019.pdf?__blob=publicationFile (Stand: 26.01.2021)

Diekmann, A. (2020). Die Renaissance der „Unobstrusive Methods" im digitalen Zeitalter. In A. Mays, A. Dingelstedt, V. Hambauer, S. Schlosser, F. Berens, J. Leibold, & J K. Höhne (Hrsg.), *Grundlagen – Methoden – Anwendungen in den Sozialwissenschaften. Festschrift für Steffen-M. Kühnel* (S. 161-172). Wiesbaden: VS Verlag.

Diekmann, A., Jann, B., Przepiorka, W., & Wehrli, S. (2014). Reputation formation and the evolution of cooperation in anonymous online markets. *American Sociological Review, 79,* 65–85.

Dillman, D. A. (2017). The promise and challenge of pushing respondents to the web in mixed-mode surveys. *Survey Methodology, 43,* 3–30.

Dillman, D. A., & Edwards, M. L. (2016). Designing a mixed-mode survey. In. C. Wolf, D. Joye, T. W. Smith, & Y.-c. Fu (Hrsg.), *The SAGE Handbook of Survey Methodology* (S. 255–268). Thousand Oaks: Sage.

Dillman, D. A., & Messer, B. L. (2010). Mixed-mode surveys. In P. V. Marsden, & J. D. Wright (Hrsg.), *Handbook of Survey Research* (S. 551–574). Howard House: Emerald Group Publishing Limited (2. Auflage).

Dillman, D. A., Phelps, G., Tortora, R., Swift, K., Kohrell, J., Berck, J., Messer, B. L. (2009). Response rate and measurement differences in mixed-mode surveys using mail, telephone, interactive voice response (IVR) and the internet. *Social Science Research, 38,* 1–19.

Dillman, D. A., Smyth, J. D., & Christian, L. M. (2014). *Internet, Phone, Mail, and Mixed-Mode Surveys. The tailored Design Method.* Hoboken: Wiley (4. Auflage).

Dinora, P., Schoeneman, A., Dellinger-Wray, M., Cramer, E. P., Brandt, J., & D'Aguilar, A. (2020). Using video vignettes in research and program evaluation for people with intellectual and developmen-

Hastie, T., Tibshirani, R., & Friedman, J. (2009). *The Elements of Statistical Learning. Data Mining, Inference, and Prediction.* New York: Springer (2. Auflage).

Häußerling, R. (2019). Zur Erklärungsarmut von Big Social Data. Von den Schwierigkeiten, auf Basis von Big Social Data eine Erklärende Soziologie betreiben zu wollen. In D. Baron, O. Arránz Becker, & D. Lois (Hrsg.), *Erklärende Soziologie und soziale Praxis* (S. 73–100). Wiesbaden: VS Verlag.

Havekes, E., Coenders, M., van der Lippe, T. (2013). Positive or negative ethnic encounters in urban neighbourhoods? A photo experiment on the impact of ethnicity and neighbourhood context on attitudes towards minority and majority residents. *Social Science Research, 42*, 1077–1091.

Heckman, J. J. (2005). The scientific model of causality. *Sociological Methodology, 35*, 1–97.

Hedström P. (2005). *Dissecting the Social. On the Principles of Analytical Sociology.* Cambridge: Cambridge University Press.

Helbing, D. (2015). *The Automation of Society is Next: How to Survive the Digital Revolution.* Scotts Valley: CreateSpace Independent Publishing Platform.

Herschel, R., & Miori, V. M. (2017). Ethics & big data. *Technology in Society, 49*, 31–36.

Herzog, T. N., Scheuren, F. J., & Winkler, W. E. (2007). *Data Quality and Record Linkage Techniques.* New York: Springer.

Hesse, B. W., Moser, R. P., & Riley, W. T. (2015). From big data to knowledge in the social sciences. *The Annals of the American Academy of Political and Social Science, 659*, 16–32.

Hill, C. A., Biemer, P., Buskirk, T., Callegaro, M., Córdova Cazar, A. L., Eck, A., Japec, L., Kirchner, A., Kolenikov, S., Lyberg, L., & Sturgis P. (2019). Exploring new statistical frontiers at the intersection of survey science and big data: Convergence at "BigSurv18". *Survey Research Methods, 13*, 123–135.

Hill, C. A., Biemer, P., Buskirk, T., Japec, L., Kirchner, A., Kolenikov, S., & Lyberg, L. (Hrsg.) (2021). *Big Data Meets Survey Science. A Collection Innovative Methods.* Hoboken: Wiley.

Hootsuite & We Are Social (2019). *Global Digital Report 2019.* Verfügbar unter: https://wearesocial.com/global-digital-report-2019 (Stand: 26.01.2021).

Hox, J. J., de Leeuw, E. D., & Zijlmans, E. A. O. (2015) Measurement equivalence in mixed mode surveys. *Frontiers in Psychology, 6*, 1–11.

Hünermund, P., & Bareinboim, E. (2019). Causal inference and data-fusion in econometrics. *Technical Report R-51*, arXiv: 1912.09104v2.

Ignatow, G., & Mihalcea, R. (2017). *Text Mining. A Guidebook for the Social Sciences*. Los Angeles: Sage.

Initiative D21 (2020). *Wie digital ist Deutschland? D21 Digital-Index 19/20. Jährliches Lagebild zur Digitalen Gesellschaft*. Verfügbar unter: https://initiatived21.de/app/uploads/2020/02/d21_index2019_2020.pdf (Stand: 26.01.2021).

Jäckle, A., Burton, J., Couper, M. P., & Lessof, C. (2019). Participation in a mobile app survey to collect expenditure data as part of a large-scale probability household panel: Coverage and participation rates and biases. *Survey Research Methods, 13*, 23–44.

Jaidka, K., Ahmed, S., Skoric, M., Hilbert, M. (2019). Predicting elections from social media: A three-country, three-method comparative study. *Asian Journal of Communication, 29*, 252–273.

Japec, L., Kreuter, F., Berg, M., Biemer, P., Decker, P., Lampe, C., Lane, J., O'Neil, C., & Usher, A. (2015). Big data in survey research. AAPOR task force report. *Public Opinion Quarterly, 79*, 839–880.

Johnson, T. P., & Smith, T. W. (2017). Big data and survey research: Supplement or substitute? In P. Thakuriah, N. Tilahun, & M. Zellner, (Hrsg.), *Seeing Cities Through Big Data* (S. 113–125). Cham: Springer.

Kandt, J. (2019). Geotracking. In N. Baur, & J. Blasius (Hrsg.), *Handbuch Methoden der empirischen Sozialforschung. Band 2* (S. 1353–1359). Wiesbaden: Springer VS (2. Auflage).

Kaplan, D. (2014). *Bayesian Statistics for Social Scientists*. New York: Guilford Press.

Kaplan, D., & McCarty, A. T. (2013). Data fusion with international large scale assessments: A case study using the OECD PISA and TALIS survey. *Large-Scale Assessments in Education, 1*, 1–26.

Keuschnigg, M., Lovsjö, N., & Hedström, P. (2018). Analytical sociology and computational social science. *Journal of Computational Social Science, 1*, 3–14.

Kitchin, R. (2014a). Big data, new epistemologies and paradigm shifts. *Big Data & Society, 1*, doi: 10.1177/2053951714528481.

Kitchin, R. (2014b). *The Data Revolution. Big Data, Open Data, Data Infrastructures & Their Consequences*. London: Sage.

Kitchin, R., & McArdle, G. (2016). What makes big data, big data? Exploring the ontological characteristics of 26 datasets. *Big Data & Society, 3*, doi: 10.1177/2053951716631130.

Keusch, F., Struminskaya, B., Antoun, C., Couper, M. P., & Kreuter F. (2019). Willingness to participate in passive mobile data collection. *Public Opinion Quarterly, 83*, 210-235.

Klausch, T., Hox, J. J., & Schouten, B. (2013). Measurement effects of survey mode on the equivalence of attitudinal rating scale questions. *Sociological Methods & Research, 42*, 227-263.

Klausch, T., Schouten, B., & Hox, J. J. (2015). Evaluating bias of sequential mixed-mode designs against benchmark surveys. *Sociological Methods & Research, 46*, 456-489.

Kreuter, F. (Hrsg.) (2013). *Improving Surveys with Paradata. Analytic Uses of Process Information*. Hoboken: Wiley.

Kreuter, F. (2015). The use of paradata. In U. Engel, B. Jann, P. Lynn, A. Scherpenzeel, & P. Sturgis (Hrsg.), *Improving Survey Methods. Lessons from Recent Research* (S. 303-315). New York: Routledge.

Kreuter, F., Haas, G.-C., Keusch, F., Bähr, S., & Trappmann, M. (2020). Collecting survey and smartphone sensor data with an app: Opportunities and challenges around privacy and informed consent. *Social Science Computer Review, 38*, 533-549.

Kreuter, F., Presser, S., & Tourangeau R. (2008). Social desirability bias in CATI, IVR, and web surveys. The effects of mode and question sensitivity. *Public Opinion Quarterly, 72*, 847-865.

Krosnick, J. A. (1991). Response strategies for coping with cognitive demands of attitude measures in surveys. *Applied Cognitive Psychology, 5*, 213-236.

Krosnick, J. A., Narayan, S., & Smith, W. R. (1996). Satisficing in surveys: Initial evidence. *New Directions for Program Evaluation, 70*, 29-44.

Kuhn, T. S. (1962). *The Structure of Scientific Revolutions*. Chicago: University of Chicago Press.

Lakes, T. (2019). Geodaten. In N. Baur, & J. Blasius (Hrsg.), *Handbuch Methoden der empirischen Sozialforschung. Band 2* (S. 1345-1351). Wiesbaden: Springer VS (2. Auflage).

Laney, D. (2001). *3-D Data Management: Controlling Data Volume, Velocity, and Variety*. META Group Research Note.

Lau, C. Q., Johnson, E., Amaya, A., LeBaron, P., & Sanders, H. (2018). High stakes, low resources: What mode(s) should youth employment training programs use to track alumni? Evidence from South Africa. *Journal of International Development, 30*, 1166-1185.

Lau, C. Q., Sanders, H., & Lombaard, A. (2019). Questionnaire design in short message service (SMS) surveys. *Field Methods, 31*, 214–229.

Lauro, N. C., Amaturo, E., Grassia, M. G., Aragona, B., & Marino, M. (Hrsg.). (2017). *Data Science and Social Research. Epistemology, Methods, Technology and Applications*. Cham: Springer.

Lazer, D. M. J., Kennedy, R., King, G., & Vespignani, A. (2014). The parable of Google flu: Traps in big data analysis. *Science, 343*, 1203–1205.

Lazer, D. M. J., Pentland, A., Adamic, L., Aral, S., Barabási, A.-L., Brewer, D., Christakis, N., Contractor, N., Fowler, J., Gutmann, M., Jebara, T., King, G., Macy, M., Roy, D., & van Alstyne, M. (2009). Computational social science. *Science, 323*, 721–723.

Lazer, D. M. J, Pentland, A., Watts, D. J., Aral, S., Athey, S., Contractor, N., Freelon, D., Gonzalez-Bailon, S., King, G., Margetts, H., Nelson, A., Salganik, M. J., Strohmaier, M., Vespignani, A., & Wagner, C. (2020). Computational social science: Obstacles and opportunities. *Science, 369*, 1060–1062.

Lazer, D. M. J., & Radford, J. (2017). Data ex machina: Introduction to big data. *Annual Review of Sociology, 43*, 19–39.

Leitgöb, H. (2017). Ein Verfahren zur Dekomposition von Mode-Effekten in eine mess- und eine repräsentationsbezogene Komponente. In S. Eifler, & F. Faulbaum (Hrsg.), *Methodische Probleme von Mixed-Mode-Ansätzen in der Umfrageforschung* (S. 51–95). Wiesbaden: VS Verlag.

Leitgöb, H. (2019). Rationales Antwortverhalten als Ursache messbezogener Mode-Effekte im Zuge der Erfassung sensitiver Merkmale. In N. Menold, & T. Wolbring (Hrsg.), *Qualitätssicherung sozialwissenschaftlicher Erhebungsinstrumente* (S. 261–305). Wiesbaden: VS Verlag.

Lenzner, T., Kaczmirek, L., & Galesic, M. (2011). Seeing through the eyes of the respondent: An eye-tracking study on survey question comprehension. *International Journal of Public Opinion Research, 23*, 1–22.

Lev-On, A. & Lowenstein-Barkai, H. (2019). Viewing diaries in an age of new media: An exploratory analysis of mobile phone app diaries versus paper diaries. *Methodological Innovations, 12*, doi: 10.1177/2059799119844442.

Lewis, K., Kaufman, J., Gonzalez, M., Wimmer, A., & Christakis, N. (2008). Tastes, ties, and time: A new social network dataset using Facebook.com. *Social Networks, 30*, 330–342.

Link, M. E., Murphy, J., Schober, M. E., Buskirk, T. D., Childs, J. H., & Tesfaye, C. L. (2014). Mobile technologies for conducting, augmenting and potentially replacing surveys: Report of the AAPOR task force on emerging technologies in public opinion research. *Public Opinion Quarterly, 78*, 779–787.

Little, R. J. A., & Rubin, D. B. (2002). *Statistical Analysis with Missing Data*. New York: Wiley (2. Auflage).

Liu, M., & Wronski, L. (2018). Examining completion rates in web surveys via over 25,000 real-world surveys. *Social Science Computer Review, 36*, 116–124.

Lynn, P. (2020). Evaluating push-to-web methodology for mixed-mode surveys using address-based samples. *Survey Research Methods, 14*, 19–30.

Manderscheid, K. (2019). Text Mining. In N. Baur, & J. Blasius (Hrsg.), *Handbuch Methoden der empirischen Sozialforschung. Band 2* (S. 1103–1116). Wiesbaden: Springer VS (2. Auflage).

Manfreda, K. L., & Vehovar, V. (2008). Internet surveys. In E. D. de Leeuw, J. J. Hox, & D. A. Dillman (Hrsg.), *International Handbook of Survey Methodology* (S. 264–284). New York: Psychology Press.

Mann, A. (2016). Computational social sciences. *Proceedings of the National Academy of Sciences of the United States of America, 113*, 468–470.

Mavletova, A., & Couper, M. P. (2014). Mobile web survey design: Scrolling versus paging, SMS versus e-mail invitations. *Journal of Survey Statistics & Methodology, 2*, 498–518.

Mavletova, A., & Couper, M. P. (2015). A meta-analysis of breakoff rates in mobile web surveys. In D. Toninelli, R. Pinter, & P. de Pedraza (Hrsg.), Mobile Research Methods: Opportunities and Challenges of Mobile Research Methodologies (S. 81–88). London: Ubiquity Press.

Mayerl, J. (2013). Response latency measurement in surveys. Detecting strong attitudes and response effects. *Survey Methods: Insights from the Field*, doi: 10.13094/SMIF-2013-00005.

Mazzocchi, F. (2015). Could big data be the end of theory in science? *EMBO reports, 16*, 1250–1255.

McClain, C. A., Couper, M. P., Hupp, A. L., Keusch, F., Peterson, G., Piskorowski, A. D., & West, B. T. (2019). A typology of web survey paradata for assessing total survey error. *Social Science Computer Review, 37*, 196–213.

McCullagh, P. & Nelder, J. A. (1989). *Generalized Linear Models*. Boca Raton: Chapman & Hall (2. Auflage).

McDermott (2017). Conceptualizing the right to data protection in an era of big data. *Big Data & Society, 4*, doi: 10.1177/2053951716686994.

McFarland, D. A., Lewis, K., & Goldberg, A. (2016). Sociology in the era of big data: The ascent of forensic social science. *The American Sociologist, 47*, 12–35.

Meng, T., Jing, X., Yan, Z., & Pedrycz, W. (2020). A survey on machine learning for data fusion. *Information Fusion , 57*, 115–129.

Millar, M., & Dillman, D. A. (2012). Encouraging survey response via smartphones. *Survey Practice, 5*, doi: 10.29115/SP-2012-0018.

Mohan, K., & Pearl, J. (forthcoming). Graphical models for processing missing data. *Journal of the American Statistical Association*.

Mohan, K., Pearl, J., & Tian, J. (2013). Graphical models for inference with missing data. In C J. C. Burges, L. Bottou, M. Welling, Z. Ghahramani, & K. Q. Weinberger (Hrsg.), *Advances in Neural Information Processing System 26 (NIPS-2013)* (S. 1277–1285). Red Hook: Curran Associates, Inc.

Molina, M., & Garip, F. (2019). Machine learning for sociology. *Annual Review of Sociology, 45*, 27–45.

Montgomery, J., & Cutler, J. (2013). Computerized adaptive testing for public opinion surveys. *Political Analysis, 21*, 172–192.

Munger, K. (2019). The limited value of non-replicable field experiments in contexts with low temporal validity. *Social Media + Society, 5*, doi: 10.1177/2056305119859294.

Neuert, C. E. (2020). How effective are eye-tracking data in identifying problematic questions? *Social Science Computer Review, 38*, 793–802.

Neuert, C. E., & Lenzner, T. (2016). Incorporating eye tracking into cognitive interviewing to pretest survey questions. *International Journal of Social Research Methodology, 19*, 501–519.

Olshannikova, E., Olsson, T., Huhtamäki, J., & Kärkkäinen, H. (2017). Conceptualizing big social data. *Journal of Big Data, 4*, doi: 10.1186/s40537-017-0063-x.

Olson, K., Smyth, J. D., & Wood, H. M. (2012). Does giving people their preferred survey mode actually increase survey participation rates? An experimental examination. *Public Opinion Quarterly, 76*, 611–635.

O'Reilly, J. M., Hubbard, M. L., Lessler, J. T., Biemer, P. P., & Turner, C. F. (1994). Audio and video computer-assisted self interviewing:

Preliminary tests of new technologies for data collection. *Journal of Official Statistics, 10,* 197–214.

Patton, D. U., Patel, S., Hong, J. S., Ranney, M., Crandal, M, & Dungy, L. (2017). Tweets, gangs and guns: A snapshot of gang communications in Detroit. *Violence & Victims, 32,* 919–934.

Peterson, G. (2012). *Unintended Mobile Respondents.* Präsentation gehalten auf der CASRO Technology Conference am 31.05.2012 in New York.

Phan, T. U., & Airoldi, E. M. (2015). A natural experiment of social network information and dynamics. *Proceedings of the National Academy of Sciences of the United States of America, 112,* 6595–6600.

Pigliucci, M. (2009). The end of theory in science? *EMBO reports, 10,* 534.

Pinter, R. (2015). Willingness of online access panel members to participate in smartphone application-based research. In D. Toninelli, R. Pinter, & P. de Pedraza (Hrsg.), *Mobile Research Methods: Opportunities and Challenges of Mobile Research Methods* (S. 141–156). London: Ubiquity Press.

Piwek, L., Ellis, D. A, Andrews, S., & Joinson, A. (2016). The rise of consumer health wearables: Promises and barriers. *PLOS Medicine, 13,* e1001953.

Puchinger, C. (2016). Die Anwendung von Text Mining in den Sozialwissenschaften. In M. Lemke, & G. Wiedemann (Hrsg.), *Text Mining in den Sozialwissenschaften. Grundlagen und Anwendungen zwischen qualitativer und quantitativer Diskursanalyse* (S. 117–136). Wiesbaden: Springer VS.

Rashotte, L. S. (2003). Written versus visual stimuli in the study of impression formation. *Social Science Research, 32,* 278–293.

Rässler, S. (2002). *Statistical Matching: A Frequentist Theory, Practical Applications, and Alternative Bayesian Approaches.* New York: Springer.

Rässler, S. (2004). Data fusion: Identification problems, validity, and multiple imputation. *Austrian Journal of Statistics, 33,* 153–171.

Read, B. (2019). Respondent burden in a mobile app: Evidence from a shipping receipt scanning study. *Survey Research Methods, 13,* 45–71.

Richards, N. M., & King, J. H. (2014). Big data ethics. *Wake Forest Law Review, 49,* 393–432.

Ruhrberg, S. D., Kirstein, G., Habermann, T., Nikolic, J., & Stock W. G. (2018). #ISIS—A comparative analysis of country-specific sentiment on Twitter. *Open Journal of Social Sciences, 6*, 142–158.

Ruths, D., & Pfeffer, J. (2014). Social media for large studies of behavior. *Science, 346*, 1063–1064.

Salganik, M. J. (2018). *Bit by Bit. Social Research in the Digital Age.* Princeton: Princeton University Press.

Salganik, M. J., Dodds, P. S., & Watts, D. J. (2006). Experimental study of inequality and unpredictability in an artificial cultural market. *Science, 311*, 854–856.

Scherpenzeel, A. (2017). Mixing online panel data collection with innovative methods. In S. Eifler & F. Faulbaum (Hrsg.), *Methodische Probleme von Mixed-Mode-Ansätzen in der Umfrageforschung* (S. 27–49). Wiesbaden: Springer VS.

Schnell, R. (2015). Linking surveys and administrative data. In U. Engel, B. Jann, P. Lynn, A. Scherpenzeel, & P. Sturgis (Hrsg.), *Improving Survey Methods. Lessons from Recent Research* (S. 273–287). New York: Routledge.

Schnell, R. (2016). Privacy-preserving record linkage. In K. Harron, H. Goldstein, & C. Dibben (Hrsg.), *Methodological Developments in Data Linkage* (S. 201–225). Chichester: Wiley & Sons.

Schnell, R. (2019). "Big Data" aus sozialwissenschaftlicher Sicht: Warum es kaum sozialwissenschaftliche Studien ohne Befragungen gibt. In D. Baron, O. Arránz Becker, & Lois, D. (Hrsg.), *Erklärende Soziologie und soziale Praxis* (S. 101–125). Wiesbaden: VS Verlag.

Schnell, R., Bachteler, T., & Reiher, J. (2009). Privacy-preserving record linkage using Bloom filters. *BMC Medical Informatics & Decision Making, 9*, 1–11.

Sewalk, K. C., Tuli,. G., Hswen, Y., Brownstein, J. S., Hwakins, J. B. (2018). Using Twitter to examine web-based patient experience sentiments in the United States: A longitudinal analysis. *Journal of Medical Internet Research, 20*, e10043, doi: 10.2196/10043.

Shah, D. V., Cappella, J. N., & Neuman, W. R. (2015). Big Data, digital media, and computational social science: Possibilities and perils. *Annals of the American Academy of Political & Social Science, 659*, 6–13.

Simon, H. A. (1957). *Models of Man.* New York: Wiley.

Sloan, L., Jessop, C., Al Baghal, T., & Williams M. (2020). Linking survey and Twitter data: Informed consent, disclosure, security, and archiving. *Journal of Empirical Research on Human Research Ethics, 15*, 63–76.

Smyth, J. D., Olson, K., & Kasabian, A. (2014a). The effect of answering in a preferred versus a non-preferred survey mode on measurement. *Survey Research Methods, 8*, 137–152.

Smyth, J. D., Olson, K., & Millar, M. M. (2014b). Identifying predictors of survey mode preference. *Social Science Research, 48*, 135–144.

Stapleton, C. (2013). The smart(phone) way to collect survey data. *Survey Practice 6*, doi: 10.29115/SP-2013-0011.

Stoop, I., & Wittenberg, M. (Hrsg.). (2008). *Access Panels and Online Research, Panacea or Pitfall?* Amsterdam: Askant Academic Publishers.

Succi, S., & Coveney, P. V. (2019). Big data: The end of the scientific method? *Philosophical Transactions of the Royal Society A, 377*, 20180145.

Thoemmes, F., & Mohan, K. (2015). Graphical representation of missing data problems. *Structural Equation Modeling, 22*, 631–642.

Toepoel, V., & Lugtig, P. (2015). Online surveys are mixed-device surveys. Issues associated with the use of different (mobile) devices in web surveys. *methods, data, analyses, 9*, 155–162.

Toninelli, D., Pinter, R., & de Pedraza, P. (2015). *Mobile Research Methods. Opportunities and Challenges of Mobile Research Methodologies*. London: Ubiquity Press.

Toninelli, D., & Revilla, M. (2016). Smartphone vs PCs: Does the device affect the web survey experience and the measurement error for sensitive topics? A replication of the Mavletova & Couper's 2013 experiment. *Survey Research Methods, 10*, 153–169.

Tourangeau, R. (2017). Mixing modes: Tradeoffs among coverage, nonresponse, and measurement error. In P. P. Biemer, E. D. de Leeuw, S. Eckman, B. Edwards, F. Kreuter, L. E. Lyberg, N. C. Tucker, & B. T. West (Hrsg.), *Total Survey Error in Practice* (S. 115–132). Hoboken: Wiley.

Tourangeau, R., Steiger, D. M., & Wilson, D. (2002). Self-administered questions by telephone: Evaluating Interactive Voice Response. *Public Opinion Quarterly, 66*, 265–278.

Triantafillou, E., Georgiadou, E., & Economides, A. A. (2008). The design and evaluation of a computerized adaptive test on mobile devices. *Computers & Education, 50*, 1319–1330.

Tsai, C.-W., Lai, C.-F., Chao, H.-C., & Vasilakos, A. V. (2015). Big data analytics. A survey. *Journal of Big Data, 2*, 21, doi: 10.1186/s40537-015-0030-3.

Turner, C. F., Ku, L., Rogers, S. M., Lindberg, L. S., Pleck, J. H., & Sonenstein, F. L. (1998). Adolescent sexual behavior, drug use, and violence: increased reporting with computer survey technology. *Science, 280*, 867–873.

Urban, D. & Mayerl, J. (2007). Antwortlatenzzeiten in der surveybasierten Verhaltensforschung. *Kölner Zeitschrift für Soziologie & Sozialpsychologie, 59*, 692–713.

Vandenplas, C., Loosveldt, G., & Vannieuwenhuyze, J. T. A. (2016). Assessing the use of mode preference as a covariate for the estimation of measurement effects between modes. A sequential mixed mode experiment. *methods, data, analyses, 10*, 119–142.

van de Rijt, A., Kang, S. M., Restivo, M., & Patil, A. (2014). Field experiments of success-breeds-success dynamics. *Proceedings of the National Academy of Sciences, 111*, 6934–6939.

van der Linden, W. J., & Glas, G. A. W. (Hrsg.) (2000). *Computerized Adaptive Testing: Theory and Practice.* New York: Kluwer Academic Publishers.

van der Putten, P, & Kok, J. N. (2010). Using data fusion to enrich customer databases with survey data for database marketing. In J. Casillas, & F. J. Marínez-López (Hrsg.), *Marketing Intelligence Systems Using Soft Computing. Managerial and Research Applications. Studies in Fuzziness & Soft Computing, Vol. 258* (S. 113–130). Berlin: Springer.

Vannieuwenhuyze, J. T. A., & Loosveldt, G. (2013). Evaluating relative mode effects in mixed mode surveys: three methods to disentangle selection and measurement effects. *Sociological Methods & Research, 42*, 82–104.

Vannieuwenhuyze, J. T. A., Loosveldt, G., & Molenberghs, G. (2010). A method for evaluating mode effects in mixed-mode surveys. *Public Opinion Quarterly, 74*, 1027–1045.

Vannieuwenhuyze, J. T. A., Loosveldt, G., & Molenberghs, G. (2014). Evaluating mode effects in mixed-mode survey data using covariate adjustment models. *Journal of Official Statistics, 30*, 1–21.

van Selm, M., & Jankowski, N. W. (2006). Conducting online surveys. *Quality & Quantity, 40*, 435–456.

Vatsalan, D., Christen, P., & Verykios, V. S (2013). A taxonomy of privacy-preserving record linkage techniques. *Information Systems, 38,* 946–969.

Vatsalan, D., Sehili, Z., Christen, P., & Rahm, E. (2017). Privacy-preserving record linkage for big data: Current approaches and research challenges. In A. Zomaya, & S. Sakr (Hrsg.), *Handbook of Big Data Technologies* (S. 851–895). Cham: Springer.

Wainer, H. (Hrsg.) (2000). *Computerized Adaptive Testing. A Primer.* London: Routledge/Taylor & Francis Group (2. Auflage).

Watts, D. J. (2011). *Everything is Obvious: How Common Sense Fails Us.* New York: Crown Business.

Watts, D. J. (2014). Common sense and sociological explanations. *American Journal of Sociology, 120,* 313–351.

Wells, T., Bailey, J., & Link, M. (2013). Filling the void: Gaining a better understanding of tablet-based surveys. *Survey Practice, 6,* 1–9.

Wolbring, T. (2020). The digital revolution in the social sciences: Five theses about big data and other recent methodological innovations from an analytical sociologist. In S. Maasen, & J.-H. Passoth (Hrsg.), *Soziologie des Digitalen – Digitale Soziologie. Soziale Welt – Sonderband 23,* 60–72.

Yamamoto, K. Shin, H. J., & Khorramdel, L. (2019). *Introduction of multistage adaptive testing design in PISA 2018.* OECD Education Working Paper No. 209. Verfügbar unter: http://www.oecd.org/officialdocuments/publicdisplaydocumentpdf/?cote=EDU/WKP(2019)17&docLanguage=En (12.01.2021).

Zubiaga, A., Procter, R., & Maple, C. (2018). A longitudinal analysis of the public perception of the opportunities and challenges of the internet of things. *PLOS ONE, 13,* e0209472.

Zwitter, A. (2014). Big data ethics. *Big Data & Society, 1,* doi: 10.1177/2053951714559253.

Mobile Datenerhebung in einem Panel
Die IAB-SMART Studie

Sonja Malich [1], *Florian Keusch* [2], *Sebastian Bähr* [1], *Georg-Christoph Haas* [1,2], *Frauke Kreuter* [1,3,4] & *Mark Trappmann* [1,5]

[1] Institut für Arbeitsmarkt- und Berufsforschung (IAB)
[2] Universität Mannheim
[3] University of Maryland
[4] Ludwig-Maximilians-Universität München
[5] Otto-Friedrich-Universität Bamberg

1 Einleitung

Smartphones sind für viele Menschen zu einem selbstverständlichen Bestandteil des Alltags geworden. Sie werden neben der Nutzung zur Kommunikation, Unterhaltung und Information auch bei der Jobsuche und im Arbeitsalltag genutzt (Perrin 2017). Dies bietet Möglichkeiten Smartphones als Datenerhebungsinstrument für die wissenschaftliche Forschung einzusetzen. Daten über Smartphonenutzerinnen und -nutzer können dabei auf zwei Arten erhoben werden. Einerseits können Smartphonenutzerinnen und -nutzer via Internetbrowser oder Apps an mobilen Webbefragungen zeit- und ortsunabhängig teilnehmen (Couper et al. 2017). Andererseits ermöglicht die Vielzahl an in Smartphones verbauten Sensoren (z.B. GPS, Accelerometer) und der Zugriff auf Logfiles (z.B. Logfiles von Anrufen und Kurznachrichten (SMS), Appnutzung) die passive Sammlung von Daten über Verhalten und Interaktionen der Nutzerinnen und Nutzer. Das enorme Potential des Smartphones liegt darin, zu messen, was standardisierte Befragungen allein nicht messen können, und damit auch darin, Phänomene zu analysieren, die man mit Umfragedaten allein nicht erforschen könnte (Link et al. 2014; Raento et al. 2009; Harari et al. 2017). Während immer mehr inhaltliche Forschung zu verschiedenen sozialwissenschaftlichen Themen mit Hilfe von passiver mobiler Datenerhebung durchgeführt wird, gibt es noch relativ wenig methodische Forschung über die Qualität der so erhobenen Daten.

Dies nahmen wir zum Anlass, eine Studie am Institut für Arbeitsmarkt- und Berufsforschung (IAB) durchzuführen, die die Möglichkeiten von Smartphones für die wissenschaftliche Forschung auslotet. Ziel der IAB-SMART Studie ist es für Deutschland zu untersuchen, wie Smartphones als Datenquelle für die Sozialforschung allgemein und die Arbeitsmarkt- und Berufsforschung im Speziellen genutzt werden können. Dies schließt methodische und technische Aspekte der Datenerhebung, die Analysen von Fehlern und Verzerrungen durch Undercoverage, Nichtteilnahme und fehlende oder fehlerbehaftete Messungen, Fragen des Datenschutzes sowie inhaltliche Auswertungen ein.

Inhaltlich fokussiert sich die Studie unter anderem auf verschiedene Formen der sozialen Ungleichheit und ihre Auswirkungen, Fragen der sozialen Teilhabe bei Empfängerinnen und Empfängern von Hartz IV, den unterschiedlichen Zugang zur digitalen Infrastruktur für Arbeit von zu Hause aus und die Arbeitsuche. Der Beitrag fasst die methodische Forschung, die im Rahmen der IAB-SMART Studie bislang durchgeführt wurde, zusammen.

2 Implementierung

IAB-SMART App

Für die Zwecke der vorliegenden Smartphonestudie wurde eigens eine Android-App (IAB-SMART) entwickelt (siehe Abbildung 1), in der nicht nur regelmäßige kurze Befragungen möglich sind, sondern auch Daten passiv mit dem Smartphone gesammelt werden können (Kreuter et al. 2020). In den kurzen In-App-Befragungen wurden die Teilnehmenden zu Themen wie Arbeitssuche, Kontakte zu Jobcentern oder der Smartphonenutzung im Beruf befragt. In-App-Befragungen zu Erwerbstätigkeit und Arbeitssuche fanden jeweils zum Monatsersten statt (jeweils etwa 20 Einzelfragen). Alle zwei Monate wurden die Teilnehmenden zu ihren sozialen Interaktionen und ihrem sozialen Netzwerk befragt (etwa 20 Einzelfragen sowie 12 einmalige Fragen). Alle drei Monate wurden für jeweils eine Woche täglich vier Fragen zur Nutzung des persönlichen Smartphones für berufsbezogene Aufgaben (sowie einmalig neun weitere Fragen dazu) gestellt. Zudem wurden Geofence-Befragungen implementiert (Haas et al. 2020b). In der IAB-SMART App wurden die Geokoordinaten von 410 Jobcentern (mithilfe der Google Geofence API) eingesetzt, um kurze Befragungen von maximal 11 Fragen zum gerade beendeten Besuch dort auszulösen, sobald sich Teilnehmende länger als 25 Minuten im Radius von 200 m um das Jobcenter aufhielten.

Abbildung 1 Hauptmenü der IAB-SMART App

Die passive mobile Datenerfassung umfasst folgende fünf Funktionen:
- Netzwerkqualität und Standortinformationen: alle 30 Minuten werden Netzwerkanbieter (z.B. Vodafone/Telekom) und -technik (z.B. 3G), Standort (GPS-Koordinaten und Funkzellenposition) und Informationen zu Netz- und Verbindungsqualität (z.B. Bildschirm an oder aus) erfasst.

- Interaktionsverlauf: Erfassung der ein- und ausgehenden Anrufe und SMS; maskierte ID der Kommunikationspartnerinnen und -partner; weder die Anrufe selbst noch Nachrichteninhalte werden aufgezeichnet.
- Merkmale des sozialen Netzwerks: Erfassung von Wahrscheinlichkeiten für Geschlecht und Nationalität abgeleitet aus Vor- und Nachnamen, wobei nur eine maskierte ID (nicht der Name des Telefonbuchkontakts) gespeichert wird. Zur Ermittlung des Geschlechts gleicht die App die Vornamen mit der Website https://genderize.io ab. Um die Wahrscheinlichkeit der Nationalität zu ermitteln werden Vor- und Nachnamen getrennt mit der Website www.name-prism.com abgeglichen.
- Aktivitätsdaten: Schrittzähler; Wahrscheinlichkeiten zum aktuellen Fortbewegungsmittel, gewonnen aus Lage- und Beschleunigungssensoren (Gyroskop und Accelerometer).
- Smartphone-/Appnutzung: Erfassung aller installierten Apps sowie deren Nutzungshäufigkeit; es wird nicht erfasst, was innerhalb der App geschieht.

Die passive Erhebung dieser Daten eröffnet häufig gerade in Kombination mit den Surveyfragen neue Potenziale für die Forschung. Beispielsweise ermöglichen Informationen über die *Merkmale des sozialen Netzwerks* es, dessen Wirkung auf arbeitsmarktrelevante Ereignisse (z.B. Übergänge von Arbeitslosigkeit in Erwerbstätigkeit) zu analysieren. Wie stark Individuen in soziale Netzwerke eingebunden sind wird sowohl passiv durch Logfiles von ein- und ausgehenden Anrufen und Textnachrichten sowie über die Einträge im Adressbuch (wahrscheinliches Geschlecht und wahrscheinliche Nationalität) und durch Fragebögen erhoben. Die Erfassung der *Smartphonenutzung* ermöglicht es unter anderem, die Rolle von Smartphones bei der Arbeitssuche oder im Arbeitsalltag zu untersuchen. Anhand der *Netzwerkqualität* können etwa die Auswirkungen digitaler Infrastruktur auf den Arbeitsmarkt erforscht werden. *Standortdaten* können einerseits genutzt werden, um Mobilität am Arbeitsmarkt zu untersuchen, andererseits um standort- bzw. situationsspezifische Befragungen auszulösen (sog. Geofencing, siehe Haas et al. 2020b). So kann beispielsweise die Kundenzufriedenheit in Bezug auf ein Beratungsgespräch in einem Jobcenter unmittelbar nach dem Besuch dort erhoben und ihr Zusammenhang mit dem nachfolgenden Verhalten bei der Arbeitssuche untersucht werden. Die zeitnahe Erhebung hilft dabei, Erinnerungsfehler zu reduzieren. Informationen über die Mobilität, Aktivitätsphasen und die Art des Transportmittels (z.B. zu Fuß, Fahrrad, Fahrzeug), die aus *GPS-Bewegungsprofilen und Aktivitätsmessungen* und mithilfe einer Google API abgeleitet werden, können neue Einblicke in das Leben von Erwerbstätigen und Erwerbslosen (z.b. Mobilitätsmuster, Pendelverhalten, Aktionsradien) liefern. Diese neue Art der Messung trägt somit zu einem besseren Verständnis von bisher unbeobachteten Opportunitätsstrukturen und Ungleichheiten auf dem Arbeitsmarkt bei.

Studienpopulation

Die Teilnehmenden der IAB-SMART Studie waren Befragte des Panel Arbeitsmarkt und soziale Sicherung (PASS), einer jährlichen, wahrscheinlichkeitsbasierten Längsschnittbefragung von Haushalten der Wohnbevölkerung in Deutschland, in der Haushalte mit Arbeitslosengeld-II-Bezug überrepräsentiert sind (Trappmann et al. 2019). Zur IAB-SMART Studie eingeladen wurde eine Zufallsstichprobe von Personen, die zwischen 18 und 65 Jahre alt waren und in Welle 11 von PASS (2017) angegeben hatten, ein Android-Smartphone zu besitzen. Im Anschluss an die Einladung zu IAB-SMART im Januar 2018 wurde die Studie über eine Zeitspanne von sechs Monaten durchgeführt.

Die mit der IAB-SMART App gewonnenen Daten können aufgrund einer aktiven Einwilligung der Teilnehmenden mit den Daten des PASS sowie den individuellen administrativen Daten der Bundesagentur für Arbeit verknüpft werden. Gerade diese Datenverknüpfung erweitert das Potenzial der mittels IAB-SMART App erhobenen Daten erheblich, vor allem bei der Analyse der Datenqualität. Zum Beispiel ermöglicht sie einen umfangreichen Vergleich zwischen IAB-SMART Teilnehmenden und Nicht-Teilnehmenden. Sie erlaubt auch die gemeinsame Analyse der passiv gesammelten sowie abgefragten IAB-SMART Daten mit exakten Arbeitsmarktinformationen aus den administrativen Daten zu Arbeitslosigkeit oder Löhnen bevor, während und nach der Datenerhebung. Im Gegenzug ermöglicht die App wesentlich genauere Einschätzungen, zum Beispiel über die Aktivität der Teilnehmenden.

Datenschutz

Bei der Entwicklung der App und der Implementierung der Studie wurde besonderes Augenmerk auf die Einhaltung sowohl rechtlicher Vorgaben, insbesondere im Rahmen der EU Datenschutz-Grundverordnung (EU DS-GVO), als auch forschungsethischer Grundsätze gelegt.

Großen Wert legen die Forschungsethik im Allgemeinen sowie das DS-GVO auf die informierte Einwilligung. Informiert zu sein erfordert jedoch aktives Engagement und kognitive Anstrengung von Seiten der Teilnehmenden. Je nach Situation sind Menschen tendenziell abgeneigt, freiwillig zu viel kognitive Anstrengung aufzuwenden, und tendieren stattdessen dazu, bei kostengünstigen Entscheidungen den einfachen Weg zu wählen, in diesem Fall die Zustimmung (Kahnemann 2011). Frühere Forschung zur informierten Einwilligung bei Befragungen und speziell zur Verknüpfung mit Daten aus anderen Quellen zeigen einerseits unterschiedliche Einwilligungsraten in Abhängigkeit davon, wann und wie die Einwilligung abgefragt wurde (Kreuter et al. 2016; Sakshaug et al. 2015) und andererseits, dass unter bestimmten Umständen das Einholen einer Einwilligung die Teilnahme an Befragungen verringern kann, ohne die Teilnehmenden angemessen zu informieren (Couper und Singer 2013). In der IAB-SMART Studie wurde den Teilnehmenden an mehreren Stellen detaillierte Informationen zur Verfügung gestellt (schriftliche Einladung, Website und in der App). Usability-Tests im Vorfeld zeigten, dass diese Erklärungen klar und verständlich waren, wie es die DS-GVO erfordert. Alle Einwilligungen, z.B. die Aktivierung der Datenerhebungsfunktionen, waren im Sinne eines Opt-Ins vorzunehmen, erforderten also die aktive Zustimmung der Teilnehmenden.

Gemäß DS-GVO muss es für die Nutzerinnen und Nutzer genauso leicht möglich sein, die Einwilligung zu widerrufen, wie sie gegeben worden ist (siehe Artikel 7 Abs. 3). Dies wurde in den Einstellungen der App mit Häkchen, die zur Aktivierung gesetzt bzw. zur Deaktivierung jederzeit entfernt werden können, ermöglicht (siehe Abbildung 2). Die große Mehrheit hat die Einstellungen nach der initialen Installation allerdings nicht mehr geändert (siehe Kreuter et al. 2020). Ebenso wurde den IAB-SMART Teilnehmenden ein hohes Maß an Kontrolle darüber gegeben, welche Daten sie teilen möchten und welche nicht. Damit wurden nicht zuletzt Anforderungen der DS-GVO erfüllt, die Einwilligung für jeden Zweck einzeln zu erheben. Diese Möglichkeit des differenzierten Teilens von Daten wurde allerdings kaum genutzt (siehe Kreuter et al. 2020).

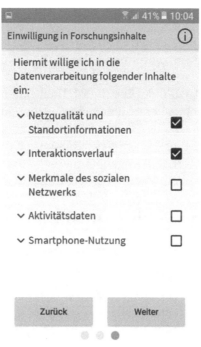

Abbildung 2 Einwilligung in die Datenerfassung in der IAB-SMART App

Incentivierung

Um die eingeladenen Personen zur vollständigen Teilnahme an der IAB-SMART Studie zu motivieren, wurden Incentives in Form von Amazon.de Gutscheinen für das Downloaden der App, die Bereitstellung von passiv gesammelten Daten und für die Beantwortung von In-App-Befragungen zur Verfügung gestellt. Im Rahmen der Studie wurde experimentell untersucht, welchen Einfluss die Höhe des Incentives auf die Teilnahmebereitschaft hat (Haas et al. 2020a). Eingeladene Personen erhielten je nach Experimentalgruppe €10 oder €20, wenn sie die App auf ihrem Smartphone installierten. Zusätzlich erhielten die Teilnehmenden je €1 pro Monat pro bereitgestelltem Datentyp. Die Hälfte der eingeladenen Personen erhielt zusätzlich einen Bonus von €5 pro Monat (d.h. insgesamt €10) für die Aktivierung aller fünf passiver Datenerhebungsfunktionen. Pro beantworteter Frage in den In-App-Befragungen wurden €0,1 an Incentives ausgezahlt (keine experimentelle Variation).

Das €20-Installationsincentive erhöhte die Installationsrate der App signifikant um drei Prozentpunkte. Das €5-Bonusincentive hatte hingegen keinen Einfluss auf die Installationsrate und auch nicht auf die durchschnittliche Anzahl der bereitgestellten Datentypen für die passive Messung. Zwischen verschiedenen Subgruppen zeigen sich keine signifikanten Unterschiede in der Reaktion auf das Incentive. Aus ethischer Sicht sind diese Ergebnisse eine gute Nachricht, da sie darauf hindeuten, dass mit dem Angebot unterschiedlich hoher Incentives benachteiligte Gruppen nicht überproportional dazu verleitet werden, ihre potenziell sensiblen Daten zu teilen. Weitere Ergebnisse des Experiments werden im Detail in Haas et al. (2020a) beschrieben.

3 Coverage

Während Smartphones in vielen Bevölkerungsgruppen intensiv genutzt werden, besitzen manche Bevölkerungsgruppen signifikant seltener ein Smartphone. Außerdem können sich Smartphonenutzerinnen und -nutzer auch in der Art des Smartphones und des Betriebssystems (z.B. Android, Apple iOS, Windows) unterscheiden. Die Betriebssysteme unterscheiden sich in der Menge und Art der Daten, die auf einem Gerät gesammelt werden können, was eine Einschränkung für Studien darstellt, die Sensoren und Anwendungen zur passiven Messung des Nutzerverhaltens verwenden. iOS erlaubt es nicht, mobile Daten wie Geolokalisierung, Anruf- und SMS-Logfiles sowie das Onlinesurfverhalten passiv von Smartphones mit dem gleichen Detaillierungsgrad und in derselben Frequenz wie im Android-Betriebssystem zu erfassen und alle anderen Betriebssysteme sind zu selten, um dafür extra eine App zu entwickeln. Hinzu kommt, dass die Entwicklung einer App für mehrere Betriebssysteme die Studienkosten in die Höhe treibt. Daher wurde bei der IAB-SMART Studie die Grundsatzentscheidung getroffen, die App nur für das am meisten verbreitete Betriebssystem, Android, zur Verfügung zu stellen.

Mit der Beschränkung einer Studie auf Smartphonenutzerinnen und -nutzer bzw. sogar die Nutzenden eines bestimmten Betriebssystems werden Untergruppen der Bevölkerung systematisch aus einer Stichprobenauswahl ausgeschlossen und es entsteht Undercoverage (Groves et al. 2009). Wenn es in einer oder mehreren relevanten Variable(n) systematische Unterschiede zwischen Personen, die ein Smartphone besitzen und denjenigen, die kein Smartphone besitzen gibt, entsteht Coverage Bias in Smartphonestudien. In einer Studie, die nur ein bestimmtes Betriebssystem verwendet, entsteht Coverage Bias, wenn sich die Nutzenden dieses Betriebssystems von allen anderen Personen (also denjenigen ohne Smartphone oder mit anderen Betriebssystemen) unterscheiden. Keusch et al. (2020a) untersuchen im Rahmen der IAB-SMART Studie das Ausmaß des Coverage Bias, der durch die Verwendung von Smartphones für die Datenerhebung entsteht. Die Ergebnisse dieser Analyse werden im Folgenden zusammengefasst.

Basierend auf den gewichteten Schätzungen der PASS-Welle 11 zeigt sich, dass 75,8 Prozent der in Deutschland lebenden Personen im Alter von 15 Jahren und älter ein Smartphone besitzen. Hinsichtlich des spezifischen Betriebssystems haben 49 Prozent der deutschen Wohnbevölkerung ab 15 Jahren ein Android-Smartphone, 16,7 Prozent ein iPhone, 5,4 Prozent ein Windows-Smartphone und 0,7 Prozent ein Smartphone mit einem anderen Betriebssystem.

In Übereinstimmung mit den Ergebnissen früherer Untersuchungen in anderen europäischen Ländern (Baier et al. 2018; Fuchs und Busse 2009; Metzler und Fuchs 2014) und in den Vereinigten Staaten (Couper et al. 2018; Pew Research Center 2017) wird auch in der vorliegenden Studie festgestellt, dass Smartphonebesitzerinnen und -besitzer in Deutschland unter jungen und hoch gebildeten Menschen und solchen, die in großen Gemeinden leben, überrepräsentiert sind. Abbildung 3 zeigt die Beziehung zwischen verschiedenen Altersgruppen und Smartphonebesitz sowie zwischen Altersgruppen und dem Besitz von Smartphones mit einem bestimmten Betriebssystem. Während Smartphonebesitz bei unter 45-jährigen in Deutschland lebenden Personen relativ konstant ist, sinkt die Wahrscheinlichkeit des Smartphonebesitzes bei den älteren Altersgruppen deutlich ab. Außerdem zeigt sich, dass die Smartphoneverbreitung unter Nichtdeutschen höher ist als unter deutschen Staatsbürgerinnen und -bürgern. Darüber hinaus korreliert der Smartphonebesitz in Deutschland mit einer Reihe von substanziellen

Variablen zu Arbeitsmarkt und Wohlfahrtsposition, die regelmäßig im Rahmen des PASS erhoben werden. Die Ergebnisse unterstützen die Vermutung, dass es eine digitale Kluft („digital divide") zwischen Personen mit und ohne Smartphone gibt, die über rein soziodemographische Unterschiede hinausgeht und sich auch auf die Messung von Verhaltensweisen und Einstellungen auswirkt.

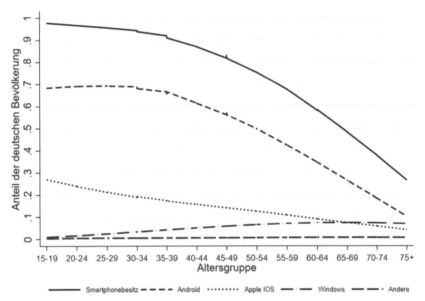

Abbildung 3   Smartphonebesitz und verwendetes Betriebssystem nach Altersgruppen (Keusch et al. 2020a)

Das Gewichten der Ergebnisse nach soziodemographischen Informationen zu Alter, Geschlecht, Bildungsgrad, Nationalität, Region und Gemeindegröße, also nach Merkmalen, die üblicherweise in Deutschland für eine Gewichtung zur Verfügung stehen, verringert einige der Unterschiede zwischen Personen mit und ohne Smartphone, beseitigt sie aber nicht. Einige der Verzerrungen bei Einstellungsvariablen, wie Zufriedenheit mit verschiedenen Aspekten des eigenen Lebens, soziale Einbettung und Selbstwirksamkeit, fallen mit rund zwei Prozentpunkten selbst ohne Gewichtung relativ schwach aus und ein Teil des Coverage Bias ist eindeutig durch eine geringere Verbreitung von Smartphones in den älteren Altersgruppen bedingt. Gewichtungen, die diese Altersunterschiede berücksichtigen, verringern den Coverage Bias für Messgrößen, die stark mit dem Alter korrelieren (z.b. Zufriedenheit mit der Gesundheit).

Andere Variablen wie Haushaltsgröße, Prävalenz von Kindern im eigenen Haushalt, Haushaltseinkommen und Erwerbsstatus zeigen jedoch größere substanzielle Verzerrungen, selbst nach der Anwendung von Gewichten, die soziodemographische Unterschiede zwischen Personen, die ein Smartphone besitzen und denjenigen, die keines besitzen, berücksichtigen. Diese Verzerrungen könnten durch andere Mechanismen bedingt sein, wie z.b. Unterschiede im Einkommen und anderen vermögensbezogenen Variablen zwischen Smartphonebesitzerinnen und -besitzern.

Außerdem untersucht diese Studie erstmals Verzerrungen, die sich aus dem Coverage von Smartphones mit unterschiedlichen Betriebssystemen ergibt. Für die wesentlichen Variablen im PASS zeigen die Ergebnisse, dass der durch Coverage von Android-Smartphones verursachte Bias im Allgemeinen nicht viel höher ist als der für alle Smartphones in Deutschland, was eine erfreuliche Nachricht für Forscherinnen und Forscher sein dürfte, die die Smartphonetechnologie für passive Messungen nutzen möchten. Allerdings stellen iPhone-Besitzerinnen und -Besitzer eine viel kleinere und spezifische Subpopulation in Deutschland dar, sowohl in Bezug auf soziodemographische Merkmale als auch in Bezug auf Einstellungen und Verhaltensweisen, was die Ergebnisse früherer Untersuchungen bestätigt (Götz et al. 2017; Pryss et al. 2018; Shaw et al. 2016; Ubhi et al. 2017). In der Analyse zeigt sich Undercoverage von iPhones. Auch wurden große Verzerrungen in vielen der substanziellen PASS-Variablen festgestellt. Diese Verzerrungen sind selbst dann erheblich, wenn Gewichte verwendet werden, die die soziodemographischen Unterschiede zwischen iPhone-Besitzerinnen und -Besitzern und der Allgemeinbevölkerung korrigieren. Beispielsweise wird der Anteil der Personen aus einkommensstarken Haushalten um 11 Prozentpunkte überschätzt. Große Verzerrungen gibt es auch bei Personen, die eine hohe allgemeine Lebenszufriedenheit (+7,9 Prozentpunkte) oder eine starke soziale Einbettung (+8,6 Prozentpunkte) angeben. Daher ist angeraten, Datenerhebungen mittels Smartphones nicht nur auf iPhone-Besitzerinnen und -Besitzer zu beschränken, da dies systematisch bestimmte Subpopulationen ausschließen und zu großen Verzerrungen führen kann.

4 Nichtteilnahme

Um in Smartphonestudien sowohl Selbstberichte als auch Sensordaten von Smartphones erheben zu können, müssen Benutzerinnen und Benutzer, wie bereits erwähnt, eine spezielle Forschungsapp herunterladen, die den Zugriff auf verschiedene Sensoren und Logfiles ermöglicht. Je nach Umfang der Studie müssen die Teilnehmenden in mehreren Schritten ihre Zustimmung zu den verschiedenen Datenerfassungsfunktionen der Forschungsapp (z.B. Selbstberichte, Sensordaten, Logfiles) geben, sodass die klassische binäre Sichtweise von Teilnahme/Nichtteilnahme nicht mehr ausreicht (Couper 2019). Während einige Personen möglicherweise nicht bereit sind, an einer solchen Studie generell teilzunehmen, stimmen andere allen Arten der Datenerhebung zu oder sind bei ihrer Teilnahmeentscheidung selektiv und stimmen zwar einigen, aber nicht allen Formen der Datenerhebung zu. Wenn sich Teilnehmende in den relevanten Variablen von der eingeladenen Stichprobe unterscheiden, kommt es zu Verzerrungen (Groves et al. 2009). Wenn beispielsweise in einer Studie, die über Smartphones Messungen zu Beschäftigung und Armut erhebt, Gruppen, die eher von Arbeitslosigkeit und Armut betroffen sind, weniger bereit sind, sich zu beteiligen, dann wären die aus dieser Studie erhobenen Daten verzerrt. Unterschiedliche Grade der Nichtteilnahme innerhalb einer Studie, die mehrere Arten von Daten von denselben Teilnehmenden erhebt, macht die Berechnung der Teilnahmequoten komplexer und könnte es erforderlich machen, die durch Nichtteilnahme entstehende Verzerrung für jede Art der Datenerhebung individuell zu berücksichtigen.

Um zu beurteilen, ob die Teilnahmemuster mit Merkmalen der eingeladenen Smartphonebesitzerinnen und -besitzer korrelieren, erklären Keusch et al. (2020b) die Nichtteilnahme in drei Stufen anhand einer Reihe von Merkmalen aus der anfänglichen Stichprobe von 4.293 eingeladenen PASS-Befragten. Die Kernergebnisse aus dieser Studie werden im Folgenden erläutert.

Von den 4.293 Android-Smartphonebesitzerinnen und -besitzern der PASS-Welle 11 haben 623 (14,5 Prozent der eingeladenen Stichprobe) die

App heruntergeladen und installiert, die Willkommensbefragung beantwortet und wurden als berechtigte Teilnehmende verifiziert („Verified Installers"). Diese Teilnahmerate ist etwas niedriger als in anderen Studien, die Teilnehmende aus der Allgemeinbevölkerung rekrutierten (Elevelt et al. 2019; Scherpenzeel 2017; Struminskaya et al. 2018). Die meisten früheren Studien haben jedoch nur eine Art von Sensordaten (z.B. Geolokalisierung) gesammelt, in der Regel über kurze Zeiträume. Im Gegensatz dazu wurden die Teilnehmenden in der IAB-SMART Studie gebeten, über einen Zeitraum von sechs Monaten umfassenden Zugang zu einer Vielzahl passiv erhobener Daten zu gewähren.

Die Anzahl der Datenerfassungsfunktionen, die die Teilnehmenden mindestens einmal bereitgestellt haben („Function Participants"), variiert. Während 577 Teilnehmende (13,4 Prozent der eingeladenen Stichprobe) Angaben zur Netzwerkqualität und zum Standort bereitgestellt haben, lieferten nur 525 Teilnehmende (12,2 Prozent) mindestens einmal Daten über die Merkmale ihres sozialen Netzwerks. Schließlich konnten 465 Personen als vollwertige Teilnehmende („Full Participants") eingestuft werden, da sie in allen fünf Funktionen mindestens einmal Daten passiv zur Verfügung stellten und mindestens eine Frage der In-App-Befragungen beantworteten. Dies entspricht 10,8 Prozent der zur Teilnahme an der IAB-SMART Studie eingeladenen Stichprobe. Abbildung 4 fasst die Zahlen der Teilnehmenden in den einzelnen Stufen der IAB-SMART Studie zusammen.

Um zu analysieren, ob die Studienteilnahme mit Merkmalen der eingeladenen Smartphonebesitzerinnen und -besitzer korreliert, werden multivariate logistische Regressionsmodelle mit der Teilnahme in einer bestimmten Stufe (0 = Nichtteilnahme, 1 = Teilnahme) als abhängiger Variable spezifiziert. Auf der Grundlage früherer Forschungsergebnisse zu Korrelationen der Nichtteilnahme in Smartphonestudien werden zwei Gruppen von Kovariaten, gemessen in früheren PASS-Wellen, als Prädiktoren in die Modelle aufgenommen. Die erste Gruppe umfasst soziodemographische Merkmale (Geschlecht, Alter, Bildungsniveau, Nationalität, Region, Gemeindegröße, Familienstand, Haushaltsgröße, Vorhandensein eigener Kinder im Haushalt, Haushaltseinkommen, Erwerbsstatus und Sozialhilfebezug). Als zweite Gruppe fließen als Kovariate in die Modelle ein, wie lange ein Individuum schon Mitglied in der PASS-Panelstudie ist und, ob die Zustimmung zur Datenverknüpfung der PASS-Erhebungsdaten mit administrativen Daten der Bundesagentur für Arbeit gegeben wurde. Beide Variablen sind Proxys für das Vertrauen in die Forschungsorganisation, das IAB.

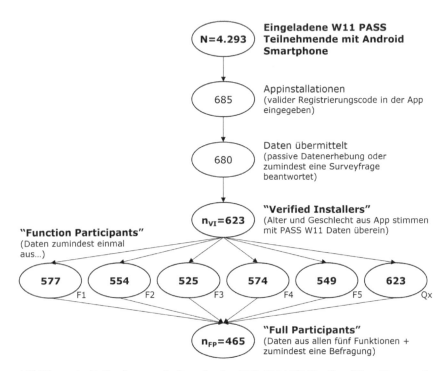

Abbildung 4 Teilnahmeverhalten in der IAB-SMART Studie. (F1 = Netzwerkqualität und Standortinformationen; F2 = Anruf- und SMS-Logfiles; F3 = Soziales Netzwerk; F4 = Aktivitätsdaten; F5 = Smartphone-/Appnutzung; Qx = In-App-Befragungen) (Keusch et al. 2020b)

In multivariaten logistischen Regressionsmodellen wurde die Teilnahme an der IAB-SMART Studie auf Basis soziodemographischer Charakteristika der eingeladenen PASS-Mitglieder sowie Charakteristika über deren Beziehung zum IAB vorhergesagt. Die Ergebnisse zeigen, dass ein negativer Zusammenhang zwischen dem Alter und der IAB-SMART Teilnahme besteht. Interessanterweise ist dieser Effekt über die verschiedenen Stufen der Teilnahme und die verschiedenen Arten von Daten, die in der IAB-SMART Studie erhoben wurden, relativ konsistent. Außerdem nimmt die Teilnahmerate mit dem Bildungsniveau zu. Die Autorinnen und Autoren stellen außerdem fest, dass PASS-Befragte mit deutscher Staatsbürgerschaft häufiger an der Studie teilnehmen als Ausländerinnen und Ausländer, und dass PASS-Befragte, die in den neuen Bundesländern leben, häufiger teilnehmen als diejenigen, die in den alten Bundesländern leben. Angesichts der Tatsache, dass vor allem ältere Menschen und Menschen mit niedrigerem Bildungsniveau in Deutschland auch eine geringere Wahrscheinlichkeit haben, ein Smartphone zu besitzen (Keusch et al. 2020a), wird der bereits bestehende Coverage Bias in diesen Gruppen durch den Nichtteilnahmefehler noch weiter verschärft.

Geschlecht, Größe des Wohnorts, Familienstand, Haushaltsgröße, Vorhandensein eigener Kinder im Haushalt, Haushaltseinkommen, Erwerbsstatus und Sozialhilfebezug sind nicht signifikant mit der Teilnahme an der IAB-SMART Studie ($p > 0{,}05$) korreliert. In Bezug auf die Beziehung zwischen den eingeladenen PASS-Befragten und dem IAB stellen die Autorinnen und Autoren fest, dass die Wahrscheinlichkeit der Teilnahme an der IAB-SMART Studie umso größer ist, je länger eine Person bereits an PASS-Befragungen teilnimmt. Die Korrelation zwischen der Zustimmung zur Verknüpfung von Verwaltungsdaten im Rahmen der PASS-Erhebung und der Teilnahme an der IAB-SMART Studie ist positiv, allerdings nicht statistisch signifikant auf dem 5-Prozent-Niveau.

Neben Unterschieden zwischen Teilnehmenden und Nichtteilnehmenden in soziodemographischen Variablen ist vor allem die Verzerrung bezüglich inhaltlicher Konstrukte interessant, die mithilfe der Smartphonestudie gemessen werden können. Für diese Messungen selbst kann der Nichtteilnahme-Bias zwar nicht untersucht werden, da sie ja per definitionem für Nicht-Teilnehmende nicht verfügbar sind, doch lässt sich untersuchen, inwiefern die Nichtteilnahme an der Smartphonestudie mit den in PASS für diese Konstrukte erhobenen Indikatoren zusammenhängt.

Die Autorinnen und Autoren untersuchten Verzerrungen durch Nichtteilnahme für vier solcher Konstrukte, die prinzipiell mit der IAB-SMART Studie messbar sind und für die aus den PASS-Daten eine alternative Messung auf Basis von Survey-Daten für Teilnehmende und Nichtteilnehmende der IAB-SMART Studie vorliegt. Dabei handelt es sich erstens um die soziale Einbettung. Diese kann in Smartphonestudien durch die passiv erhobenen Daten der Anruf- und SMS-Logfiles und die Anzahl der Kontakte im Adressbuch gemessen werden. Untersucht werden zweitens die Persönlichkeitsmerkmale der Big Five (McCrae und John 1992). Neuere Studien haben herausgefunden, dass sich Persönlichkeitsmerkmale anhand von Logfiles der Smartphonenutzung vorhersagen lassen (Chittaranjan et al. 2013; Stachl et al. 2017; Xu et al. 2016; de Montjoye et al. 2013). Drittens untersuchen die Autorinnen und Autoren den Nichtteilnahme-Bias in der Arbeitsmarktvariable Arbeitsstunden. Arbeitszeiten der Teilnehmenden lassen sich in Smartphonestudien aus Geolokalisierungsdaten mindestens für Personen mit festem Arbeitsplatz ableiten. Schließlich schätzen die Autorinnen und Autoren den Nichtteilnahme-Bias in der Nutzung von Social-Media-Plattformen. Aus den im Rahmen von IAB-SMART erhobenen Daten zur Smartphonenutzung kann direkt gemessen werden, wie viele Social-Media-Apps die Teilnehmenden nutzen.

Die Autorinnen und Autoren analysierten für insgesamt neun verschiedene Surveymessungen aus PASS für diese vier Konstrukte (die in anderer Weise mit dem Smartphone gemessen werden können) die Unterschiede in den Schätzungen zwischen der gesamten, ursprünglichen Stichprobe, die zur Studie eingeladen worden war, und den tatsächlichen Teilnehmenden. Von den neun Variablen zu sozialer Einbettung, Persönlichkeit, Arbeitsmarkt und Social-Media-Nutzung fanden die Autorinnen und Autoren signifikante Verzerrungen durch Nichtteilnahme in der selbstberichteten Größe des sozialen Netzwerks, ob jemand angab derzeit nicht zu arbeiten, und in der Anzahl der genutzten Social-Media-Plattformen. Besonders groß war die Verzerrung für die Social-Media-Nutzung. Unter den IAB-SMART Teilnehmenden waren Personen, die angaben, drei oder mehr Social-Media-Plattformen zu nutzen, im Vergleich zur ursprünglichen Stichprobe etwa neun bis zehn Prozentpunkte überrepräsentiert und Personen, die angaben, Social Media überhaupt nicht zu nutzen, sieben bis neun Prozentpunkte unterrepräsentiert. Zwar liegen uns keine Informationen über andere Arten der Internet- und Smartphonenutzung sowohl von den Teilnehmenden als auch von den Nichtteilnehmenden unserer Studie vor, doch können wir davon ausgehen, dass wir vergleichbare Verzerrungen für ähnliche Messgrößen finden würden. Wir raten daher dringend davon ab, unkorrigierte Punktschätzungen für diese Arten von Verhalten zu ermitteln, die lediglich auf Stichproben von Smartphonestudien beruhen.

Messung

Passive Datenerhebung mittels GPS, Accelerometer und anderen Smartphonesensoren sowie von Anruf- und SMS-Logfiles haben einige Vorteile im Vergleich zu Befragungen, da sie in einem nicht-reaktiven Prozess erhoben werden, also ohne das direkte Zutun der Teilnehmenden. Sie ermöglichen die direkte Messung von Verhalten in hoher Frequenz und es wird angenommen, dass sie geringerer Verzerrung ausgesetzt sind als Befragungsdaten, die bekanntlich durch Vergessen, soziale Erwünschtheit, Kontexteffekte und andere Messfehler verzerrt werden können. Allerdings ist derzeit noch relativ wenig darüber bekannt, welche Arten von Messfehlern in der passiven Datenerhebung mittels Smartphones auftreten können. Im Rahmen der IAB-SMART Studie untersuchten daher Bähr et al. (2020) die Messqualität von Geolokationen. Um die Einflüsse verschiedener potenzieller Fehlerquellen differenzieren zu können, wurde ein vierstufiges Fehlermodell aufgestellt, das die Fehlerquelle in den spezifischen Prozessen der Erhebung von Geolokalisierungsdaten erklären soll. Da das Design der Studie die Erfassung der Standortdaten in Abständen von je 30 Minuten vorsah, sollte die App für alle Teilnehmenden, die in die Erfassung der Standortdaten eingewilligt haben, 48 Messungen pro Tag durchführen (d.h. insgesamt 9.359 GPS-Messungen über den Zeitraum der Studie). Tatsächlich beträgt die Gesamtzahl an GPS-Messungen aber nur 4.289 (45,8 Prozent). Damit liegt der Anteil der fehlenden Standortdaten bei 54,2 Prozent.

In einer ersten Stufe wird analysiert, ob das Gerät überhaupt zum geplanten Messzeitpunkt eingeschaltet ist. In der zweiten Stufe wird überprüft, ob die App Messungen des eingeschalteten Geräts durchführen konnte. Fehlende Messungen auf diesen ersten beiden Stufen können auch von einer temporären Deinstallation der App durch die Teilnehmenden verursacht sein. In der dritten Stufe geht es um die fehlende Messung der Geolokation, wenn sowohl das Gerät eingeschaltet ist als auch die App aktiv Daten sammelt. Mögliche technische Gründe für eine fehlende Messung auf dieser dritten Stufe sind ein geringer Akkustand, ein schwaches oder fehlendes Mobilfunknetzsignal oder GPS-Verfügbarkeit und -Stärke. Außerdem könnte die Nutzerin oder

der Nutzer die Standortverfolgung in den allgemeinen Einstellungen des Geräts deaktiviert haben. Auch wenn auf der dritten Stufe eine Messung der Geolokation initiiert wird, ist es möglich, dass dennoch keine Information gespeichert wird. In der vierten Stufe fehlen die geographischen Koordinaten, weil die Geolokation nicht bestimmt werden konnte (z.b. wegen vieler Wände in Innenräumen oder umliegender Gebäude). Selbst wenn diese vier Stufen erfolgreich durchlaufen wurden, kann es immer noch sein, dass die Koordinaten nicht für substanzielle Analysen valide sind (z.b. wegen einer gemeinsamen Nutzung des Smartphones mit anderen oder der Weitergabe der Einladung zur Studie an andere Haushaltsmitglieder).

Die Ergebnisse zeigen, dass (soziodemographische) Merkmale der Teilnehmenden fast keinen Einfluss auf die Qualität der Geopositionsdaten haben. Wenig überraschend ist, dass das Nutzungsverhalten der IAB-SMART App, zum Beispiel das vorübergehende Widerrufen der Einwilligung zur Sammlung der Geolokalisierungsdaten und die vorübergehende Deinstallation der App, starke Auswirkungen auf Auftreten und Ausmaß von Messlücken hat. Weitere Untersuchungen zu diesem Nutzerverhalten sind erforderlich, um zu beurteilen, ob dies eine Gefahr für die Unverzerrtheit der resultierenden Daten darstellt.

Hinsichtlich der Gerätehardware weisen Smartphones der Marken Motorola und Sony in der IAB-SMART Studie weniger Lücken und kürzere Lücken auf als Samsung-Smartphones, während Smartphones von Huawei zwar weniger Lücken, dafür aber größere aufweisen. Mit neueren Android-Versionen nimmt die Zahl der Geräte, für die überhaupt keine Messungen durchgeführt werden konnten, signifikant zu. Dies ist eine Folge der mit jeder neuen Iteration des Betriebssystems verbundenen zunehmenden Einschränkungen, die Android den Apps von Drittanbietern auferlegt. Setzt sich der Trend fort, wird es zukünftig immer schwieriger werden, Daten mittels Forschungsapps passiv zu erheben.

Die Auswirkungen, die der Gerätestatus auf das Auftreten und die Länge von Messlücken haben, sind durchaus überraschend. Entgegen unserer Vermutung führen „Doze Mode" und ausgeschaltete Displays vor einer geplanten Messung zu einer Reduktion und Verkürzung von Messlücken. Task-Killer-Apps reduzieren einerseits die Anzahl der Fälle, in denen gar keine Messung oder keine GPS-Messung durchgeführt werden konnte. Andererseits erhöhen sie die Wahrscheinlichkeit ungültiger GPS-Messungen erheblich. Messlücken treten mit größerer Wahrscheinlichkeit nachts (0:00 bis 5:59 Uhr) auf. Wenn davon ausgegangen wird, dass diese Lücken mit dem Schlaf der Teilnehmenden zusammenfallen, werden dadurch keine Aktivitäten versäumt. Akkustand und Ladezustand zeigen große und konsistente Effekte auf das Eintreten von Messlücken. Allerdings sind Lücken aufgrund abgeschalteter Geräte bei niedrigem Akkustand tendenziell kürzer als die bei höherem Akkustand. Dies könnte darauf zurückzuführen sein, dass Benutzerinnen und Benutzer bei niedrigem Akkustand das Smartphone ausschalten, um es aufzuladen (Telefone neigen dazu, schneller zu laden, wenn sie ausgeschaltet sind), wohingegen das Ausschalten des Smartphones bei hohem Akkustand aus substanziellen Gründen erfolgen könnte (z.B. während man schläft).

5   Zusammenfassung und Ausblick

Mit Smartphones ist es inzwischen möglich, Beobachtungsdaten und Befragungsdaten gemeinsam in großem Maßstab über längere Zeiträume in großen Zufallsstichproben einzusetzen. Die IAB-SMART Studie zeigt die Möglichkeiten von Smartphones als Datenquelle für die Sozialforschung allgemein und die Arbeitsmarkt- und Berufsforschung im Speziellen auf. Die passive Datenerhebung bringt den Vorteil mit sich, für die Befragten weniger aufwändig zu sein und zugleich Informationen sehr detailliert und über lange Zeiträume erfassen zu können. Außerdem ist die Messung weniger anfällig für Verzerrungen wie ungenaue Angaben oder Erinnerungslücken. Inhaltlich geht es in der Studie darum, verschiedene Formen sozialer Ungleichheit und ihre Auswirkungen aufzudecken. Gleichzeitig ermöglicht die Befragung der Teilnehmenden über die Forschungapp einen direkten und kontextspezifischen Zugang zur Stichprobe, z.B. durch den Einsatz von Geofencing. Die hier beschriebene Studie und ihre technischen Möglichkeiten sind eine Momentaufnahme, Betriebssysteme entwickeln sich ständig weiter und es empfiehlt sich genau hinzuschauen, wie sich die Bevölkerung hinsichtlich Smartphonebesitz zusammensetzt.

Während Smartphonedaten Forscherinnen und Forschern wertvolle Informationen über individuelle und soziale Verhaltensweisen auf einer sehr feingliedrigen Ebene über einen längeren Zeitraum hinweg liefern können, hängt der Erfolg der Datenerhebung stark von der Verfügbarkeit von Smartphones in der Zielgruppe (Coverage), der Bereitschaft der Smartphonenutzerinnen und -nutzer, eine Forschungsapp herunterzuladen und einzuwilligen, ihre Daten zu teilen (Nichtteilnahme), und Einflussfaktoren auf die Qualität der erhobenen Daten ab (Messfehler). Die Ergebnisse zum Coverage von Keusch et al. (2020a) deuten darauf hin, dass Alter und Einkommen sowie Einstellungsmaße zur Lebenszufriedenheit stark mit dem Besitz von Smartphones korrelieren und daher berücksichtigt werden müssen, wenn Smartphones als Hauptmethode zur Erhebung von Informationen verwendet werden, die mit diesen Variablen in Zusammenhang stehen könnten.

Keusch et al. (2020b) zeigen, dass auch die Teilnahme an der IAB-SMART Studie stark mit mehreren soziodemographischen Merkmalen der eingeladenen Personen, darunter Alter, Bildung, Nationalität und Region, korreliert. Angesichts der Tatsache, dass insbesondere ältere Menschen und Menschen mit niedrigerem Bildungsniveau in Deutschland auch weniger wahrscheinlich ein Smartphone besitzen, zeigen die Ergebnisse, dass der bereits bestehende Coverage Bias in diesen Gruppen durch den Nichtteilnahmefehler weiter verstärkt wird. Forscherinnen und Forscher, die mit Hilfe von Forschungsapps Daten über die Allgemeinbevölkerung erheben wollen, sollten ihre Schätzungen zum Beispiel durch Gewichtung anpassen, um die Unterschiede zwischen Teilnehmenden und Nichtteilnehmenden zu berücksichtigen.

Eine Einschränkung der Studie besteht darin, dass wir keine Daten über die spezifischen Einstellungen von Teilnehmenden und Nichtteilnehmenden zum Datenschutz und zur gemeinsamen Datennutzung haben. Wir können daher nicht direkt abschätzen, wie sich Datenschutzbedenken auf die Teilnahmeentscheidung auswirken, und hoffen, dass zukünftige Studien weitere Erkenntnisse dazu liefern werden. Allerdings fanden wir heraus, dass die Wahrscheinlichkeit, dass eine Person an der IAB-SMART Studie teilnimmt, umso größer ist, je länger sie der Panelstudie PASS angehört, aus der sie rekrutiert wurde. Wir interpretieren das als einen Hinweis auf das Vertrauen, das sich im Laufe der Zeit zwischen den langjährigen Panelmitgliedern und der Forschungsorganisation (IAB) aufgebaut hat. Angesichts der umfangreichen Menge an potenziell sensiblen Daten, die unsere App gesammelt hat, gehen wir davon aus, dass die Rekrutierung aus einer neuen

Stichprobe der Allgemeinbevölkerung, die eine ähnliche App verwendet, daher eine geringere Teilnahmequote ergibt.

Es ist wichtig, sich vor Augen zu halten, dass sowohl der Zugriff auf die Daten als auch die Bereitschaft der Teilnehmenden je nach Studienschwerpunkt und Forschungseinrichtung unterschiedlich sein können. Daher muss unsere Studie auch in ihrem Kontext interpretiert werden. Verzerrungen haben wir mit Daten aus einer Studie über Arbeitsmarktaktivitäten und Armut in Deutschland untersucht.

Ergebnisse von Bähr et al. (2020) zeigen, dass (soziodemographische) Merkmale der Teilnehmenden fast keinen Einfluss auf die Messqualität von Geopositionsdaten haben. Starke Auswirkungen auf Auftreten und Ausmaß von Messlücken hat das Nutzungsverhalten wie ein vorübergehendes Widerrufen der Einwilligung zur Sammlung der Geolokalisierungsdaten oder eine vorübergehende Deinstallation der App, was wenig überrascht. Darüber hinaus könnte es zukünftig immer schwieriger werden mittels Forschungsapps Daten passiv zu erheben, wenn sich der Trend von zunehmenden Einschränkungen mit neueren Versionen des Android-Betriebssystems fortsetzt.

Informationen über die Mobilität, das Aktivitätslevel und verwendete Transportmittel haben das Potential, neue Einblicke in den Alltag von Erwerbstätigen und Arbeitslosen zu gewähren und können so unser Verständnis von bisher unbeobachteten Opportunitätsstrukturen und Ungleichheiten auf dem Arbeitsmarkt vertiefen. Standortbezogene In-App-Befragungen ermöglichen eine gezielte und zeitnahe Sammlung von Informationen, zum Beispiel über die Erfahrungen der Befragten mit einem Besuch bei ihrem örtlichen Jobcenter. Informationen über die sozialen Netzwerke, gemessen sowohl durch In-App-Befragungen als auch durch die Erfassung von Anruf- und SMS-Logfiles, helfen dabei, die Wirkung dieser Netzwerke am Arbeitsmarkt zu erforschen. Erheblich erhöht wird das Potential der IAB-SMART Daten durch die Verknüpfung mit den PASS-Befragungsdaten der Teilnehmenden und ihren administrativen Arbeitsmarktdaten der Bundesagentur für Arbeit.

In einem nächsten Schritt werden wir uns der Frage der sozialen Vernetzung durch Smartphones und der Wirkung dieser Netzwerke am Arbeitsmarkt widmen sowie die Rolle von Smartphones bei der Stellensuche näher beleuchten. Die IAB-SMART App macht darüber hinaus erforschbar, welchen Beitrag eine regional ungleiche Versorgung zu ungleichen Arbeitsmarktchancen leistet, da sie die Netzwerkstärke misst.

Literatur

Bähr, S., Haas, G.-C., Keusch, F., Kreuter, F., & Trappmann, M. (2020). Missing Data and Other Measurement Quality Issues in Mobile Geolocation Sensor Data. *Social Science Computer Review.* https://doi.org/10.1177/0894439320944118

Baier, T., Metzler, A., & Fuchs, M. (2018, 16. Mai). *Coverage Error in Mobile Web Surveys across European Countries 2014-2017.* 73rd Annual Conference of the America Association for Public Opinion Research, Denver, CO.

Chittaranjan, G., Blom, J., & Gatica-Perez, D. (2013). Mining Large-Scale Smartphone Data for Personality Studies. *Personal and Ubiquitous Computing, 17*(3), 433–450. https://doi.org/10.1007/s00779-011-0490-1

Couper, M. P. (2019, 4. März). *Mobile Data Collection: A Survey Researcher's Perspective.* 1st MASS Workshop, Mannheim, Germany.

Couper, M. P., Antoun, C., & Mavletova, A. (2017). Mobile Web Surveys: A Total Survey Error Perspective. In P. P. Biemer, E. de Leeuw, S. Eckman, B. Edwards, F. Kreuter, L. E. Lyberg, N. C. Tucker, & B. T. West (Hrsg.), *Total Survey Error in Practice* (S. 133–154). John Wiley & Sons. https://doi.org/10.1002/9781119041702.ch7

Couper, M. P., Gremel, G., Axinn, W., Guyer, H., Wagner, J., & West, B. T. (2018). New Options for National Population Surveys: The Implications of Internet and Smartphone Coverage. *Social Science Research, 73,* 221–235. https://doi.org/10.1016/j.ssresearch.2018.03.008

Couper, M. P., & Singer, E. (2013). Informed Consent for Web Paradata Use. *Survey Research Methods, 7,* 57–67. https://doi.org/10.18148/srm/2013.v7i1.5138

de Montjoye, Y.-A., Quoidbach, J., Robic, F., & Pentland, A. (2013). Predicting Personality Using Novel Mobile Phone-Based Metrics. In A. M. Greenberg, W. G. Kennedy, & N. D. Bos (Hrsg.), *Social Computing, Behavioral-Cultural Modeling and Prediction* (Bd. 7812, S. 48–55). Springer Berlin Heidelberg. https://doi.org/10.1007/978-3-642-37210-0_6

Elevelt, A., Lugtig, P., & Toepoel, V. (2019). Doing a Time Use Survey on Smartphones Only: What Factors Predict Nonresponse at Different Stages of the Survey Process? *Survey Research Methods*, 13(2), 195–213. https://doi.org/10.18148/SRM/2019.V13I2.7385

Fuchs, M., & Busse, B. (2009). The Coverage Bias of Mobile Web Surveys Across European Countries. *International Journal of Internet Science*, 4, 21–33.

Götz, F. M., Stieger, S., & Reips, U.-D. (2017). Users of the Main Smartphone Operating Systems (iOS, Android) Differ Only Little in Personality. *PLOS One*, 12(5), e0176921. https://doi.org/10.1371/journal.pone.0176921

Groves, R. M., Fowler, F. J., Couper, M. P., Lepkowski, J. M., Singer, E., & Tourangeau, R. (2009). *Survey Methodology* (2. Aufl.). John Wiley & Sons.

Haas, G.-C., Kreuter, F., Keusch, F., Trappmann, M., & Bähr, S. (2020a). Effects of Incentives in Smartphone Data Collection. In C. A. Hill, P. P. Biemer, T. D. Buskirk, L. Japec, A. Kirchner, S. Kolenikov, & L. E. Lyberg (Hrsg.), *Big Data Meets Survey Science: A Collection of Innovative Methods* (1. Aufl., S. 387–414). John Wiley & Sons. https://doi.org/10.1002/9781118976357.ch13

Haas, G.-C., Trappmann, M., Keusch, F., Bähr, S., & Kreuter, F. (2020b). Using Geofences to Collect Survey Data: Lessons Learned From the IAB-SMART Study. *Survey Methods: Insights from the Field, Special issue: 'Advancements in Online and Mobile Survey Methods'*. https://doi.org/10.13094/SMIF-2020-00023

Harari, G. M., Gosling, S. D., Wang, R., Chen, F., Chen, Z., & Campbell, A. T. (2017). Patterns of Behavior Change in Students over an Academic Term: A Preliminary Study of Activity and Sociability Behaviors Using Smartphone Sensing Methods. *Computers in Human Behavior*, 67, 129–138. https://doi.org/10.1016/j.chb.2016.10.027

Kahnemann, D. (2011). *Thinking, Fast and Slow*. Farrar, Straus and Giroux.

Keusch, F., Bähr, S., Haas, G.-C., Kreuter, F., & Trappmann, M. (2020a). Coverage Error in Data Collection Combining Mobile Surveys With Passive Measurement Using Apps: Data From a German National Survey. *Sociological Methods & Research*. https://doi.org/10.1177/0049124120914924

Keusch, F., Bähr, S., Haas, G.-C., Kreuter, F., & Trappmann, M. (2020b, 11.-12. Juni). *Participation Rates and Bias in a Smartphone Study Collecting Self-Reports and Passive Mobile Measurements Using a Research App*. AAPOR 75th Annual Conference, Virtual Conference.

Kreuter, F., Haas, G.-C., Keusch, F., Bähr, S., & Trappmann, M. (2020). Collecting Survey and Smartphone Sensor Data With an App: Opportunities and Challenges Around Privacy and Informed Consent. *Social Science Computer Review, 38*(5), 533–549. https://doi.org/10.1177/0894439318816389

Kreuter, F., Sakshaug, J. W., & Tourangeau, R. (2016). The Framing of the Record Linkage Consent Question. *International Journal of Public Opinion Research, 28*(1), 142–152. https://doi.org/10.1093/ijpor/edv006

Link, M. W., Murphy, J., Schober, M. F., Buskirk, T. D., Childs, J. H., & Tesfaye, C. L. (2014). Mobile Technologies for Conducting, Augmenting and Potentially Replacing Surveys: Executive Summary of the AAPOR Task Force on Emerging Technologies in Public Opinion Research. *Public Opinion Quarterly, 78*(4), 779–787. https://doi.org/10.1093/poq/nfu054

McCrae, R. R., & John, O. P. (1992). An Introduction to the Five-Factor Model and Its Applications. *Journal of Personality, 60*(2), 175–215. https://doi.org/10.1111/j.1467-6494.1992.tb00970.x

Metzler, A., & Fuchs, M. (2014, 1. Dezember). *Coverage Error in Mobile Web Surveys across European Countries*. 7th Internet Survey Methodology Workshop, Bozen-Bolzano, Italy.

Perrin, A. (2017, 28. Juni). 10 Facts about Smartphones. *Pew Research Center*. Abgerufen 10. November 2020, von https://www.pewresearch.org/fact-tank/2017/06/28/10-facts-about-smartphones/

Pew Research Center. (2017). Mobile Fact Sheet. *Washington, DC: Pew Research Center*. Abgerufen 4. Juli 2019, von https://www.pewresearch.org/internet/fact-sheet/mobile/

Pryss, R., Reichert, M., Schlee, W., Spiliopoulou, M., Langguth, B., & Probst, T. (2018). Differences between Android and iOS Users of the TrackYourTinnitus Mobile Crowdsensing mHealth Platform. *2018 IEEE 31st International Symposium on Computer-Based Medical Systems (CBMS)*, 411–416. https://doi.org/10.1109/CBMS.2018.00078

Raento, M., Oulasvirta, A., & Eagle, N. (2009). Smartphones: An Emerging Tool for Social Scientists. *Sociological Methods & Research, 37*(3), 426–454. https://doi.org/10.1177/0049124108330005

Sakshaug, J. W., Wolter, S., & Kreuter, F. (2015). Obtaining Record Linkage Consent: Results from a Wording Experiment in Germany. *Survey Methods: Insights from the Field (SMIF)*. https://doi.org/10.13094/SMIF-2015-00012

Scherpenzeel, A. (2017). Mixing Online Panel Data Collection with Innovative Methods. In S. Eifler & F. Faulbaum (Hrsg.), *Methodische Probleme von Mixed-Mode-Ansätzen in der Umfrageforschung* (S. 27–49). Springer Fachmedien Wiesbaden. https://doi.org/10.1007/978-3-658-15834-7_2

Shaw, H., Ellis, D., Kendrick, L.-R., Ziegler, F., & Wiseman, R. (2016). Predicting Smartphone Operating System from Personality and Individual Differences. *Cyberpsychology, Behavior, and Social Networking, 19*, 727–732. https://doi.org/10.1089/cyber.2016.0324

Stachl, C., Hilbert, S., Au, J.-Q., Buschek, D., De Luca, A., Bischl, B., Hussmann, H., & Bühner, M. (2017). Personality Traits Predict Smartphone Usage. *European Journal of Personality, 31*(6), 701–722. https://doi.org/10.1002/per.2113

Struminskaya, B., Lugtig, P., Schouten, B., Toepoel, V., Haan, M., Dolmans, R., Giesen, D., Luiten, A., & Meertens, V. (2018, 25. Oktober). *Collecting Smartphone Sensor Measurements in the General Population: Willingness and Nonparticipation*. BigSurv18, Barcelona, Spain.

Trappmann, M., Bähr, S., Beste, J., Eberl, A., Frodermann, C., Gundert, S., Schwarz, S., Teichler, N., Unger, S., & Wenzig, C. (2019). Data Resource Profile: Panel Study Labour Market and Social Security (PASS). *International Journal of Epidemiology, 48*(5), 1411–1411g. https://doi.org/10.1093/ije/dyz041

Ubhi, H. K., Kotz, D., Michie, S., van Schayck, O. C. P., & West, R. (2017). A Comparison of the Characteristics of iOS and Android Users of a Smoking Cessation App. *Translational Behavioral Medicine, 7*(2), 166–171. https://doi.org/10.1007/s13142-016-0455-z

Xu, R., Frey, R. M., Fleisch, E., & Ilic, A. (2016). Understanding the Impact of Personality Traits on Mobile App Adoption – Insights from a Large-Scale Field Study. *Computers in Human Behavior, 62*, 244–256. https://doi.org/10.1016/j.chb.2016.04.011

Inklusion von Menschen ohne Internet in zufallsbasierte Onlinepanel-Umfragen

Carina Cornesse [1] & *Ines Schaurer* [2]

[1] Universität Mannheim
[2] GESIS – Leibniz Institut für Sozialwissenschaften

1 Einleitung

Zur Beantwortung vieler Forschungsfragen in den Sozialwissenschaften ist es unerlässlich Umfragen durchzuführen, mittels derer die Forschenden Einblicke in die Einstellungen und das Verhalten der Gesamtbevölkerung erlangen. Um zu gewährleisten, dass die aus den Umfragedaten generierten Erkenntnisse auf die Gesamtbevölkerung übertragbar sind, werden klassischerweise zufallsbasierte Stichproben gezogen, beispielsweise aus Bevölkerungsregistern. Die zufällig ausgewählten Personen oder Haushalte werden daraufhin anhand der aus dem Stichprobenrahmen verfügbaren Informationen kontaktiert und befragt. In solchen auf Zufallsstichproben basierenden Umfragen findet die Befragung in der Regel offline statt, also zum Beispiel per persönlichem oder telefonischem Interview. Beispiele für etablierte deutsche Umfragen, die auf diese Weise durchgeführt werden, sind die Allgemeine Bevölkerungsumfrage der Sozialwissenschaften (ALLBUS, siehe Wasmer et al. 2017) und das Sozioökonomische Panel (SOEP, siehe Pagel und Schupp 2019).

Im Gegensatz zu solchen klassischen, auf Zufallsstichproben basierenden Umfragedesigns werden sozialwissenschaftliche Umfragen seit dem Beginn des 21. Jahrhunderts zunehmend mittels Onlinepanels im Internet durchgeführt (für einen Überblick siehe Callegaro et al. 2014). Online Panels bestehen aus Gruppen von Menschen, die sich bereit erklärt haben an Befragungen im Internet teilzunehmen und die dazu dem Panelbetreiber ihre Emailadresse sowie einige Hintergrundinformationen zu ihrer Person zur Verfügung stellen.

Während Onlinepanels meist eine enorme Kosten- und Zeitersparnis darstellen, beruhen sie in der Regel auf nicht-zufallsbasierten Stichproben, die beispielsweise über Werbebanner oder Pop-up-Anzeigen auf Internetseiten angeworben werden (siehe Callegaro et al. 2014). Die Rekrutierungsstrategie beruht also auf der Selbstselektion von Freiwilligen anstelle des Zufallsprinzips. Dadurch sind nachgewiesenermaßen meist keine zuverlässigen Rückschlüsse von den Daten dieser Onlinepanels auf die Gesamtbevölkerung möglich (für einen Überblick zum Thema zufallsbasierte und nicht- zufallsbasierte Stichproben siehe Cornesse et al. 2020).

Nur eine vergleichsweise kleine Anzahl von Umfrageinfrastrukturen versucht die Vorteile der klassischen Umfragedesigns, die zuverlässige Rückschlüsse auf die Gesamtbevölkerung zulassen, mit den Vorteilen der aufgekommenen Onlinepanels zu verbinden, die schnell, flexibel, und kostensparend agieren können (zur praktischen Relevanz dieser Vorteile für die Wissenschaft siehe z.B. Blom et al. 2020; Schauerer und Weiß 2020).

Solche Umfrageinfrastrukturen werden als zufallsbasierte Onlinepanels bezeichnet und basieren, wie die klassischen sozialwissenschaftlichen Umfragen, auf Zufallsstichproben, die beispielsweise aus Bevölkerungsregistern gezogen werden. Ebenfalls wie in den klassischen sozialwissenschaftlichen Umfragen nutzen die probabilistischen Onlinepanels die Kontaktinformationen aus dem Stichprobenrahmen um die gezogenen Stichprobenmitglieder zu kontaktieren. Spätestens nach einem meist kurzen Rekrutierungsinterview werden die Stichprobenmitglieder dann allerdings gebeten per Internet an Folgebefragungen teilzunehmen (siehe DiSogra und Callegaro 2016). Alle Personen, die diesen Folgebefragungen zustimmen und sich online dazu registrieren, gelten dann als rekrutierte Onlinepanel-Mitglieder. Beispiele für zufallsbasierte Onlinepanels, die in Deutschland durchgeführt werden, sind das German Internet Panel (GIP, siehe Blom et al. 2015) und das GESIS Panel (siehe Bosnjak et al. 2018).

Der in der Rekrutierung von zufallsbasierten Onlinepanels notwendige Wechsel von einem initialen Kontaktmodus (persönlich, telefonisch, oder postalisch) zum eigentlichen Befragungsmodus im Internet birgt einige Herausforderungen. Im Vordergrund steht dabei die Problematik, dass nicht alle Menschen das Internet nutzen. Insofern sich Personen, die das Internet nutzen, systematisch von Personen unterscheiden, die das Internet nicht nutzen, kann dies potentiell zu falschen Rückschlüssen aus den Umfragedaten der Onlinepanels auf die Allgemeinbevölkerung führen. Im vorliegenden Beitrag soll es daher darum gehen, die Problematik der Exklusion von Menschen ohne Internet zu beschreiben und die in der Praxis verwendeten Lösungsansätze der Inklusion von Menschen ohne Internet in zufallsbasierten Onlinepanels zu diskutieren.

2 Menschen ohne Internet in der Bevölkerung

Es ist ein international bekanntes Phänomen, dass Teile der Bevölkerung das Internet nicht nutzen (siehe z.B. Statista 2020). In Deutschland lag dieser Bevölkerungsanteil 2013 bei 21% und ist seitdem auf 12% im Jahr 2019 gesunken (Destatis 2020). In der Europäischen Union insgesamt liegt der Anteil bei 11% (siehe Internet World Stats 2019).

Die Gründe warum manche Menschen das Internet nicht nutzen sind vielfältig. Laut einer Studie von Eynon und Helsper (2011) können vier Gruppen von Gründen der Nicht-Internetnutzung unterschieden werden: Kosten, Interesse, Kenntnisse und Zugang. Kostengründe beziehen sich vorrangig auf die finanziellen Aufwendungen, die aufgebracht werden müssen um eine Internetnutzung zu gewährleisten. Darunter fallen sowohl die Aufwendungen für ein internetfähiges Gerät, wie zum Beispiel einen PC und/oder ein Smartphone, als auch die Aufwendungen für Datennutzungsverträge und/oder Prepaid-Karten. Hinzu kommen häufig noch zusätzliche Ausstattungsgegenstände, wie Router oder WLAN-Sticks, sowie möglicherweise notwendige Aufwendungen für die Instandhaltung und/oder Reparatur der Ausstattungsgegenstände.

Während Kostengründe sich auf externe, vorrangig finanzielle, Faktoren beziehen, die sich vielfach außerhalb der Kontrolle der betroffenen Individuen befinden, beziehen sich Interessensgründe der (Nicht-)Internetnutzung auf die Motivation der Menschen, sich mit dem Internet zu beschäftigen. Dies betrifft insbesondere Menschen, die sich in einem sozialen Umfeld bewegen, in dem die relevanten Anderen ebenfalls das Internet nicht nutzen. Die Internetnutzung mag dann als nicht notwendig empfunden werden, was zu mangelndem Interesse am Internet führt und, in der Konsequenz dazu, dass uninteressierte Menschen dann das Internet tatsächlich nicht nutzen.

Kenntnisgründe der (Nicht-)Internetnutzung wiederum beziehen sich auf die Notwendigkeit, sich bestimmte Fertigkeiten und spezialisiertes Wissen anzueignen. Dies beinhaltet zum Beispiel das Wissen darüber, wie man eine Tastatur, einen Touchscreen oder eine Maus verwendet und die Kenntnis, wie man einen Web-Browser oder eine Suchmaschine bedient. In dem Sinne wie die Aneignung dieser Kenntnisse Zeitressourcen verbraucht und möglicherweise sogar Schulungsgebühren notwendig macht, können die Kenntnisgründe auch im weitesten Sinne als (Opportunitäts-) Kosten verstanden werden. Diese sind umso höher, je weniger eine Person bereits in einem sozialen Umfeld sozialisiert wurde, in dem technische Geräte und das Internet schon immer zum Alltag gehört haben (sogenannte „digital natives", siehe Prensky 2001).

Zugangsgründe hingegen beziehen sich auf die Problematik, dass, selbst wenn die diversen Kosten getragen werden können, das Interesse am Internet vorhanden ist und die notwendigen Kenntnisse bestehen, strukturell bedingt kein oder nur unzureichender Internetzugang verfügbar sein kann. In Deutschland ist die Versorgung mit schnellem Breitbandinternet zum Beispiel regional unterschiedlich stark ausgebaut. So liegt die Breitbandversorgung in und um Großstädte wie Berlin und München sowie in großen Ballungszentren wie dem Rhein-Main-Gebiet oder dem Ruhrgebiet meist bei über 95% der Privathaushalte (Bundesministerium für Verkehr und digitale Infrastruktur 2020). In ländlichen Regionen dagegen, wie zum Beispiel in Nordhessen und in weiten Teilen Ostdeutschlands, insbesondere Mecklenburg-Vorpommern, liegt die Breitbandversorgung häufig bei deutlich unter 50% der Privathaushalte (sowohl leitungsgebunden als auch mobil).

Insgesamt liegen Zugangsgründe und Kostengründe der Nicht-Internetnutzung aufgrund mangelnder infrastruktureller oder finanzieller Ressourcen teilweise außerhalb der Kontrolle der betroffenen Individuen. Interessengründe und Kenntnisgründe dagegen können von den betroffenen Personen kontrolliert werden, auch wenn sie von sozialen Kontexten geprägt werden und dadurch ungleich verteilte Startbedingungen in der Bevölkerung hervorrufen (insbesondere im Hinblick auf sogenannte „digital skills", siehe z.B. Van Laar et al. 2017).

Daraus ergibt sich die Problematik zufallsbasierter Onlinepanels, dass diejenigen Menschen in der Bevölkerung, die das Internet nicht nutzen, sich systematisch von denjenigen Menschen unterscheiden können, die das Internet nutzen. Eine Exklusion der Nicht-Internetnutzerinnen und -nutzer könnte somit dazu führen, dass die realisierten Stichproben nicht ausreichend repräsentativ sind, um Rückschlüsse auf die Gesamtbevölkerung zu erlauben. Dabei spielen nicht nur geographische Indikatoren (z.B. Ost versus West und Stadt versus Land, siehe Bundesministerium für Verkehr und digitale Infrastruktur, 2020) eine Rolle, sondern auch andere sozio-demographische Faktoren. In einem internationalen Kontext, beispielsweise, zeigen Helsper und Reisdorf (2017), dass Menschen ohne Internet im Durchschnitt älter, geringer gebildet, und mit einer höheren Wahrscheinlichkeit arbeitslos sind als Menschen mit Internet. Empirische Studien aus Deutschland kommen zu ähnlichen Ergebnissen (siehe z.B. Bosnjak et al. 2013; König et al. 2018; Schleife 2010).

3 Inklusionsstrategien zufallsbasierter Onlinepanels

Da die Exklusion von Menschen ohne Internet (d.h. Personen, die keinen Zugang zum Internet haben oder es aus anderen Gründen nicht nutzen) ein potenzielles Problem für die Stichprobenqualität von Onlinepanels darstellt, soll es im folgenden Abschnitt um Inklusionsstrategien bestehender Onlinepanels gehen. Grundsätzlich kann man zwei Strategien zur Inklusion von Menschen ohne Internet unterscheiden: die Ausstattung der Personen mit entsprechender Ausrüstung zur Teilnahme an Befragungen per Internet und die Befragung mittels eines alternativen Teilnahmemodus außerhalb des Internets. Tabelle 1 bietet einen Überblick über gängige Strategien zur Inklusion von Menschen ohne Internet, inklusive einer beispielhaften Übersicht in welchen Onlinepanels diese Strategien zum Einsatz kommen.

Tabelle 1 Strategien zur Inklusion von Menschen ohne Internet und Überblick gängiger zufallsbasierter Onlinepanels, die solche Strategien verwenden

Inklusionsstrategie	Panel	Land	Quelle
Ausstattung mit Ausrüstungsgegenständen (z.B. WLAN und PC/Tablet)	American Trends Panel (nach 2016)	USA	Pew Research Center (2019)
	ELIPSS Panel	Frankreich	Revilla et al. (2016)
	German Internet Panel (GIP)	Deutschland	Blom et al. (2017)
	Knowledge Panel	USA	Ipsos (2020)
	LISS Panel	Niederlande	Leenheer und Scherpenzeel (2013)
	Understanding America Study	USA	USC (2017)
Postalische Befragung als alternativer Teilnahmemodus	American Trends Panel (bis 2016)	USA	Pew Research Center (2019)
	GESIS Panel	Deutschland	Bosnjak et al. (2018)
Telefonische Befragung als alternativer Teilnahmemodus	AmeriSpeak Panel	USA	NORC (2019)
	NatCen Panel	Großbritannien	NatCen Social Research (2020)
	Probit	Kanada	Probit Inc. (2020)
Mehrere alternative Teilnahmemodi	Gallup Panel	USA	GALLUP (2020)
	KAMOS	Südkorea	CAPORCI (2020)

Wie in Tabelle 1 dargestellt, ist die Ausstattung der Personen mit Ausrüstungsgegenständen eine vergleichsweise häufig verwendete Strategie zur Inklusion von Menschen ohne Internet in ein zufallsbasiertes Onlinepanel. Die Strategie der Ausstattung von Menschen ohne Internet erfolgt zumeist, indem die gezogenen Stichprobenmitglieder im Prozess der Panel-Rekrutierung nach ihrer *Ausstattung mit Internet am Wohnort* gefragt werden. Personen, die angeben über keine Internetverbindung und/oder ein internet-fähiges Endgerät zu verfügen, werden dann mit der entsprechenden Ausrüstung ausgestattet (siehe z.B. Blom et al. 2017). Zumeist sieht diese Ausrüstung die Bereitstellung eines WLAN-Routers sowie eines PCs oder Tablets am Wohnort vor (siehe z.B. Pew Research Center 2019).

Insgesamt zielt die Ausstattung von Menschen ohne Internet mit den notwendigen Ausrüstungsgegenständen darauf ab, die Kostengründe zu beseitigen, die Menschen von der Nutzung des Internets abhalten. Insofern auch die Installation der Geräte von externen Dienstleistern übernommen und sogar Schulungen angeboten werden, bemühen sich solche Strategien auch um eine Verringerung der Kenntnisgründe, aus denen manche Menschen das Internet nicht nutzen (siehe z.B. Blom et al. 2017). Die Interessensgründe und Zugangsgründe der Nicht-Internetnutzung können von Ausstattungsstrategien allerdings nur begrenzt adressiert werden.

Während einige zufallsbasierte Onlinepanels die Ausstattungsstrategie zur Inklusion von Menschen ohne Internet nutzen, haben andere eine mixed-mode Strategie etabliert (siehe Tabelle 1). Diese erlaubt es mittels eines alternativen Befragungsmodus an den Panel-Befragungen teilzunehmen. Die in der Praxis verwendeten alternativen Befragungsmodi sind die postalische sowie die telefonische Befragung. Teilweise bieten Onlinepanels auch mehrere alternative Befagungsmodi an.

Die Strategie des alternativen Befragungsmodus erfolgt zumeist indem die gezogenen Stichprobenmitglieder im Prozess der Panel-Rekrutierung nach ihrer *privaten Internetnutzung* befragt werden. Personen, die angeben das Internet nicht zu nutzen, wird dann der alternative Panel-Teilnahmemodus angeboten (siehe z.B. NORC 2019). Teilweise wird der alternative Teilnahmemodus in diesem Prozess auch solchen Personen angeboten, die zwar über die notwendige Ausstattung zur Teilnahme am Panel per Internet verfügen, diese Ausstattung aber nicht zur Panel-Teilnahme nutzen möchten (siehe Bosnjak et al. 2018).

Während die Ausstattungsstrategie zur Inklusion von Menschen ohne Internet ihren Schwerpunkt in der Beseitigung der Gründe der Nicht-Internetnutzung hat, fokussiert die Strategie des Anbietens eines alternativen Modus auf die Umgehung dieser Barrieren, indem sie die Internetnutzung für die Panelteilnahme entbehrlich macht. Damit ist es für die am Panel teilnehmende Person weder notwendig die Kosten der Internetnutzung tragen zu können, noch die notwendigen technologischen Kenntnisse oder entsprechendes Interesse an der Internetnutzung zu haben. Auch die Problematik des potentiellen strukturellen Mangels an Zugang zum Internet kann damit umgangen werden.

Da die Strategie des alternativen Teilnahme-Modus alle Internet-Nutzungsbarrieren umgeht, stellt sie für das zu rekrutierende Stichprobenmitglied eine geringe Teilnahme-Hürde dar: Es ist nicht notwendig sich mit technischer Ausstattung auseinanderzusetzen, neue Kenntnisse zu erarbeiten und die entsprechende Motivation aufzubringen, sich auf etwas Neues einzulassen. Die reduzierte initiale Teilnahme-Hürde, die die alternative Modus-Strategie bietet, führt allerdings auch zu einer Begrenzung der Befragungsmöglichkeiten im regulären Verlauf des Panels. So ist zum Beispiel, insbesondere im postalischen Befragungsmodus, keine Einbindung von Audio- und Videomaterial in die Panel-Befragungen möglich und die Möglichkeiten zur Implementierung komplexer Fragebogenexperimente und Filterführungen ist stark begrenzt. Außerdem muss meist eine längere Feldphase für die Panel-Befragungen eingeräumt werden, weil beispielsweise die Dauer der Postwege berücksichtigt werden muss. Hinzu kommt die Problematik möglicher Modus-Effekte in den Befragungsdaten (zu Modus-Effekten in mixed-mode Umfragen siehe z.B. Vannieuwenhuyze und Loosveldt 2013), insbesondere wenn der selbst-administrierte Befragungsmodus per Internet mit einem interviewer-administrierten Befragungsmodus kombiniert wird (zu Modus-Effekten zwischen interviewer-administrierten und selbst-administrierten Befragungen siehe z.B. Heerwegh 2009).

Die Ausstattungsstrategie dagegen profitiert im regulären Panelbetrieb davon, dass alle am Panel teilnehmenden Personen in demselben Modus per Internet befragt werden können. Dadurch werden die in mixed-mode-Befragungen möglichen Modus-Effekte umgangen, Feldphasen können kurzgehalten werden (zu den Vorteilen siehe z.B. Blom et al. 2020), und das Potential der technischen Möglichkeiten kann voll ausgeschöpft werden. Der Preis dafür ist die vergleichsweise hohe Hürde von Personen ohne Internet im Panel-Rekrutierungsprozess. Diese erhöhte Rekrutierungshürde kann dazu führen, dass nicht genügend Menschen ohne Internet in das Onlinepanel rekrutiert werden können, um einen positiven Effekt der Inklusionsstrategie auf die Komposition der Panelstichprobe erzielen zu können.

4 Erkenntnisse zur Inklusion von Menschen ohne Internet in Onlinepanels

Während es einige zufallsbasierte Onlinepanels gibt, die Strategien zur Inklusion von Menschen ohne Internet nutzen, sind bisher vergleichsweise wenige Erkenntnisse über deren Wirksamkeit publiziert worden. Die meisten publizierten Artikel zu dem Thema beschäftigen sich mit der Wirkung einer einzelnen Strategie in einem bestimmten Panel zum Zeitpunkt der Panel-Rekrutierung. Dabei werden häufig die Rekrutierungsraten zwischen Menschen mit und ohne Internet in das jeweilige Panel verglichen. Zusätzlich werden meist deskriptive Analysen zu der Frage präsentiert, ob die Inklusion von Menschen ohne Internet einen positiven Einfluss auf die Stichprobenqualität des frisch rekrutierten Panels hat. Dazu wird meist die Komposition der realisierten Panel-Stichprobe im Hinblick auf sozio-demographische Merkmale mit Vergleichswerten aus der offiziellen Statistik verglichen. Forschungslücken bestehen unter anderem im Bereich des Vergleichs mehrerer Strategien zur Inklusion von Menschen ohne Internet sowie Analysen zur Wirkung der Inklusionsstrategien im regulären Panelbetrieb (d.h. nach der Rekrutierung des Panels).

Wir stellen hier daher zunächst den empirischen Erkenntnisstand zum Thema Inklusion dar, bevor wir einige zusätzliche Ergebnisse aus dem German Internet Panel (GIP) und GESIS Panel präsentieren, die zur Schließung der genannten Forschungslücken beitragen. So zeigen wir hier als bisher einzige Studie vergleichende Ergebnisse zu zwei unterschiedlichen Inklusionsstrategien (GIP: Ausstattung mit Geräten, GESIS Panel: postalische Befragungen als alternativer Teilnahme-Modus). Ebenso ist dies die bisher einzige Studie, die sowohl Ergebnisse zu Inklusionsstrategien in frisch rekrutierten Panels darstellt als auch im späteren regulären Panelbetrieb. Damit tragen wir zur Beantwortung der Frage bei, welchen Einfluss die in der Praxis verwendeten Strategien zur Inklusion von Menschen ohne Internet auf probabilistische Onlinepanels haben.

4.1 Rekrutierungswahrscheinlichkeit

Ein wichtiges Kriterium zur Bewertung der existierenden Inklusionsstrategien ist die Frage, ob es den Onlinepanels gelingt, Menschen ohne Internet in das Panel zu rekrutieren. Im Idealfall sollte die Rekrutierungsrate von Menschen ohne Internet vergleichbar hoch sein wie die Rekrutierungsrate von Menschen mit Internet.

Entgegen diesem Ideal finden einige Studien, dass die Rekrutierungsrate von Menschen ohne Internet unter der Rekrutierungsrate von Menschen mit Internet liegt. So finden Blom, Gathmann und Krieger (2015), dass die Rekrutierungsrate von Menschen ohne Internet zum GIP rund 35%-Punkte unter der von Menschen mit Internet liegt. Leenheer und Scherpenzeel (2013) kommen für das niederländische LISS Panel mit einer Differenz von 49%-Punkten zu einem ähnlich klaren Ergebnis. Ebenso klare Differenzen (80%-Punkte) wurden von Revilla et al. (2016) aus dem französischen ELIPSS Panel berichtet. Es zeigt sich also insgesamt, dass die genannten Studien eine geringere Rekrutierungswahrscheinlichkeit von Nicht-Internetnutzerinnen und -nutzern berichten. Es gilt dabei zu beachten, dass alle untersuchten Onlinepanels (GIP, LISS und ELIPSS) die Ausstattungsstrategie zur Inklusion von Menschen ohne Internet verfolgen.

Darüber, ob und wie sich das Teilnahmeverhalten von Menschen mit und ohne Internet nach der Panel-Rekrutierung, also im regulären Panelbetrieb, unterscheidet, ist kaum etwas aus der publizierten Literatur bekannt. Eine der wenigen Studien, die sich mit dieser Thematik beschäftigt, stammt von Toepoel und Hendriks (2016). In dieser Studie wird berichtet, dass Menschen, die im LISS Panel mit Internetzugang und internetfähigen Geräten ausgestattet wurden, im regulären Panelbetrieb eine höhere Wahrscheinlichkeit zur Teilnahme an den Panel-Wellen aufweisen. Dies legt die Vermutung nahe, dass solche Stichprobenmitglieder, die die erhöhten Opportunitätskosten der Ausstattung im Rekrutierungsprozess auf sich genommen haben, dann auch den vollen Nutzen der Panelteilnahme für sich in Anspruch nehmen (z.B. die Möglichkeit, ihre Meinungen durch die Panelbefragungen mitzuteilen oder die häufig verwendete finanzielle Belohnung für das Ausfüllen der Fragebögen zu erhalten). Im Kontrast dazu berichtet Jessop (2017) eine geringere Teilnahmewahrscheinlichkeit für die Befragten des britischen NatCen Panels, die nicht online teilnehmen. Im Gegensatz zu den Befragten des LISS Panels werden die NatCen Panel-Befragten nicht ausgestattet, sondern telefonisch kontaktiert. Dies legt die Vermutung nahe, dass die Inklusionsstrategien per Ausstattung und die Inklusionsstrategien per alternativem Befragungsmodus unterschiedliche Effekte auf das Teilnahme-Verhalten der inkludierten Menschen im Onlinepanel haben.

4.2 Stichprobenqualität

In demselben Maße wie in der publizierten Literatur nur wenige Erkenntnisse über die Rekrutierungs- und Teilnahmewahrscheinlichkeit von Menschen mit und ohne Internet verfügbar sind, so gibt es bislang auch wenige Antworten auf die Frage, ob Inklusionsstrategien sich positiv auf die Stichprobenqualität eines Panels hinsichtlich einer unverzerrten Abbildung der Gesamtgesellschaft auswirken. Im Idealfall führt die Inklusion von Menschen ohne Internet dazu, dass Verzerrungen im Panel ausgeglichen werden, zum Beispiel indem die Inklusionsstrategien den Anteil älterer Menschen steigern, die häufig weniger Internet-affin sind (siehe z.B. Seifert und Schelling 2018). Auch für die Literatur zur Stichprobenqualität gilt, dass die existierenden Studien auf den Einfluss der Inklusionsstrategien im Panel-Rekrutierungsprozess fokussieren und nicht auf den regulären Panelbetrieb nach der Rekrutierung.

Während die wenigen Studien zur Rekrutierungswahrscheinlichkeit darauf hindeuten, dass Menschen ohne Internet in geringerem Maße zu Onlinepanels rekrutiert werden können als Menschen mit Internet, so ist das Bild, das sich im Hinblick auf den Einfluss der Inklusion auf die Stichprobenqualität der Panels ergibt, gemischter. So finden zum Beispiel Blom et al. (2017) im GIP und Leenheer und Scherpenzeel (2013) im LISS Panel einen positiven Einfluss der Inklusion von Menschen ohne Internet auf die Panel-Stichprobenqualität im Hinblick auf Alter und Haushaltsgröße. Bosnjak et al. (2018) finden hingegen keinen statistisch signifikanten positiven Effekt im Hinblick auf diese Merkmale im GESIS Panel. Rookey, Hanway und Dillman (2008) finden im amerikanischen Gallup Panel sogar einen negativen Einfluss der Inklusion von Menschen ohne Internet auf die Stichprobenqualität im Hinblick auf das Alter.

Die unterschiedlichen Ergebnisse der Studien mögen länderbedingt (z.b. unterschiedliche Effekte in Europa verglichen mit den USA), zeitbedingt (z.b. unterschiedliche Effekte in den frühen Studien, als das Internet noch nicht so stark in der Bevölkerung verbreitet war, verglichen mit späteren Studien) oder auch strategiebedingt (d.h. unterschiedliche Effekte in Panels, die die Internet-Ausstattungsstrategie verwenden als in Panels, die die Strategie des alternativen Befragungsmodus verfolgen) sein. Insgesamt ist die Studienlage noch nicht ausreichend um die Frage zu klären, welchen Einfluss die Inklusion von Menschen ohne Internet auf ein probabilistisches Onlinepanel hat.

Das einzige Merkmal bei dem alle Studien, die es untersucht haben, einen positiven Einfluss der Inklusionsstrategien auf die Panel-Stichprobenqualität finden, ist die Bildung (Blom et al. 2017; Bosnjak et al. 2018; Rookey et al. 2008). Hier zeigt sich durchgängig, dass die Inklusion von Menschen ohne Internet die Unterrepräsentierung gering Gebildeter reduziert.

Während alle Studien zum Einfluss der Inklusion von Menschen ohne Internet auf die Onlinepanel-Stichprobenqualität zu dem Schluss kommen, dass dieser Einfluss mindestens auf die Bildung positiv ist, so gibt es jedoch auch Forschungsergebnisse, die den Nutzen dieses positiven Effekts für inhaltliche Analysen in Zweifel ziehen. So finden Eckman (2016) und Toepoel und Hendriks (2016) für das LISS Panel, dass multivariate Analysen zu unterschiedlichen Themen (z.B. Familie, Arbeit, Gesundheit und Politik) zu denselben Schlussfolgerungen führen unabhängig davon, ob die mit Geräten ausgestatteten Personen in die Analyse inkludiert werden oder nicht. Außerhalb des LISS Panels ist bisher unseres Wissens nur eine Studie veröffentlicht worden, die sich mit dem Einfluss der Inklusion von Menschen ohne Internet auf inhaltliche Analyseergebnisse beschäftigt. Diese Studie wurde von Pforr und Dannwolf (2017) mit Daten des GESIS Panels durchgeführt und kommt zu dem Schluss, dass univariate Schätzungen zu politischen Einstellungen zu unterschiedlichen Ergebnissen führen, je nachdem ob die zum GESIS Panel rekrutierten Menschen ohne Internet in die Analyse inkludiert oder exkludiert werden.

5 Fallbeispiele: Das GIP und GESIS Panel

Wie oben beschrieben bestehen einige Forschungslücken in der Literatur zur Inklusion von Menschen ohne Internet in zufallsbasierte Onlinepanels. An dieser Stelle tragen wir zur Schließung dieser Lücken bei, indem wir einige weitere Erkenntnisse zu diesem Thema aus dem GIP und GESIS Panel präsentieren. Als bisher einzige Studie zeigen wir hier vergleichende Ergebnisse zu zwei unterschiedlichen Inklusionsstrategien (GIP: Ausstattung mit Geräten, GESIS Panel: postalische Befragungen als alternativer Teilnahme-Modus). Ebenso ist dies die bisher einzige Studie, die sowohl Ergebnisse zu Inklusionsstrategien in frisch rekrutierten Panels darstellt als auch im späteren regulären Panelbetrieb. Es gilt hier zu beachten, dass die in diesen Fallbeispielen angebrachten Ergebnisse dem Zweck dienen sollen, einen allgemeinen Eindruck über die Wirksamkeit der Inklusionsstrategien des GIP und GESIS Panel zu vermitteln. Es wird nicht der Anspruch erhoben, dass die Ergebnisse aus den Fallbeispielen über die beiden genannten Onlinepanels hinaus auf die Inklusionsstrategien der Ausstattung mit Internet und des Anbietens eines alternativen Befragungsmodus insgesamt verallgemeinerbar sind. Auch um die Frage zu klären, ob und in welchem Maße die Inklusionsstrategien in den beiden Onlinepanels statistisch signifikant wirksam sind, bedarf es tiefergehender Analysen (siehe hierzu Cornesse und Schaurer 2021). Daher wird in den Fallbeispielen auf eine inferenzstatistische Unterfütterung der Ergebnisse verzichtet.

Für unsere Darstellung der Inklusionsstrategien im GIP und GESIS Panel beziehen wir mehrere unabhängig voneinander gezogene Stichproben ein. Beim GIP handelt es sich dabei um zwei Stichproben: Das GIP 2012, welches die initiale Rekrutierung im Jahr 2012 beinhaltet, und das GIP 2014, welches eine unabhängige zusätzliche Rekrutierung des GIP darstellt, die im Jahr 2014 erfolgt ist. Eine weitere unabhängige Stichprobe des GIP, die 2018 rekrutiert wurde, wird nicht in die Darstellung einbezogen, weil sie mittels eines anderen Studiendesigns rekrutiert wurde. Beim GESIS Panel beziehen wir die initiale Stichprobe in unsere Darstellung ein, die 2013 rekrutiert wurde. Spätere Auffrischungs-Stichproben des GESIS Panels werden hier nicht berücksichtigt, da sie mittels eines anderen Studiendesigns rekrutiert wurden.

Gemeinsamkeiten und Unterschiede im GIP und GESIS Panel

Das GIP und GESIS Panel eignen sich in besonderer Weise für einen Vergleich der Inklusionsstrategien. Das liegt daran, dass sie viele Gemeinsamkeiten aufweisen, wie zum Beispiel den thematischen Fokus, die Zielpopulation, den Rekrutierungszeitraum und insbesondere die Verwendung von Inklusionsstrategien für Menschen ohne Internet (siehe Tabelle 2 für einen Überblick über die wichtigsten Gemeinsamkeiten).

Tabelle 2 Gemeinsamkeiten des GIP und GESIS Panel

- Inklusion von Menschen ohne Internet
- Multithematische Panel-Befragungen mit sozialwissenschaftlichem Fokus
- Zielpopulation: deutsche Bevölkerung
- Ähnliche Rekrutierungszeiträume (zwischen 2012 und 2014)
- Traditionelle mehrstufige zufallsbasierte Stichprobenziehungsverfahren
- Persönliche Rekrutierungsbefragungen (face-to-face) und anschließende Panel-Registrierungsbefragungen
- Dasselbe Feldinstitut mit demselben Interviewer-Pool
- Reguläre Panelbefragungen in einer Länge von 20 bis 25 Minuten alle zwei Monate

Allerdings unterscheiden sich das GIP und GESIS Panel auch in einer Reihe wichtiger Aspekte (für einen Überblick siehe Tabelle 3). Die wichtigsten Unterschiede zwischen dem GIP und GESIS Panel lassen sich grob in zwei Kategorien zusammenfassen: Die Ausgestaltung der zufallsbasierten Stichprobenziehung und ihre Konsequenzen im weiteren Rekrutierungsprozess (d.h., wer wird initial kontaktiert, befragt und schließlich rekrutiert?) und die Strategie zur Inklusion von Menschen ohne Internet in das Onlinepanel. Die Unterschiede im Stichprobendesign und ihre Konsequenzen für die Rekrutierung sollen hier nicht weiter ausgeführt werden (für nähere Informationen siehe Blom et al. 2015; Blom et al. 2016; Bosnjak et al. 2018). Stattdessen liegt der Fokus im Folgenden auf der Beschreibung der im GIP und GESIS Panel verwendeten Inklusionsstrategien und der anschießenden Darstellung einiger Erkenntnisse zu diesen Verfahren.

Tabelle 3 Unterschiede zwischen GIP und GESIS Panel

German Internet Panel (GIP)	GESIS Panel
• Inklusion von Menschen ohne Internet per Ausstattung mit Geräten	• Inklusion von Menschen ohne Internet mittels postalischer Befragungen
• Stichprobenziehung mittels Adressauflistungsverfahren (Personen sind dadurch in Haushalten und Regionen geklumpt)	• Register-basierte Stichprobenziehung (Personen sind dadurch in Regionen geklumpt)
• Persönliche (face-to-face) Rekrutierungsinterviews mit einem beliebigen Haushaltsmitglied im Alter von mindestens 16 Jahren	• Persönliche (face-to-face) Rekrutierungsinterviews ausschließlich mit der aus dem Register gezogenen Person
• Alle Haushaltsmitglieder im Alter von mindestens 16 Jahren werden zum Onlinepanel eingeladen	• Ausschließlich die aus dem Register gezogene Person wird zum Onlinepanel eingeladen

Inklusionsstrategien im GIP und GESIS Panel

Wie oben bereits angedeutet verwenden das GIP und GESIS Panel unterschiedliche Strategien zur Inklusion von Menschen ohne Internet. Im GIP werden alle Haushalte, die im Rekrutierungsinterview angeben, dass sie bisher nicht über eine (ausreichend schnelle) Internetverbindung und/oder ein funktionierendes internetfähiges Gerät verfügen mit entsprechender Ausrüstung ausgestattet. In der 2012 durchgeführten GIP-Rekrutierung bestand diese Ausrüstung aus einem Router zur WLAN-Internetverbindung und einem PC. In der 2014 durchgeführten GIP-Rekrutierung wurde statt eines PCs ein Tablet verwendet. In allen Fällen wurde die Installation der Geräte durch einen Dienstleister bei den betreffenden Haushalten vor Ort vorgenommen. Sobald die Installation durchgeführt war, wurde den betreffenden Personen außerdem eine Schulung im Umgang mit den Geräten durch den Dienstleister angeboten. Die Dienstleister waren speziell dazu ausgebildet, um den betreffenden Personen im GIP, die vor der Rekrutierung nicht mit dem Internet vertraut waren, die Nutzung der Geräte zum Ausfüllen der Befragungen beizubringen. Weiterhin waren die Geräte für eine vereinfachte Nutzung eingestellt. Das bedeutet zum Beispiel, dass standardmäßig ein großes Icon auf dem Startbildschirm vorinstalliert wurde, das die betreffenden Personen ohne Umschweife zum Login-Bereich der Studie führt, über den sie auf den Fragebogen zu der jeweils aktuellen Umfragewelle zugreifen können.

Das GESIS Panel dagegen verwendet eine andere Inklusionsstrategie, die Menschen ohne Internet per postalischer Befragung in das Panel einbezieht. Das bedeutet, dass allen Personen, die im Rekrutierungsinterview angeben, dass sie das Internet nicht für private Zwecke nutzen, angeboten wird per Papierfragebögen am Panel teilzunehmen. Zusätzlich geht das GESIS Panel in seinem Angebot über die postalische Befragung von Menschen ohne Internet hinaus. Es bietet nämlich auch internetnutzenden Personen, die einer Panelteilnahme per Internet skeptisch gegenüberstehen, die Möglichkeit, ebenfalls postalisch teilzunehmen.

Unabhängig vom Grund, aus dem Personen den alternativen Befragungsmodus nutzen, werden ihnen die GESIS Panel-Fragebögen per Post mit frankiertem Rückumschlag zugesendet. Diese werden von den entsprechenden Personen dann ausgefüllt und per Post zurückgesendet.

Erkenntnisse zur Inklusionsstrategie im GIP und GESIS Panel

Im Vergleich der Inklusionsstrategien stellt sich zunächst die Frage, wie viele Personen mittels der im GIP und GESIS Panel implementierten Inklusionsstrategien zum Panel rekrutiert werden konnten. Insgesamt wurden im GIP 2012 und GIP 2014 4.964 Personen zum Panel rekrutiert (1.578 Personen in 2012 und 3.386 in 2014) und im GESIS Panel 4.938 Personen (siehe Tabelle 4).

Im GIP wurden insgesamt 398 Personen mit Internet-Ausrüstung ausgestattet (128 davon bei der Rekrutierung in 2012 und 270 bei der Rekrutierung in 2014), was einem Anteil ausgestatteter Personen am Gesamt-Panel von 8,0% entspricht. Im GESIS Panel dagegen wurden 1.865 Personen dem postalischen Befragungsmodus zugeordnet, was einem Anteil postalisch Befragter am Gesamt-Panel von 37,8% entspricht. Damit ist der Anteil per Inklusionsstrategie in das Panel aufgenommener Personen im GESIS Panel deutlich höher als im GIP. Bei diesem Vergleich gilt es jedoch auch zu beachten, dass im GESIS Panel nicht nur Personen der postalische Modus angeboten wird, die das Internet nicht nutzen, sondern auch Personen, die das Internet nutzen aber nicht zur Teilnahme am Panel verwenden möchten. Wenn man in dieser Weise zwischen den postalisch Befragten im GESIS Panel differenziert, ergibt sich eine Anzahl von 654 Personen, die postalisch am Panel teilnehmen weil sie das Internet nicht nutzen (13,2% des Gesamt-Panels) und 1.211 Personen, die postalisch befragt werden weil sie nicht im Internet an den Umfragen teilnehmen möchten (24,5% des Gesamt-Panels).

Tabelle 4 Übersicht über die Anzahl an rekrutierten Personen insgesamt und der per Inklusionsstrategie rekrutierten Personen sowie den Anteil der per Inklusionsstrategie rekrutierten Personen an der rekrutierten Panel-Stichprobe (eigene Berechnung)

Panel	N Rekrutierte	Davon per Inklusionsstrategie	Anteil Inkludierte
GIP (insgesamt)	4.964 Personen	398 Personen	8,0%
GESIS Panel (insgesamt)	4.938 Personen	1.865 Personen	37,8%
Ohne Internet	---	654 Personen	13,2%
Mit Internet	---	1.211 Personen	24,5%

Darüber hinaus ist es interessant zu sehen, inwiefern sich die beiden Panels darin unterscheiden, Menschen, die das Internet nicht nutzen, in das Panel zu rekrutieren. Die oben zitierte Studie von Blom et al. (2015) zeigt für das GIP deutlich niedrigere Rekrutierungswahrscheinlichkeiten für Menschen ohne Internet (um 35%-Punkte). Eigene Berechnungen für das GESIS Panel zeigen, dass die Rekrutierungswahrscheinlichkeit für Nicht-Internetnutzende ebenfalls niedriger ist, die Differenz mit 10%-Punkten allerdings vergleichsweise gering ausfällt.

Die reine Anzahl an rekrutierten Menschen ohne Internet gibt noch keinen Aufschluss darüber, ob diese Menschen im regulären Panelbetrieb nach der Rekrutierung auch an Panel-Befragungen teilnehmen. Tabelle 5 zeigt daher die Teilnahmeraten von Menschen, die per Inklusionsstrategie in das Onlinepanel rekrutiert wurden verglichen mit den anderen rekrutierten Panelteilnehmern exemplarisch für die jeweils 10. durchgeführte Befragungswelle im GIP und GESIS Panel. Die in 2012 und 2014 rekrutierten Stichproben des GIP werden für die folgenden

Analysen zusammengenommen und ihre jeweilige 10. Befragungswelle verwendet. Die Teilnahmerate wird jeweils berechnet indem die Anzahl an Personen, die an der Befragungswelle teilgenommen hat durch die Anzahl an Personen geteilt wird, die zum Panel rekrutiert wurde.

Tabelle 5 Teilnahmerate im GIP und GESIS Panel insgesamt sowie Teilnahmerate unter per Inklusionsstrategie Teilnehmender versus ohne Inklusionsstrategie Teilnehmender in der jeweiligen 10. regulären Panel-Befragungswelle.

Panel	Teilnahmerate
GIP (insgesamt)	65,0%
Befragte vormals ohne Internet	64,6%
Befragte vormals bereits mit Internet	65,1%
GESIS Panel (insgesamt)	73,2%
Postalisch Befragte	64,5%
Postalisch Befragte ohne Internet	66,7%
Online Befragte	78,5%

Insgesamt haben an der 10. Befragungswelle im GIP 65,0% der rekrutierten Personen teilgenommen. Unter denjenigen, die mit Ausrüstungsgegenständen ausgestattet wurden („Befragte vormals ohne Internet") lag die Teilnahmerate bei 64,6% und unter denjenigen, die bereits entsprechende Ausrüstung besaßen, lag sie bei 65,1%. Im GESIS Panel haben an der 10. Befragungswelle 73,2% der rekrutierten Personen teilgenommen. Unter denjenigen, die postalisch befragt wurden, lag die Teilnahmerate bei 64,5% und bei denjenigen, die per Internet befragt wurden, lag sie bei 78,5%. Wenn man im GESIS Panel nur diejenigen Personen betrachtet, die postalisch befragt werden, weil sie das Internet nicht nutzen, so liegt deren Teilnahmerate bei 66,7%.

Wenn man die Teilnahmeraten innerhalb der Panels vergleicht, so kann gesagt werden, dass es im GIP im Wesentlichen keinen Unterschied in den jeweiligen Teilnahmeraten gibt. Im GESIS Panel dagegen liegt die Teilnahmerate von Personen, die postalisch befragt werden unter der Teilnahmerate von Personen, die per Internet befragt werden. Die Differenz ist insbesondere groß, wenn man nicht nur diejenigen Personen betrachtet, die postalisch am GESIS Panel teilnehmen, weil sie kein Internet haben, sondern auch die Personen miteinbezieht, die postalisch teilnehmen, weil sie zwar Internetzugang haben, diesen aber nicht zur Teilnahme am GESIS Panel nutzen wollen. Diese Differenz in den Teilnahmeraten liegt eventuell daran, dass Personen, die per Internet am GESIS Panel teilnehmen, eine Erinnerungs-Email erhalten, wenn sie noch nicht an einer Befragungswelle teilgenommen haben, während kein äquivalentes Erinnerungsschreiben an Personen versendet wird, die postalisch am GESIS Panel teilnehmen. Da die am GESIS Panel teilnehmenden Menschen nicht zufällig auf die beiden Modus-Gruppen verteilt werden, sondern sich selbst in den jeweiligen Modus selektieren, ist diese Erklärung allerdings als spekulativ anzusehen.

Zuletzt soll hier noch zur Beantwortung der Frage beigetragen werden, ob die jeweiligen Inklusionsstrategien zur Verbesserung der Stichprobenqualität hinsichtlich einer unverzerrten Abbildung der Gesamtgesellschaft der jeweiligen Onlinepanels beitragen. Diese Frage ist für die jeweils frisch rekrutierte Panel-Stichprobe des GIP und GESIS Panel bereits an anderer Stelle positiv beantwortet worden (siehe Blom et al. 2017; Bosnjak 2018 und den Literaturüberblick oben). An dieser Stelle präsentieren wir daher zusätzliche Erkenntnisse, ob diese Verbesserung der Stichprobenqualität auch im regulären Panelbetrieb nach der Rekrutierung Bestand hat. Tabelle 6 zeigt entsprechende Ergebnisse im Durchschnitt über die jeweils ersten zwölf Befragungswellen des GIP und GESIS Panel.

Insgesamt kann für das GIP festgestellt werden, dass im Durchschnitt über die ersten zwölf Befragungswellen die Inklusion von Menschen ohne Internet in der Tendenz dabei hilft die Unterrepräsentierung von Frauen, älteren Menschen (61 bis 70 Jahre) und gering Gebildeten (d.h. Personen ohne oder mit geringem Schulabschluss) im Vergleich zur offiziellen Bevölkerungsstatistik zu verringern. So erhöht die Inklusionsstrategie den Frauenanteil im Durchschnitt von 49,1% auf 49,8% (verglichen mit 50,0% in der offiziellen Statistik). In Bezug auf das Alter erhöht die Inklusion von Menschen ohne Internet den Anteil älterer Menschen im Durchschnitt von 14,7% auf 15,8% im GIP (verglichen mit 17,3% in der offiziellen Statistik). Im Hinblick auf die Bildung erhöht die Inklusion von Menschen ohne Internet den Anteil gering Gebildeter von 17,8% auf 18,8% (verglichen mit 32,4% in der offiziellen Statistik).

Tabelle 6 Vergleich der Befragten-Stichproben des GIP und GESIS Panel (aggregiert über die ersten zwölf regulären Befragungswellen) mit der offiziellen Bevölkerungsstatistik aus dem Mikrozensus (MZ)[1].

Merkmal	MZ	GIP	Ohne Inklusion	GESIS Panel	Ohne Inklusion	Ohne Inklusion Internetloser
Geschlecht						
Weiblich	50,0%	49,8%	49,1%	52,2%	49,9%	51,7%
Männlich	50,0%	50,2%	50,9%	47,8%	50,1%	48,3%
Alter						
18 bis 30	20,6%	21,1%	21,9%	18,0%	23,1%	20,1%
31 bis 40	17,5%	15,9%	16,4%	14,9%	17,7%	16,5%
41 bis 50	22,9%	23,0%	23,2%	24,5%	25,1%	25,8%
51 bis 60	21,7%	24,2%	23,9%	23,9%	20,8%	22,6%
61 bis 70	17,3%	15,8%	14,7%	18,7%	13,3%	14,9%
Bildung						
Gering	32,4%	18,8%	17,8%	22,9%	13,6%	17,9%
Mittel	34,3%	33,7%	33,0%	34,3%	33,6%	35,1%
Hoch	33,3%	47,6%	49,2%	42,8%	52,7%	47,0%

Im GESIS Panel hilft die Inklusion von Menschen ohne Internet im Durchschnitt über die ersten zwölf Befragungswellen nicht dabei die Repräsentativität im Hinblick auf das Geschlecht zu erhöhen. In der Tendenz ist es eher umgekehrt. Während der Frauenanteil im Durchschnitt bei 49,9% liegt, wenn man die postalisch befragten Personen nicht berücksichtigt (was fast exakt dem Frauenanteil in der offiziellen Statistik von 50,0% entspricht), so steigt der Frauenanteil unter Einbezug der postalisch befragten Personen auf 52,2%, was leicht über dem Anteil in der offiziellen Statistik liegt. Beim Alter und der Bildung hingegen hat die Inklusionsstrategie des GESIS Panel einen positiven Effekt. So steigt der Anteil älterer Menschen durch die Inklusion postalisch Befragter von 13,3% auf 18,7% (verglichen mit 17,3% in der offi-

---

1 siehe https://www.destatis.de/DE/Themen/Gesellschaft-Umwelt/Bevoelkerung/Haushalte-Familien/Methoden/mikrozensus.html

ziellen Statistik) und der Anteil gering Gebildeter steigt von 13,6% auf 22,9% (verglichen mit 32,4% in der offiziellen Statistik). Wenn man die durchschnittliche Stichprobe im GESIS Panel insgesamt mit derjenigen vergleicht, die nur die Menschen ausschließt, die nicht das Internet nutzen (im Gegensatz zu denen, die das Internet nutzen, aber nicht für die Panel-Befragungen nutzen wollen) so ergeben sich ähnliche Erkenntnisse wie im Hinblick auf die Stichprobe, die alle postalisch Befragten ausschließt. Der Effekt ist allerdings insgesamt geringer. So wird der Anteil der Frauen, älteren Menschen, und gering Gebildeten durch Inklusion nur derer, die tatsächlich nicht das Internet nutzen im GESIS Panel in geringerem Maße erhöht als wenn auch Personen, die ihren Internetzugang nicht für das GESIS Panel nutzen wollen einbezogen werden. In Bezug auf die Bildung bedeutet das, dass es sich für die Stichprobenqualität im GESIS Panel auszahlt den alternativen Befragungsmodus nicht nur denjenigen Menschen anzubieten, die das Internet nicht nutzen, sondern auch solchen Menschen, die das Internet zwar nutzen, es aber nicht zur Teilnahme am GESIS Panel verwenden wollen.

6 Schlussfolgerungen und Ausblick

Der vorliegende Beitrag beschäftigt sich mit der Inklusion von Menschen ohne Internet in zufallsbasierte Onlinepanels. Dieses Thema ist deshalb relevant, weil sich Menschen ohne Internet systematisch von Menschen mit Internet unterscheiden, zum Beispiel in Alter und Bildung, aber auch in Folge infrastruktureller Benachteiligung von Menschen, die in bestimmten ländlichen Regionen leben. Insofern die Exklusion dieser Bevölkerungsgruppen potentiell die Befragungsergebnisse verfälschen kann, nutzen eine Reihe etablierter Onlinepanels Strategien zur Inklusion von Menschen ohne Internet. Diese Strategien lassen sich in zwei Kategorien zusammenfassen: die Ausstattung von Menschen ohne Internet mit entsprechender Ausrüstung (z.B. WLAN und Tablets) und das Anbieten eines alternativen Befragungsmodus (i.d.R. postalisch oder telefonisch).

Im vorliegenden Beitrag wurden die in der Praxis verwendeten Inklusionsstrategien beschrieben und die wenigen Studien zu deren Wirksamkeit diskutiert. Der Überblick über die vorhandene Forschungsliteratur macht deutlich, dass es zu vielen Aspekten der Inklusionsstrategien wenig bis keine empirischen Erkenntnisse gibt. Dies betrifft unter anderem die Fragen, welchen Effekt die Inklusion von Menschen ohne Internet über den Zeitpunkt der Onlinepanel-Rekrutierung hinaus hat (also im regulären Panelbetrieb) und ob unterschiedliche Inklusionsstrategien divergierende Effekte auf die Onlinepanels haben.

In einer Fallstudie haben wir daher einige deskriptive Erkenntnisse aus dem GIP und GESIS Panel zu diesen Fragen präsentiert. Diese beiden zufallsbasierten Onlinepanels nutzen unterschiedliche Ansätze der Inklusion (GIP: Ausstattung mit Internet, GESIS Panel: alternativer Befragungsmodus). Die präsentierten Ergebnisse legen nahe, dass die Inklusion von Menschen ohne Internet auch im regulären Panelbetrieb einen positiven Einfluss auf die Stichprobenqualität haben kann, insbesondere im Hinblick auf die Bildung. Weiterhin deuten die Ergebnisse darauf hin, dass die Ausstattung mit Internet im GIP einerseits zwar mögliche Modus-Effekte vermeidet (z.B. im Hinblick auf das Teilnahme-Verhalten), andererseits aber auch zu einer deutlich geringeren Steigerung der Repräsentativität führt als dies im GESIS Panel mittels alternativem Befragungsmodus der Fall ist.

Insgesamt ist die in diesem Beitrag präsentierte Fallstudie ein erster Schritt, um die Auswirkungen der in der Praxis verwendeten Inklusionsstrategien zu verstehen. Um gesicherte Aussagen über die Auswirkungen verschiedener Inklusionsstrategien in Bezug auf Rekrutierungserfolg, Panelteilnahme und Stichprobenqualität zu treffen bedarf es weiterer Forschung. Insbesondere wäre ein vollständig experimentelles Design, in dem Befragte zufällig einer der möglichen Inklusionsstrategien zugeordnet werden, notwendig, um die Strategien in Bezug auf ihre Kosten und Nutzen vergleichen zu können. Dabei wäre es sinnvoll, neben Aspekten der Rekrutierung, Panelteilnahme und Stichprobenqualität auch mögliche Messfehler zu untersuchen, die zum Beispiel durch mangelnde Beherrschung der Technik im Falle der Ausstattungsstrategie oder Messunterschiede zwischen den Befragungsmodi in der Strategie des Anbietens eines alternativen Modus betreffen. Vor diesem Hintergrund wäre außerdem die Entwicklung eines theoretischen Frameworks von Vorteil, aus dem sich Hypothesen zu den möglichen positiven sowie negativen Konsequenzen einer jeweiligen Inklusionsstrategie ableiten lassen.

Darüber hinaus wäre es wichtig, den Fortschritt der Digitalisierung konzeptuell mitzudenken, um passende Inklusionsstrategien auch in Zukunft anbieten zu können. Dies betrifft zum einen die mögliche Notwendigkeit, den Begriff der Internetnutzung neu zu denken. Dabei könnte es sinnvoll sein, nicht mehr binär zwischen Menschen zu unterscheiden, die das Internet gar nicht nutzen und Menschen, die das Internet grundsätzlich nutzen. Die beschriebene Tatsache, dass im Rahmen des GESIS Panels ein nicht unerheblicher Anteil von Personen, die das Internet nutzen, dennoch postalisch teilnimmt, gibt erste Hinweise darauf, dass Moduspräferenzen sich nicht alleine durch die Internetnutzung vorhersagen lassen (siehe beispielsweise Smyth et al. 2014) und eine binäre Nutzungsdefinition zu kurz greift, wie es auch in der allgemeinen Forschung zur Internetnutzung diskutiert wird (siehe bspw. Blank und Groselj 2014). Für das GIP zeigen Herzing und Blom (2018), dass die Teilnahmewahrscheinlichkeit mit der digitalen Affinität steigt. Es geht also nicht allein darum, ob eine Person das Internet nutzt, sondern in erster Linie darum, wie sie es nutzt und wie vertraut sie mit verschiedenen Aspekten ist.

Bei der Weiterentwicklung der Definition von Internetnutzung sind in besonderem Maße auch Aspekte des mobilen Zugangs zu bedenken. Die Hürde an einer kurzen Befragung per Internet teilzunehmen ist zum Beispiel geringer für Menschen, die zu jedem Zeitpunkt per Smartphone schnell auf das Internet zugreifen können als bei Personen, die dies nur stationär in ihrer Wohnung tun können nachdem sie den PC hochgefahren haben. Die Mehrheit der im vorliegenden Beitrag genannten zufallsbasierten Onlinepanels wurden zu einem Zeitpunkt konzipiert, als die mobile Internetnutzung noch nicht so weit verbreitet war wie gegenwärtig. So nimmt der Anteil derjenigen Personen, die an Online-Umfragen mit einem mobilen Endgerät teilnehmen, stetig zu (siehe z.B. Weiß et al. 2019) und der Anteil der Personen, die ausschließlich mit einem mobilen Endgerät das Internet nutzen steigt ebenfalls zunehmend. Diese Personen repräsentieren wiederum eine spezifische Teilpopulation der Gesamtbevölkerung. Sie sind in der Tendenz jünger und niedriger gebildet (Antoun 2015). In Zukunft könnten daher die aus der Literatur bekannte Verzerrungen in den Onlinepanel-Stichproben (z.B. Unterrepräsentierung von gering Gebildeten) durch mobile Internetnutzerinnen und -nutzer ausgeglichen werden. Diesbezüglich wird es eine wichtige Herausforderung der zufallsbasierten Onlinepanels sein, Strategien zu entwickeln, um Befragungen für Smartphone-affine Bevölkerungsgruppen adäquat und nutzerfreundlich zu konzipieren.

Literatur

Antoun, C. 2015. Who Are the Internet Users, Mobile Internet Users, and Mobile-Mostly Internet Users?: Demographic Differences across Internet-Use Subgroups in the U.S.. In: Toninelli, D, Pinter, R & de Pedraza, P (eds.) Mobile Research Methods: Opportunities and Challenges of Mobile Research Methodologies , Pp. 99–117. London: Ubiquity Press.

Blank, G., & Groselj, D. (2014). Dimensions of Internet use: amount, variety, and types. *Information, Communication & Society, 17*(4), 417-435.

Blom, A. G., Cornesse, C., Friedel, S., Krieger, U., Fikel, M., Rettig, T., Wenz, A., Juhl, S., Lehrer, R., Möhring, K., Naumann, E. & Reifenscheid, M. (2020). High Frequency and High Quality Survey Data Collection. *Survey Research Methods 14*(2), 171-178.

Blom, A. G., Herzing, J. M., Cornesse, C., Sakshaug, J. W., Krieger, U., & Bossert, D. (2017). Does the recruitment of offline households increase the sample representativeness of probability-based online panels? Evidence from the German internet panel. *Social Science Computer Review 35*(4), 498-520.

Blom, A. G., Bosnjak, M., Cornilleau, A., Cousteaux, A. S., Das, M., Douhou, S., & Krieger, U. (2016). A comparison of four probability-based online and mixed-mode panels in Europe. *Social Science Computer Review 34*(1), 8-25.

Blom, A. G., Gathmann, C., & Krieger, U. (2015). Setting up an online panel representative of the general population: The German Internet Panel. *Field methods 27*(4), 391-408.

Bosnjak, M., Dannwolf, T., Enderle, T., Schaurer, I., Struminskaya, B., Tanner, A., & Weyandt, K. W. (2018). Establishing an open probability-based mixed-mode panel of the general population in Germany: The GESIS panel. *Social Science Computer Review 36*(1), 103-115.

Bosnjak, M., Haas, I., Galesic, M., Kaczmirek, L., Bandilla, W., & Couper, M. P. (2013). Sample Composition Discrepancies in Different Stages of a Probability-based Online Panel. *Field Methods 25*(4), 339–360.

Bundesministerium für Verkehr und digitale Infrastruktur (2020). *Der Breitbandatlas.* https://www.bmvi.de/DE/Themen/Digitales/Breitbandausbau/Breitbandatlas-Karte/start.html. Zugegriffen: 29. Januar 2020.

Callegaro, M., Baker, R., Bethlehem, J. G., Göritz, A. S., Krosnick, J. A., & Lavrakas, P. J. (2014). Online panel research. History, concepts, aapplication and a look at the future. In M. Callegaro, R. Baker, J. Bethlehem, A. S. Göritz, J. A. Krosnick, & P. J. Lavrakas (Hrsg.), *Online Panel Research. A Data Quality Perspective* (S. 1–22). Wiley.

CentERdata (2020). *LISS Panel.* https://www.lissdata.nl/. Zugegriffen: 10.06.2020.

Center for Asian Public Opinion Research & Collaboration Initiative (CAPORCI, 2020). *KAMOS.* http://www.cnukamos.com/eng/main/. Zugegriffen: 10.06.2020.

Cornesse, C., Blom, A. G., Dutwin, D., Krosnick, J. A., De Leeuw, E. D., Legleye, S., Pasek, J., Pennay, D., Phillips, B., Sakshaug J. W., Struminskaya, B., & Wenz, A. (2020). A Review of Conceptual Approaches and Empirical Evidence on Probability and Nonprobability Sample Survey Research. *Journal of Survey Statistics and Methodology 8*(1), 4–36.

Cornesse, C., Schaurer, I. (2021). The long-term impact of different offline population inclusion strategies in probability-based online panels: Evidence from the German Internet Panel and the GESIS Panel. *Social Science Computer Review,* doi:10.1177/0894439320984131.

Destatis (2020). *Durchschnittliche Nutzung des Internets durch Personen nach Altersgruppen.* https://www.destatis.de/DE/Themen/Gesellschaft-Umwelt/Einkommen-Konsum-Lebensbedingungen/IT-Nutzung/Tabellen/durchschnittl-nutzung-alter-ikt.html. Zugegriffen: 28. Januar 2020.

DiSogra, C., & Callegaro, M. (2016). Metrics and Design Tool for Building and Evaluating Probability-Based Online Panels. *Social Science Computer Review, 34*(1), 26–40.

Eckman, S. (2016). Does the Inclusion of Non-Internet Households in a Web Panel Reduce Coverage Bias? *Social Science Computer Review 34*(1), 41–58.

Eynon, R., & Helsper, E. (2011). Adults learning online: Digital choice and/or digital exclusion? *New Media & Society, 13*(4), 534–551.

GALLUP (2020). *Gallup Panel.* https://www.gallup.com/analytics/213695/gallup-panel.aspx. Zugegriffen: 10.06.2020.

Heerwegh, D. (2009). Mode differences between face-to-face and web surveys: an experimental investigation of data quality and social desirability effects. *International Journal of Public Opinion Research* 21(1), 111-121.

Helsper, E. J., & Reisdorf, B. C. (2017). The emergence of a "digital underclass" in Great Britain and Sweden: Changing reasons for digital exclusion. *New Media & Society, 19*(8), 1253–1270.

Herzing, J. M. E., & Blom, A. G. (2018). The Influence of a Person's Digital Affinity on Unit Nonresponse and Attrition in an Online Panel. *Social Science Computer Review,* 089443931877475.

Internet World Stats. *Internet Usage in the European Union.* https://www.internetworldstats.com/stats9.htm. Zugegriffen: 28. Januar 2020.

Ipsos (2020). *KnowledgePanel.* https://www.ipsos.com/en-us/solutions/public-affairs/knowledgepanel. Zugegriffen: 10.06.2020.

Jessop, Curtis. 2017. „Developing the NatCen Panel". http://www.natcen.ac.uk/media/1484228/Developing-the-NatCen-Panel-V2.pdf. Zugegriffen 27. Mai 2019.

König, R., Seifert, A., & Doh, M. (2018). Internet use among older Europeans: an analysis based on SHARE data. *Universal Access in the Information Society 17*(3), 621–633.

Leenheer, J., & Scherpenzeel, A. C. (2013). Does it pay off to include non-Internet households in an Internet panel? *International Journal of Internet Science 8*(1), 17–28.

NatCen Social Research (2020). *NatCen Panel.* http://www.natcen.ac.uk/taking-part/studies-in-field/natcen-panel/. Zugegriffen 10. Juni 2020.

NORC (2019). *Technical Overview of the AmeriSpeak Panel. NORC's Probability-Based Household Panel.* https://amerispeak.norc.org/Documents/Research/AmeriSpeak%20Technical%20Overview%20 2019%2002%2018.pdf. Zugegriffen: 09. Juni 2020.

Pagel, L., & Schupp, J. (2019). Die Haushaltspanelstudie sozio-ökonomisches Panel (SOEP) und ihre Potenziale für Sekundäranalysen. In: M.-C. Begemann und K. Birkelbach (Hrsg.). *Forschungsdaten für die Kinder- und Jugendhilfe* (S.165-186). Springer VS, Wiesbaden.

Pew Research Center (2019). *Growing and Improving Pew Research Center's American Trends Panel.* https://www.pewresearch.org/methods/2019/02/27/growing-and-improving-pew-research-centers-american-trends-panel/. Zugegriffen: 09.06.2020.

Pforr, K., & Dannwolf, T. (2017). What do we lose with online-only surveys? Estimating the bias in selected political variables due to online mode restriction. *Statistics, Politics and Policy 8*(1), 105-120.

Prensky, M. (2001). Digital Natives, Digital Immigrants. *On the Horizon 9* (5): 1-6.

Probit Inc. (2020). *Probit Panel*. https://probit.ca/. Zugegriffen: 10. Juni 2020.

Revilla, M., Cornilleau, A., Cousteaux, A.-S., Legleye, S., & de Pedraza, P. (2016). What Is the Gain in a Probability-Based Online Panel of Providing Internet Access to Sampling Units Who Previously Had No Access? *Social Science Computer Review 34*(4), 479-496.

Rookey, B. D., Hanway, S., & Dillman, D. A. (2008). Does a Probability-Based Household Panel Benefit from Assignment to Postal Response as an Alternative to Internet-Only? *Public Opinion Quarterly 72*(5), 962-984.

Schaurer, I., & Weiß, B. (2020). Investigating selection bias of online surveys on coronavirus-related behavioral outcomes. *Survey Research Methods 14*(2), 103-108.

Schleife, K. (2010). What really matters: Regional versus individual determinants of the digital divide in Germany. *Research Policy, 39*(1), 173-185. https://doi.org/10.1016/j.respol.2009.11.003. Zugegriffen: 12. Juni 2020.

Seifert, A., & Schelling, H. R. (2018). Seniors online: Attitudes toward the internet and coping with everyday life. *Journal of Applied Gerontology 37*(1), 99-109.

Smyth, J. D., Olson, K., & Millar, M. M. (2014). Identifying predictors of survey mode preference. *Social Science Research, 48*, 135-144. https://doi.org/10.1016/j.ssresearch.2014.06.002

Statista (2020). *Global digital population as of April 2020.* https://www.statista.com/statistics/617136/digital-population-worldwide/. Zugegriffen: 09. Juni 2020.

Toepoel, V. (2016). The Impact of Non-Coverage in Web Surveys in a Country with High Internet Penetration: Is It (Still) Useful to Provide Equipment to Non-Internet Households in the Netherlands? *International Journal of Internet Science 11*(1), 33-50.

Toepoel, V., & Hendriks, Y. (2016). *The Impact of Non-Coverage in Web Surveys in a Country with High Internet Penetration: Is It (Still) Useful to Provide Equipment to Non-Internet Households in the Netherlands?* 11(1), 33-50.

Van Laar, E., Van Deursen, A. J., Van Dijk, J. A., & De Haan, J. (2017). The relation between 21st-century skills and digital skills: A systematic literature review. *Computers in human behavior 72*, 577-588.

Universität Mannheim (2020). *German Internet Panel.* https://www.uni-mannheim.de/gip/. Zugegriffen: 10. Juni 2020.

University of Southern California (USC; 2017). Understanding America Study. https://uasdata.usc.edu/index.php. Zugegriffen: 10. Juni 2020.

Vannieuwenhuyze, J. T., & Loosveldt, G. (2013). Evaluating relative mode effects in mixed-mode surveys: three methods to disentangle selection and measurement effects. *Sociological Methods & Research 42*(1), 82-104.

Wasmer, M., Blohm, M., Walter, J., Jutz, R., Scholz, E. (2017). Konzeption und Durchführung der „Allgemeinen Bevölkerungsumfrage der Sozialwissenschaften (ALLBUS) 2014. *GESIS Paper 2017 | 20.* https://www.gesis.org/en/allbus/contents-search/methodological-reports. Zugegriffen: 09. Juni 2020.

Weiß, Bernd, Henning Silber, Bella Struminskaya, and Gabriele Durrant. 2019. „Mobile Befragungen." In *Handbuch Methoden der empirischen Sozialforschung*, edited by Baur Nina, and Blasius Jörg, 801-812. Wiesbaden: Springer Fachmedien.

Danksagung

Der vorliegende Beitrag verwendet Daten des German Internet Panel (GIP) und GESIS Panel. Das GIP wird über den Sonderforschungsbereich (SFB) 884 „Politische Ökonomie der Reformen" über die Deutsche Forschungsgemeinschaft (DFG) finanziert (Projekt-ID: 139943784). Das GESIS Panel wird von GESIS – Leibniz Institut for Sozialwissenschaften finanziert. Die Autorinnen danken dem SFB 884, besonders den Projekten A8 und Z1, sowie GESIS für die Unterstützung. Die Autorinnen danken außerdem Elena Madiai für ihre Hilfe bei der Manuskriptgestaltung.

Messung

Completing Web Surveys on Mobile Devices
Does Screen Size Affect Data Quality?

Alexander Wenz

Universität Mannheim

1   Introduction[1]

Over the last decade, mobile technologies such as smartphones and tablets have become an integral part of people's daily life. While only 18% of Internet users in Germany used a smartphone in 2011, this rate increased to 78% in 2019, among people aged 16-24 even to 95% (Destatis 2011, 2020), with similar trends observed in other countries (Silver 2019). Smartphones have become an everyday companion that people not only use for calling and texting but also for interaction on social media, news consumption, entertainment, and navigation, among many other things (Perrin 2017). The use of tablets has also increased but at a lower rate, with 32% of Internet users in Germany using a tablet in 2019 (Destatis

---

1   The author would like to thank Peter Lynn, Tarek Al Baghal, Annette Jäckle, Mick P. Couper, and Joel Williams for comments on earlier versions of this chapter. This work was supported by the Economic and Social Research Council (grant number ES/J500045/1) while the author was at the University of Essex. This chapter uses data from Wave 41 of the German Internet Panel (GIP) (DOI: 10.4232/1.13464), (Blom et al. 2020). The following variables used in the analyses are only available via the On-Site Data Access (ODA) facilities of the GIP for data protection reasons: device, useragent, vpWidth, vpHeight, compl, interrupt, RM41025_TXT, RM41026_TXT, RM41027_TXT, RM41028_TXT, RM41029_TXT, RM41030_TXT, dauer_f001-dauer_f067, year_of_birth. A study description can be found in Blom et al. (2015). The GIP is part of the Collaborative Research Center 884 (SFB 884) funded by the German Research Foundation (DFG) - Project Number 139943784 - SFB 884.

© Der/die Autor(en), exklusiv lizenziert durch
Springer Fachmedien Wiesbaden GmbH, ein Teil von Springer Nature 2021
T. Wolbring et al. (Hrsg.), *Sozialwissenschaftliche Datenerhebung im digitalen Zeitalter*, Schriftenreihe der ASI – Arbeitsgemeinschaft Sozialwissenschaftlicher Institute, https://doi.org/10.1007/978-3-658-34396-5_4

2020). Popular activities on tablets include news consumption, sending and receiving emails, interaction on social media, entertainment, and browsing the Internet (Pew Research Center 2011).

The increasing use of mobile technologies in the general population has also affected survey research as web survey participants increasingly complete questionnaires on their mobile device (de Bruijne and Wijnant 2014; Peterson et al. 2017; Revilla et al. 2016). For example, in the German Internet Panel, a probability-based online panel of the general population in Germany, the proportion of respondents who used a smartphone or tablet for survey completion grew from 7% in September 2012 (Wave 1) to 37% in May 2019 (Wave 41).

On the one hand, mobile technologies offer new opportunities for survey research. In the current survey landscape, with ever declining response rates over the past decades (Atrostic et al. 2001; Brick and Williams 2013; de Leeuw and de Heer 2002; Groves and Couper 1998), it seems more important than ever to match the survey request to the respondent's lifestyle and provide the questionnaire in a format that is most suitable for the respondent (Couper 2013). Some respondents may be more willing to complete an online survey on their smartphone or tablet, for example while being away from home or traveling (Antoun et al. 2017; Toepoel and Lugtig 2014), than to receive an interviewer in their home. Smartphones also have the potential for studying hard-to-reach subgroups of the population who are difficult to approach with face-to-face or telephone surveys but are very likely to use mobile devices (Keusch et al. 2019; Sugie 2018; Toepoel and Lugtig 2014). Finally, mobile devices allow the collection of additional data using the in-built sensors, such as GPS, Bluetooth or accelerometer, which have the potential to augment the information gathered from survey data (Link et al. 2014; Raento et al. 2009).

On the other hand, the increasing use of mobile devices for survey completion creates new challenges for survey researchers. One of the concerns is that respondents who use mobile devices may provide survey data of lower quality compared to respondents who use desktop computers or laptops. Mobile devices, particularly smartphones, have smaller screens that can potentially make survey completion more burdensome and affect the responses that respondents provide (Couper et al. 2017; Couper and Peterson 2017; Lugtig and Toepoel 2016; Peytchev and Hill 2010).

This chapter examines how the screen size of mobile devices affects data quality and response behavior in web surveys, using data from a probability-based online panel of the general population in Germany. The study adds to a small body of research that evaluates survey data quality by exact screen size (measured in inches) rather than category of device (smartphone vs. tablet), which allows for a more accurate analysis of how mobile device use impacts data quality in web surveys. Compared to previous research, the present study uses data from a probability sample of the general population and examines a different set of quality indicators.

2   Background and Hypotheses

Mobile devices, particularly smartphones, differ from desktop computers and laptops in several aspects: They have a smaller screen size, a virtual rather than physical keyboard, are more portable, but are battery-dependent and have limited memory capacities, among other aspects (Couper and Peterson 2017; Peytchev and Hill 2010; Toninelli and Revilla 2020). The screen size, however, is often assumed to be the major factor that potentially affects survey measurement (Couper and Peterson 2017). If the survey has not been optimized for mobile devices, the survey page may not be fully visible on the screen, requiring respondents to scroll and zoom to read the question. But even if the survey has been optimized, the font size and the keyboard are smaller than on desktop computers or laptops, which may affect the readability of the questions, the ease at which respondents can enter responses to open-ended questions, and the survey experience.

Previous research has shown that mobile device use in surveys can negatively affect data quality[2]. Respondents using mobile devices, particularly smartphones, have higher breakoff rates (Couper et al. 2017; Mavletova and Couper 2015) and longer completion times (Couper and Peterson 2017) compared to respondents using desktop computers or laptops. The findings are mixed regarding item-nonresponse rates (Buskirk and Andrus 2014; Keusch and Yan 2017; Mavletova 2013; Mavletova and Couper 2014; Tourangeau et al. 2018; Wells et al. 2014), straight-lin-

---

2   See Couper et al. (2017) for a review of error sources in mobile web surveys.

ing in grid questions (Antoun et al. 2017; Keusch and Yan 2017; Tourangeau et al. 2018), and the length of answers to open-ended questions (Antoun et al. 2017; Buskirk and Andrus 2014; Mavletova 2013; Toepoel and Lugtig 2014; Wells et al. 2014). No differences were found regarding primacy effects (Mavletova 2013; Wells et al. 2014). A limitation of most previous studies, however, is that they only compared categories of devices (smartphone vs. tablet) rather than distinguishing devices by screen size. The screen size of smartphones and tablets can vary considerably. For example, the screen size of an iPhone can range from 4.0 inches (10.2 cm) for an iPhone 5 to 6.5 inches (16.5 cm) for an iPhone 11 Pro Max; the screen size of an iPad can range from 7.9 inches (20.1 cm) for an iPad Mini to 12.9 inches (32.8 cm) for an iPad Pro.

There have only been a few studies that measured the exact screen size to evaluate survey data quality across devices. Toninelli and Revilla (2020) used data from a two-wave cross-over experiment implemented on an opt-in online panel in Spain in 2015 to estimate the effect of screen size on data quality. They randomly allocated panel members to one of three treatment groups, inviting them to complete a web survey on a PC, a mobile-optimized web survey on a smartphone, or a non-optimized web survey on a smartphone. Their results suggest that screen size has a significant negative effect on completion times: Each additional inch of screen size decreases the predicted completion time by 38 seconds. However, they found no significant effects of screen size on failure to answer an instructional manipulation check, response consistency across waves, and survey experience. Mavletova and Couper (2016) examined data from an experiment implemented on an opt-in online panel in Russia in 2014 that randomly allocated participants to different devices (mobile phone vs. PC) and varied the invitation mode (SMS vs. email). They found that each additional 100 pixels in screen size significantly decreases the predicted completion time by 12 seconds, and that each additional pixel in screen width significantly decreases the odds of breaking off the survey by 0.998. Finally, Liebe et al. (2015) examined the data quality of a survey implemented on an opt-in online panel in Germany in 2013. Among mobile devices users, they also found a significant negative association between screen size and completion time. In addition, their results suggest a significant positive association between screen size and acquiescence, and a negative quadratic association between screen size and error variance, with the highest error variances found for smaller and larger screens.

The present study adds to the small body of prior research by examining the impact of screen size on the following indicators of data quality and response behavior.

Survey breakoff. Respondents may find survey completion on small-screen devices more burdensome than on larger devices since it may be more difficult to read the questions, enter the answers and navigate through the questionnaire. Therefore, respondents using small-screen devices may be more likely to break off the survey than respondents using devices with larger screens (*Hypothesis 1*). Previous research on survey breakoff in web surveys supports this hypothesis (Couper et al. 2017; Mavletova and Couper 2015, 2016).

Survey interruption. An alternative strategy to deal with an increased respondent burden on small-screen devices may be to interrupt the survey and complete the questionnaire in several sessions rather than all at once. Respondents using small-screen devices may therefore be more likely to interrupt the survey than respondents using devices with larger screens (*Hypothesis 2*). Previous research on interruptions in web surveys supports this hypothesis (Liebe et al. 2015).

Length of open-ended responses. Answering open-ended questions may be particularly burdensome on small-screen devices since the keys of the digital keyboard are smaller, which makes typing more difficult for respondents. To reduce their effort, respondents using small-screen devices may try to minimize typing and may give shorter answers to open-ended questions than respondents using devices with larger screens (*Hypothesis 3*). Previous research provides partial support for this hypothesis: While some studies found shorter answers to open-ended questions among mobile web respondents compared to PC web respondents (Mavletova 2013; Wells et al. 2014), other studies found no significant differences by device (Buskirk and Andrus 2014; Toepoel and Lugtig 2014) or even longer answers among mobile web respondents (Antoun et al. 2017).

Survey experience. Survey completion on small-screen mobile devices may also affect the overall survey experience if respondents experience higher burden and need to put more effort into completing the questionnaire. Therefore, respondents using small-screen devices may evaluate their survey experience as less positive than respondents using devices with larger screens (*Hypothesis 4*). Although the study by Toninelli and Revilla (2020) does not provide support for this hypothesis, replicating their analysis allows to examine whether the finding is robust across different surveys and countries.

Completion time. Respondents who complete web surveys on small-screen devices may need to scroll and zoom to read the questions, especially if the survey has not been mobile-optimized. The additional time required for scrolling and zooming is likely to add to the overall survey completion time. But even for mobile-optimized surveys, the speed in which respondents can read questions on small screens may be reduced due to the smaller font size. Therefore, respondents with small-screen devices may have longer survey completion times than respondents using devices with larger screens (*Hypothesis 5*). Previous research provides support for this hypothesis: A review by Couper and Peterson (2017) suggests that mobile device users have longer completion times than desktop computer or laptop users, even if the survey has been optimized for mobile devices. While completion times are not a direct indicator of data quality, they were found to have a significant relationship with other quality indicators (Revilla and Ochoa 2015) and may have an indirect effect on nonresponse through greater perceived burden (Couper et al. 2017).

3   Data and Methods

3.1   The German Internet Panel

The data were collected in the German Internet Panel (GIP), a probability-based online panel of the general population aged 16 to 75 at the time of recruitment and living in private households in Germany (Blom et al. 2015). Sample members were recruited in 2012, 2014, and 2018. The 2012 and 2014 recruitments are based on three-stage area probability samples: At the first stage, a sample of areas (primary sampling units, PSUs) stratified by federal state and urbanicity was drawn from a list of areas in Germany. At the second stage, interviewers listed all households along a pre-defined random route within each PSU. At the third stage, a random sample of the listed households was selected and recruited using face-to-face interviews. Individuals who did not have access to a computer or the Internet were provided with computing equipment and broadband Internet (Blom et al. 2017). The 2018 recruitment is based on a three-stage probability sample drawn from municipal population registers (Cornesse et al. 2021): At the first stage, a sample of municipalities (PSUs) was drawn from a list of municipalities in Germany stratified by federal state and population size. At the second stage, all sampled municipalities were asked to draw a random sample of individuals aged 16 to 75 from their population registers. At the third stage, a random sample was selected and recruited using postal mail surveys.

Every two months panel members are invited via email to complete a 20-25 minute questionnaire that covers a variety of topics, including politics, economics and society. Nonrespondents are followed up with two weekly email reminders; those who have missed two consecutive survey waves are followed up with a telephone reminder at the end of the fieldwork period. Respondents receive a conditional incentive of 4€ per completed questionnaire plus a bonus of 5€ for completing five surveys or 10€ for completing all six surveys within a year.

This chapter uses data from Wave 41 which was conducted from May 1 to May 31, 2019 and asked respondents about their attitudes towards politics and climate change. In total, $N = 4,824$ respondents completed the web survey (63.2% of the original panel members). 62.4% of respondents used a desktop computer or laptop ($n = 3,012$), 25.2% used a smartphone ($n = 1,218$), 11.2% used a tablet ($n = 539$), and 1.1% ($n = 55$) were provided with computing equipment from the survey agency. The analysis focuses on $n = 1,757$ respondents who used a smartphone or tablet for survey completion since screen size can only be determined for mobile devices. The questions were presented using a paging design with one question per screen, and the questionnaire was optimized for mobile devices.

3.2 Screen size

To collect information about the type of device that respondents are using for survey completion and about other aspects of response behavior, paradata were collected by the survey software when the respondent accessed the questionnaire (Callegaro 2010, 2013). These data include the user agent string (UAS) of the respondent's web browser which provides information on the device type (e.g., smartphone), operating system (e.g., Android), device manufacturer (e.g., Samsung), and model (e.g., Galaxy S20). To get information on screen size, the UAS was entered into the device detection database *Device Atlas* (http://deviceatlas.com/) which returns the diagonal screen size (measured in inches) for each device alongside other technical details (Clancy 2018). The UAS of Apple devices including iPhones and iPads does not contain exact information on the device model; therefore, additional data collected by the survey software on the viewport height and width was used to determine the diagonal screen size for these devices (Mozilla, 2020)[3]. The screen size could not be identified for $n = 50$ smartphones and $n = 53$ tablets, resulting in an analysis sample of $n = 1,654$.

3.3 Outcome measures

The indicators of data quality and response behavior are operationalized as follows. The questions in the GIP Wave 41 questionnaire[4] that were used to create the indicators are indexed in parentheses.

Survey breakoff. A breakoff measure was created based on a process variable in the dataset indicating whether the respondent dropped out of the survey (*breakoff* = 1) or completed the entire survey (*breakoff* = 0).

Survey interruption. Similarly, an interruption measure was created based on a process variable in the dataset indicating whether the respondent completed the survey with interruptions (*interruption* = 1) or without interruptions (*interruption* = 0).

Length of open-ended responses. To measure the length of responses to open-ended questions, the total number of characters was counted across responses to six open-ended questions which asked respondents about their attitudes towards the health system (RM41025_TXT), the social security system (RM41026_TXT), the pension system (RM41027_TXT), the education system (RM41028_TXT), and the tax system in Germany (RM41029_TXT) as well as about decisions made by the European Union (RM41030_TXT).

Survey experience. Survey experience is measured with seven questions asked at the end of the survey. This study examines the responses

---

3 Information on device viewport height and width for iPhones and iPads was obtained from https://viewportsizer.com/devices/ (accessed on May 27, 2020) and https://yesviz.com/iphones.php (accessed on May 27, 2020).

4 The GIP Wave 41 questionnaire is available at https://paneldata.org/gip/data/GIP_W41_V1.

to two of these questions: overall survey experience (QE41007; coded as 1 if the respondent answered with "very good" or "good", and 0 otherwise) and perceived difficulty of the questionnaire (QE41005; coded as 1 if the respondent indicated that they perceived the questionnaire somewhat or very difficult, and 0 otherwise). Due to item-nonresponse on these questions, the analysis sample is smaller for these variables.

Completion time. Client-side response times were collected by the survey software on each survey page, measuring the time (in seconds) between page load until the respondent clicks the "Next" button. Total completion time for each respondent was calculated by adding up the page-level response times across all pages. To account for outliers, observations beyond the 1st and 99th percentile were replaced with the 1st and 99th percentile values (Ratcliff 1993). The analysis was replicated using other outlier adjustments, but the conclusions remain unchanged.

3.4 Analytical strategy

The analysis is carried out in two steps for each of the outcome measures. First, bivariate analyses of outcome measures by quartiles of the screen size distribution are presented. The screen size of mobile devices used by respondents in GIP Wave 41 ranges from 4.0 to 18.4 inches (mean = 7.0 inches; SD = 2.9 inches). Q1 includes devices with a screen size up to 5.0 inches (29.3% of respondents); Q2 those with a screen size larger than 5.0 inches and up to 5.65 inches (20.9%); Q3 those with a screen size larger than 5.65 inches and up to 9.7 inches (28.6%); and Q4 those with a screen size larger than 9.7 inches (21.2%). While Q1 and Q2 consist of smartphones only, Q3 contains both smartphones (71%) and tablets (29%), and Q4 only tablets. To test for significance, chi-square tests are applied for binary outcomes (survey breakoff, survey interruption, survey experience) and an analysis of variance (ANOVA) for continuous outcomes (length of open-ended responses, completion time). Post-hoc tests are then conducted to determine which screen size quartiles are significantly different (standardized residuals after the chi-square test; Tukey post-hoc tests after the ANOVA).

Second, multivariate regression models are fitted to estimate the impact of screen size (in inches) on the outcome measures. Indicators for mobile device type (smartphone; tablet) and operating system (iOS; Android) are also included in the model to distinguish between the effects of device, operating system and screen size. As respondents were not randomly allocated to devices of different screen size but self-selected into using a specific device, observed differences in data quality may be confounded with selection effects. Control variables related to the propensity to use a mobile device for survey completion are therefore included to disentangle selection and measurement effects (Jäckle et al. 2010). The variables age (in years), gender (female; male), employment status (working full-time or part-time; not working full-time or part-time), household income (0-1,999 €; 2,000-2,999 €; 3,000-3,999 €; 4,000+ €; missing), household size (1; 2; 3+) and frequency of Internet use (every day; less than every day), which have been identified as significant predictors of whether a respondent accesses surveys on a mobile device, are included in the model[5] (de Bruijne and Wijnant 2014; Maslovskaya et al. 2019; Toepoel and Lugtig 2014). Missing values on the control variables are imputed with a chained equations algorithm using the *mice* package in R (van Buuren and Groothuis-Oudshoorn 2011). Logistic regressions are estimated for binary outcomes (survey breakoff, survey interruption, survey experience) and linear regressions for continuous outcomes (length of open-ended responses, completion time).

4 Results

4.1 Survey breakoff

Respondents using small-screen mobile devices were expected to be more likely to break off the survey than respondents using devices with larger screens. The bivariate analysis shows that respondents with smaller screens indeed have a higher propensity to break off the survey (Table 1): While 3.9% in Q1 and 3.2% in Q2 dropped out of the survey, only 0.8% in Q3 and 0.6% in Q4 did not fully complete the survey. A chi-square test indicates that the association between screen size quartiles and breakoff rate is significant ($p = 0.001$). The standardized residuals are significant for Q1 only ($p = 0.014$), which implies that the significant association between screen size and breakoff is mainly driven by the

---

5   The question wording of the control variables can be found in the GIP Wave 37 questionnaire which is available at https://paneldata.org/gip/data/GIP_W37_V1.

high percentage of breakoffs among the group with the smallest screen size of between 4.0 and 5.0 inches.

Table 1 Data quality and response behavior indicators by screen size quartiles.

	Q1	Q2	Q3	Q4	p
Range screen size (in inches)	4.0-5.0	5.1-5.65	5.7-9.7	10.0-18.4	—
Percent breakoff	3.9 A	3.2 B	0.8 B	0.6 B	0.001
Percent interruption	17.8 A	17.3 A	10.1 B	14.5 A	0.004
Mean length of open-ended responses (in characters)	172.5 A, B	141.1 A	122.2 A	213.5 B	0.000
Percent good overall experience	71.7 A	72.8 A	72.3 A	71.2 A	0.680
Percent difficult questionnaire	17.4 A	21.1 A	16.3 A	24.5 A	0.017
Mean completion time (in minutes)	18.8 A	18.7 A	18.2 A	22.9 B	0.000

Note. P-values from chi-square tests for binary outcomes and from ANOVA for continuous outcomes. Post-hoc tests were used to test for statistical significance between screen size quartiles. Values with different letters are significantly different at $p = 0.05$.

Do these findings hold true when controlling for selection effects in a multivariate regression? The results of a logistic regression predicting survey breakoff and controlling for device type, operating system, and respondent characteristics related to the propensity to use a mobile device for survey completion suggest that screen size does not have a significant effect on breakoff (Table 2). While the bivariate analysis shows that users of small-screen devices have a higher breakoff rate, the effect disappears when controlling for selection effects; therefore, the findings do not support *Hypothesis 1*. Respondents using small-screen devices have similar breakoff rates compared to those using devices with larger screens.

Table 2 Data quality and response behavior indicators controlling for screen size, device type, operating system and respondent characteristics.

	Breakoff	Interruption	Length	Difficulty	Time
Regression model	Logistic	Logistic	Linear	Logistic	Linear
Intercept	0.71	-1.08	46.79	-0.33	11.86
Screen size	-0.40	-0.06	0.92	-0.02	0.09
Smartphone (Ref: Tablet)	-0.89	-0.08	-33.01	-0.65	-0.22
iOS (Ref: Android)	0.41	0.04	14.42	-0.08	0.25
Age	-0.04*	0.00	1.45*	-0.01	0.24***
Female	-0.66	-0.03	11.08	0.56***	-0.22
Working full-time/part-time	0.21	-0.04	1.52	-0.21	-1.82**
HH income (Ref: 0-1,999 €)					
2,000-2,999 €	-0.18	-0.25	0.17	-0.18	-1.22
3,000-3,999 €	-0.84	-0.32	-5.56	-0.01	-2.54**
4,000+ €	-1.53*	-0.09	-25.21	0.00	-3.14***
Missing	0.13	-0.13	-19.62	-0.03	-2.63**
HH size (Ref: 1)					
2	0.63	-0.01	36.24	-0.01	1.34
3+	1.04	0.04	25.93	0.11	1.28
Uses Internet every day	-0.32	-0.25	42.56	-0.27	-1.42
R^2	—	—	0.01	—	0.14
Nagelkerke R^2	0.19	0.01	—	0.04	—
N	1,651	1,651	1,651	1,618	1,651

Note. * $p < .05$, ** $p < .01$, *** $p < .001$. Regression coefficients are shown for all models.

4.2 Survey interruption

Respondents using small-screen devices were also expected to be more likely to interrupt the survey than respondents using devices with larger screens. The bivariate analysis shows that respondents with smaller screens are more likely to interrupt the survey (Table 1): While 17.8% of respondents in Q1 and 17.3% of respondents in Q2 interrupted the survey, only 10.1% in Q3 and 14.5% in Q4 had interruptions. A chi-square test indicates that the association between screen size quartiles and survey interruption is significant ($p = 0.004$). The standardized residuals are significant for Q3 only ($p = 0.006$), which implies that the significant association between screen size and survey interruption is mainly driven by the low percentage of interruptions in Q3 compared to the other screen size quartiles.

Results from a logistic regression, however, suggest that screen size does not significantly affect survey interruption when controlling for selection effects (Table 2); therefore, the findings do not support *Hypothesis 2*. Respondents using small-screen devices have a similar propensity to interrupt the survey compared to those using devices with larger screens.

4.3 Length of open-ended responses

Due to a smaller keyboard, respondents using small-screen devices were expected to minimize typing and provide shorter answers to open-ended questions than respondents using larger screens. The bivariate analysis partially confirms this expectation (Table 1): Respondents in Q2 and Q3 provide the shortest open-ended responses, with 141.1 and 122.2 characters on average, while the group with the largest screen size of between 10.0 and 18.4 inches (Q4) gives longer responses, with an average length of 213.5 characters. Interestingly, the group with the smallest screen size of between 4.0 and 5.0 inches (Q1) has a response length which lies in-between, with 172.5 characters on average. An ANOVA shows that the difference in the mean length of responses across screen size quartiles is statistically significant ($p < 0.001$); a Tukey post-hoc test reveals that the differences between Q2 and Q4 ($p = 0.012$) as well as between Q3 and Q4 ($p < 0.001$) are significant.

Results from a linear regression, however, suggest that screen size does not significantly affect the length of responses when controlling for selection effects (Table 2); therefore, the findings do not support *Hypothesis 3*. Respondents using small-screen devices have a similar length of responses to open-ended questions compared to respondents using devices with larger screens.

4.4 Survey experience

Due to a potentially higher respondent burden and more difficulties with survey completion, respondents using small-screen devices were expected to evaluate their survey experience as less positive than respondents using devices with larger screens. The bivariate analysis does not confirm this expectation (Table 1): Between 71.2% and 72.8% of respondents rate their overall survey experience as "very good" or "good" across all screen size quartiles; the difference is not statistically significant ($p = 0.680$). The responses to a question about the perceived difficulty of the questionnaire were also examined: While 17.4% in Q1 and 16.3% in Q3 perceive the questionnaire somewhat or very difficult, the percentages are higher in Q2 (21.1%) and Q4 (24.5%). A chi-square test indicates that the association between screen size quartiles and perceived difficulty of the questionnaire is significant ($p = 0.017$); however, none of the standardized residuals are significant at $p < 0.05$.

Similar to the bivariate analysis, results from a multivariate regression suggest that screen size does not significantly affect survey experience. Table 2 shows the results from a logistic regression predicting perceived difficulty of the questionnaire, with similar results for the question on overall survey experience which are not shown. Therefore, the findings do not support *Hypothesis 4*. Respondents using small-screen devices evaluate their survey experience as similarly positive compared to those using devices with larger screens.

4.5 Completion time

Finally, respondents with small-screen devices were expected to have longer survey completion times than respondents using devices with larger screens. Interestingly, the bivariate analysis shows a pattern which points in the opposite direction (Table 1): While respondents in the lowest three screen size quartiles have an average completion time of between 18.2 and 18.8 minutes, those with a screen size of between 10.0 and 18.4 inches (Q4) have an average completion time of 22.9 minutes. An ANOVA shows that the difference in mean completion time across screen size quartiles is statistically significant ($p < 0.001$); a Tukey post-hoc test confirms that the differences between Q4 and all other quartiles are significant ($p < 0.001$ for Q1 vs. Q4, Q2 vs. Q4, and Q3 vs. Q4).

When controlling for selection effects in a linear regression, however, the effect of screen size on completion time is not statistically significant (Table 2); therefore, the findings do not support *Hypothesis 5*. Respondents using small-screen devices have similar completion times compared to those using devices with larger screens.

5 Discussion

This chapter contributes to the current methodological debate on the use of mobile technologies in survey research. The aim of the present study is to better understand how the screen dimensions of mobile devices affect the quality of data collected in web surveys. Using data from the German Internet Panel, a probability-based online panel of the general population in Germany, the study examines how the diagonal screen size of mobile devices (measured in inches) affects five indicators of data quality and response behavior, including survey breakoff, survey interruption, length of responses to open-ended questions, survey experience, and completion time. The results suggest that using a small-screen mobile device for survey completion does not significantly affect data quality and response behavior across all five indicators when controlling for selection effects. These results have positive implications for survey practitioners who implement web surveys: If the survey has been optimized for mobile devices, the data quality does not seem to be affected by the type of device that respondents are using, even if they are using a smartphone with a small screen.

The findings are in contrast to earlier research which found that screen size has a significant negative association with completion time and survey breakoff (Liebe et al. 2015; Mavletova and Couper 2016; Toninelli and Revilla 2020). This difference may be explained by the fact that the questionnaire optimization for mobile devices has been much improved over the last years, with most (if not all) survey organizations developing mobile-optimized survey designs. While the earlier studies are based on data from 2013-2015, the present study uses data from 2019. Another explanation for the high data quality across all screen size groups in the present study is that the respondents have been part of the online panel for a long time (for one, five, or seven years, depending on whether they were part of the 2012, 2014 or 2018 recruitment) and are interviewed at a high interval (every two months). They are likely to have developed some level of commitment to the study and to be motivated to provide high quality data, even if they experience respondent burden.

The main limitation of the study is the observational nature of the data where respondents were not randomly allocated to devices of different screen size but self-selected into using a specific device. Although multivariate regression models were fitted to control for variables related to the propensity to use a mobile device for survey completion, it cannot be ruled out that measurement and selection effects have not been fully disentangled with this approach.

A potential avenue for further research is to focus more on the interaction between device and respondent characteristics. Individuals not only differ in whether they have access to mobile technologies, but also in how they are able to use these technologies (Hargittai 2002). Respondents who are older or less tech-savvy may experience higher respondent burden when using mobile devices for survey completion than those who are younger or use mobile devices more frequently.

References

Antoun, C., Couper, M. P., & Conrad, F. G. (2017). Effects of mobile versus PC web on survey response quality: a crossover experiment in a probability web panel. *Public Opinion Quarterly, 81*(S1), 280–306. https://doi.org/10.1093/poq/nfw088

Atrostic, B. K., Bates, N., Burt, G., & Silberstein, A. (2001). Nonresponse in U.S. government household surveys: consistent measures, recent trends, and new insights. *Journal of Official Statistics, 17*(2), 209–226.

Blom, A. G., Fikel, M., Friedel, S., Höhne, J. K., Krieger, U., Rettig, T., & Wenz, A. SFB 884 "Political Economy of Reforms" Universität Mannheim. (2020). German Internet Panel, Wave 41 (May 2019). GESIS Data Archive, Cologne. ZA7590 Data file Version 1.0.0. https://doi.org/10.4232/1.13464

Blom, A. G., Gathmann, C., & Krieger, U. (2015). Setting up an online panel representative of the general population: the German Internet Panel. *Field Methods, 27*(4), 391–408. https://doi.org/10.1177/1525822X15574494

Blom, A. G., Herzing, J. M. E., Cornesse, C., Sakshaug, J. W., Krieger, U., & Bossert, D. (2017). Does the recruitment of offline households increase the sample representativeness of probability-based online panels? Evidence from the German Internet Panel. *Social Science Computer Review, 35*(4), 498–520. https://doi.org/10.1177/0894439316651584

Brick, J. M., & Williams, D. (2013). Explaining rising nonresponse rates in cross-sectional surveys. *The Annals of the American Academy of Political and Social Science, 645*(1), 36–59. https://doi.org/10.1177/0002716212456834

Buskirk, T. D., & Andrus, C. H. (2014). Making mobile browser surveys smarter: results from a randomized experiment comparing online surveys completed via computer or smartphone. *Field Methods, 26*(4), 322–342. https://doi.org/10.1177/1525822X14526146

Callegaro, M. (2010). Do you know which device your respondent has used to take your online survey? *Survey Practice, 3*(6), 1–13. https://doi.org/10.29115/SP-2010-0028

Callegaro, M. (2013). Paradata in web surveys. In F. Kreuter (Ed.), *Improving Surveys with Paradata: Analytic Uses of Process Information* (pp. 261–279). Hoboken, NJ: Wiley.

Clancy, M. (2018). User agent parsing: how it works and how it can be used. Retrieved from https://deviceatlas.com/blog/user-agent-parsing-how-it-works-and-how-it-can-be-used

Cornesse, C., Felderer, B., Fikel, M., Krieger, U., & Blom, A. G. (2021). Recruiting a probability-based online panel via postal mail: experimental evidence. *SocArXiv.* https://doi.org/10.31235/osf.io/9zu8g

Couper, M. P. (2013). Is the sky falling? New technology, changing media, and the future of surveys. *Survey Research Methods, 7*(3), 145–156. https://doi.org/10.18148/srm/2013.v7i3.5751

Couper, M. P., Antoun, C., & Mavletova, A. (2017). Mobile web surveys: a total survey error perspective. In P. P. Biemer, E. de Leeuw, S. Eckman, B. Edwards, F. Kreuter, L. E. Lyberg, N. C. Tucker, B. T. West (Eds.), *Total Survey Error in Practice* (pp. 133–154). New York: Wiley.

Couper, M. P., & Peterson, G. J. (2017). Why do web surveys take longer on smartphones? *Social Science Computer Review, 35*(3), 357–377. https://doi.org/10.1177/0894439316629932

de Bruijne, M., & Wijnant, A. (2014). Mobile response in web panels. *Social Science Computer Review*, 32(6), 728–742. https://doi.org/10.1177/0894439314525918

de Leeuw, E., & de Heer, W. (2002). Trends in household survey nonresponse: a longitudinal and international comparison. In R. M. Groves, D. A. Dillman, J. L. Eltinge, & R. J. A. Little (Eds.), *Survey Nonresponse* (pp. 41–54). New York: Wiley.

Groves, R. M., & Couper, M. P. (1998). *Nonresponse in Household Interview Surveys*. New York: Wiley.

Hargittai, E. (2002). Second-level digital divide: differences in people's online skills. *First Monday*, 7(4). https://doi.org/10.5210/fm.v7i4.942

Jäckle, A., Roberts, C., & Lynn, P. (2010). Assessing the effect of data collection mode on measurement. *International Statistical Review*, *78(1)*, 3–20. https://doi.org/10.1111/j.1751-5823.2010.00102.x

Keusch, F., Leonard, M. M., Sajons, C., & Steiner, S. (2019). Using smartphone technology for research on refugees: evidence from Germany. *Sociological Methods & Research*, 1–32. https://doi.org/10.1177/0049124119852377

Keusch, F., & Yan, T. (2017). Web versus mobile web: an experimental study of device effects and self-selection effects. *Social Science Computer Review*, 35(6), 751–769. https://doi.org/10.1177/0894439316675566

Liebe, U., Glenk, K., Oehlmann, M., & Meyerhoff, J. (2015). Does the use of mobile devices (tablets and smartphones) affect survey quality and choice behaviour in web surveys? *Journal of Choice Modelling*, 14, 17–31. https://doi.org/10.1016/j.jocm.2015.02.002

Link, M. W., Murphy, J., Schober, M. E., Buskirk, T. D., Hunter Childs, J., & Langer Tesfaye, C. (2014). Mobile technologies for conducting, augmenting and potentially replacing surveys: executive summary of the AAPOR Task Force on emerging technologies in public opinion research. *Public Opinion Quarterly*, 78(4), 779–787. https://doi.org/10.1093/poq/nfu054

Lugtig, P., & Toepoel, V. (2016). The use of PCs, smartphones, and tablets in a probability-based panel survey: effects on survey measurement error. *Social Science Computer Review*, 34(1), 78–94. https://doi.org/10.1177/0894439315574248

Maslovskaya, O., Durrant, G. B., Smith, P. W. F., Hanson, T., & Villar, A. (2019). What are the characteristics of respondents using different devices in mixed-device online surveys? Evidence from six UK surveys. *International Statistical Review, 87*(2), 326–346. https://doi.org/10.1111/insr.12311

Mavletova, A. (2013). Data quality in PC and mobile web surveys. *Social Science Computer Review, 31*(6), 725–743. https://doi.org/10.1177/0894439313485201

Mavletova, A., & Couper, M. P. (2014). Mobile web survey design: scrolling versus paging, SMS versus e-mail invitations. *Journal of Survey Statistics and Methodology, 2*(4), 498–518. https://doi.org/10.1093/jssam/smu015

Mavletova, A., & Couper, M. P. (2015). A meta-analysis of breakoff rates in mobile web surveys. In D. Toninelli, R. Pinter, & P. de Pedraza (Eds.), *Mobile Research Methods: Opportunities and Challenges of Mobile Research Methodologies* (pp. 81–98). London: Ubiquity Press.

Mavletova, A., & Couper, M. P. (2016). Device use in web surveys: the effect of differential incentives. *International Journal of Market Research, 58*(4), 523–544. https://doi.org/10.2501/IJMR-2016-034

Mozilla. (2020). Viewport concepts. Retrieved from https://developer.mozilla.org/en-US/docs/Web/CSS/Viewport_concepts

Perrin, A. (2017). 10 facts about smartphones as the iPhone turns 10. Retrieved from https://www.pewresearch.org/fact-tank/2017/06/28/10-facts-about-smartphones/

Peterson, G., Griffin, J., LaFrance, J., & Li, J. (2017). Smartphone participation in web surveys: choosing between the potential for coverage, nonresponse, and measurement error. In P. P. Biemer, E. de Leeuw, S. Eckman, B. Edwards, F. Kreuter, L. E. Lyberg, N. C. Tucker, B. T. West (Eds.), *Total Survey Error in Practice* (pp. 203–233). New York: Wiley.

Pew Research Center. (2011). The tablet revolution. How people use tablets and what it means for the future of news. Retrieved from https://www.journalism.org/2011/10/25/tablet/

Peytchev, A., & Hill, C. A. (2010). Experiments in mobile web survey design: similarities to other modes and unique considerations. *Social Science Computer Review, 28*(3), 319–335. https://doi.org/10.1177/0894439309353037

Raento, M., Oulasvirta, A., & Eagle, N. (2009). Smartphones: an emerging tool for social scientists. *Sociological Methods & Research, 37*(3), 426–454. https://doi.org/10.1177/0049124108330005

Ratcliff, R. (1993). Methods for dealing with reaction time outliers. *Psychological Bulletin, 114*(3), 510–532. https://doi.org/10.1037/0033-2909.114.3.510

Revilla, M., & Ochoa, C. (2015). What are the links in a web survey among response time, quality, and auto-evaluation of the efforts done? *Social Science Computer Review, 33*(1), 97–114. https://doi.org/10.1177/0894439314531214

Revilla, M., Toninelli, D., Ochoa, C., & Loewe, G. (2016). Do online access panels need to adapt surveys for mobile devices? *Internet Research, 26*(5), 1209–1227. https://doi.org/10.1108/IntR-02-2015-0032

Silver, L. (2019). Smartphone ownership is growing rapidly around the world, but not always equally. Retrieved from https://www.pewresearch.org/global/2019/02/05/smartphone-ownership-is-growing-rapidly-around-the-world-but-not-always-equally/

Destatis. (2011). *Private Haushalte in der Informationsgesellschaft - Nutzung von Informations- und Kommunikationstechnologien 2011*. Wiesbaden: Statistisches Bundesamt. Retrieved from https://www.destatis.de/GPStatistik/servlets/MCRFileNodeServlet/DEHeft_derivate_00008925/2150400117004.pdf

Destatis. (2020). *Private Haushalte in der Informationsgesellschaft - Nutzung von Informations- und Kommunikationstechnologien 2019*. Wiesbaden: Statistisches Bundesamt. Retrieved from https://www.destatis.de/GPStatistik/servlets/MCRFileNodeServlet/DEHeft_derivate_00054707/2150400197004.pdf

Sugie, N. F. (2018). Utilizing smartphones to study disadvantaged and hard-to-reach groups. *Sociological Methods & Research, 47*(3), 458–491. https://doi.org/10.1177/0049124115626176

Toepoel, V., & Lugtig, P. (2014). What happens if you offer a mobile option to your web panel? Evidence from a probability-based panel of internet users. *Social Science Computer Review, 32*(4), 544–560. https://doi.org/10.1177/0894439313510482

Toninelli, D., & Revilla, M. (2020). How mobile device screen size affects data collected in web surveys. In P. C. Beatty, D. Collins, L. Kaye, J. L. Padilla, G. B. Willis, & A. Wilmot (Eds.), *Advances in Questionnaire*

Design, Development, Evaluation and Testing (pp. 349-373). Hoboken, NJ: Wiley.

Tourangeau, R., Sun, H., Yan, T., Maitland, A., Rivero, G., & Williams, D. (2018). Web surveys by smartphones and tablets: effects on data quality. *Social Science Computer Review*, 36(5), 542-556. https://doi.org/10.1177/0894439317719438

van Buuren, S., & Groothuis-Oudshoorn, K. (2011). mice: Multivariate imputation by chained equations in R. *Journal of Statistical Software*, 45(3), 1-67. https://doi.org/10.18637/jss.v045.i03

Wells, T., Bailey, J. T., & Link, M. W. (2014). Comparison of smartphone and online computer survey administration. *Social Science Computer Review*, 32(2), 238-255. https://doi.org/10.1177/0894439313505829

Harmonizing Data in the Social Sciences with Equating

Ranjit K. Singh
GESIS Leibniz-Institute for the Social Sciences

Introduction

Social scientists today can access an abundance of data be it survey data, official statistics, or increasingly also data collected with new technologies. This trend is further amplified by the popularity of open science and FAIR (findable, accessible, interoperable, and reusable) data principles (Link et al. 2017). Furthermore, advances in archival practices and technologies make accessing data easier than ever. It is no wonder then that more and more research in the social sciences makes the most of this wealth of data by combining data from different sources (Dubrow and Tomescu-Dubrow 2016; Hussong et al. 2013). The possibilities are endless. Enriching survey data with location specific data via geo referencing (Schweers et al. 2016). Combining many different surveys to form a large common dataset for robust and powerful analyses (Hussong et al. 2013). Linking surveys and social media data by asking respondents for their account(s) (Spiro 2016).

Still, this trend towards combining data from different sources is not without challenges. A central problem is often comparability. The problem is well known in survey data. Can we compare data of different surveys if they used different questions or different response categories? Can we compare responses across cultures, survey modes, demographic groups, or time? These challenges are met by harmonization: an umbrella term for many different activities with the aim to increase comparability and the combinability of (survey) data (Granda et al., 2010). Harmonization activities are usually further divided into ex-ante harmonization (planned before data collection) and ex-post harmonization (harmonization of data not originally intended to be combined) (Granda et al. 2010).

In what follows, I will explore a challenge that occurs when we want to ex-post harmonize data of different surveys. Even if both surveys measured the same concept, they will most likely have used different wording or different response options to do so. The different questions may well be valid and reliable measures, but the differences in wording and response options mean that the numerical scores in the data cannot be readily compared. In part 1, I explore observed score equating as a robust method to solve this problem. As combining survey data becomes more and more common, such solutions are crucial to ensure comparability and robust findings.

In part 2, I will discuss some ideas of how to use the same approach to solve issues related to the advancing digitalization or research and the new technologies and data sources we use to conduct research. Specifically, I will address the following issues. (1) How can we mitigate comparability issues in mixed-mode surveys with equating? (2) How can we apply equating to improve comparability for new data sources and types, such as sensor data, data from interactive digital tasks, para data, or data generated with different algorithms. (3) How can we use equating to gain degrees of freedom in our research designs?

Part 1:   Harmonizing survey instruments with equating

Part 1 is a re-print of a paper published in the Harmonization Newsletter on Survey Data Harmonization in the Social Sciences:

Singh, Ranjit K. 2020. Harmonizing instruments with equating. Harmonization Newsletter on Survey Data Harmonization in the Social Sciences 6, 1. Warsaw: Cross-national Studies: Interdisciplinary Research and Training Program. urn: urn:nbn:de:0168-ssoar-68262-1.

This is a brief introduction to equating, which is a promising approach to harmonising survey instruments that measure latent constructs such as attitudes, values, intentions, or other individuals' attributes that are not directly observable. The focus is on measurement instruments with only one question (in contrast to multi-item questionnaires). The article is intended to inspire ex-post harmonization practitioners who struggle to harmonize such variables into a homogenous target variable. Some researchers might find that the equating approach is directly applicable to their work. However, even if the specific approach is not a good fit for a particular project, the basic idea of equating could still be a helpful way of thinking about instrument harmonization in general.

The goal of instrument harmonization

A common challenge in ex-post harmonization is how to combine data on a concept measured with different instruments. This is especially hard if the concept is a latent construct; i.e., a construct that cannot be directly observed, such as attitudes, values, or intentions. The central problem here is that latent constructs have no natural units. There is, for example, no self-evident way to compare how much "strongly interested" is on one scale of political interest as compared to "somewhat agree" on another scale measuring political interest.

To get a better understanding of the problem, it helps to clarify the ideal result of an ex-post harmonization process: Taking data from different surveys that were not intended to be combined and that use different instruments, we want to create a seamless dataset. Seamless here implies that once the dataset has been harmonized, it should no longer matter which instrument was used for a particular case in the dataset. To that end, we need to harmonize scores measured with different instruments so that the same score always "means" the same, regardless of the source instrument.

While seemingly self-evident, it is necessary to take a closer look what "meaning the same" implies. To understand harmonization, we should first remind ourselves that the output of measurement (the observed scores on an instrument) is not reality itself, but only something that is related to this reality (Raykov and Marcoulides 2011). What this entails is best explained with the following concrete example.

Consider a latent construct such as political interest. If we measure political interest, we implicitly assume that respondents have a certain attribute strength that governs the extent to which they direct their attention towards or away from sources of political information. In other words, they have a theoretical *true score* that directly reflects their real interest. When we ask respondents to answer a standardized question about their political interest, we assume that respondents will choose one of the offered response categories based on their true political interest. In other words, a measurement instrument projects the true score of respondents onto an arbitrary numerical scale: people within a certain range of political interest will likely chose a "1" on the instrument, people in a somewhat higher range of political interest will likely chose a "2", and so on for each score up to "5" on the five-point scale. The crux is that different instruments project the same reality — true scores — differently. The "3" on one scale does not automatically represent the same range of true scores as the "3" on another instrument. This is true even if the two instruments have the same number of response options but differ with respect to other features, such as wording or layout.

The relationship between true scores and measurement scores in different instruments has two important implications: (1) The *observed scores* we have in our source data represent a mix of truth and measurement; and (2) Different instruments change the measurement component and are likely to result in different observed scores for people with the same true scores (Raykov and Marcoulides 2011). With this in mind, we can now formalize what instrument harmonization should do: Respondents who are the same with regard to a construct should get the same harmonized score, no matter which instrument was used.

Linking and Equating

Fortunately, this goal of harmonization is shared by psychometric performance and aptitude testing, where there is a need to make different tests for the same construct comparable. This has resulted in an extensive literature dating back to the 1970s on what is today called score linking (Dorans and Puhan 2017). Equating, meanwhile, is a subfield of score linking that directly addresses our problem, that is, making scores from instruments which measure the same construct comparable[1]. As we will see, both the logic of equating and its formulas can be of great use to us.

---

1   A short note on terminology: In the formal literature, equating also denotes a very strict quality standard for test comparability in psychometric diagnostics, such as professional aptitude testing. This formal standard is only attainable with test forms constructed to very similar test specifications such as length or reliability (Kolen and Brennan 2014). For harmonization purposes, equating can still be done even if the instruments for example differ in reliability. The standard only cautions us that equating makes units of measurement comparable but does not correct the limitations of the equated instruments. For an extensive overview of the terminology and its history, see Kolen and Brennan (2014) or Dorans and Puhan (2017).

At the heart of equating is its equity property. Respondents with a certain true score should, on average, get the same converted (i.e., equated) score in a source instrument than they would get on the target instrument (Kolen and Brennan 2014). The equity property contains the qualification "on average," to reflect random error in measurement and in equating itself. If we achieve such a matching of converted source scores to target scores, we have corrected differences in measurement without eliminating or biasing real differences.

The obstacle we now face is, of course, that we do not have the true scores — we only have observed scores. Psychometry tackles that problem with multi-item instruments such as personality questionnaires. True score estimations are extracted from the interplay of different measurements of the same construct for each respondent, often in factor models (Raykov and Marcoulides 2011). In the social sciences, large scale survey programs often cannot accommodate multiple questions for all their constructs of interest. Fortunately, not all forms of equating rely on multiple items. Observed score equating relies only on the observed scores (what we have in the dataset) and not on true score estimations. Without multiple measurements, that is, multiple data-points for each person, we cannot disentangle measurement and reality on the respondent level. We can, however, disentangle measurement and reality on the aggregate level.

Observed score equating

The basic idea of observed score equating is that if we cannot isolate the effect of different instruments, we control for population differences in true scores via random group designs. This is done by taking two random samples of the same population. In one, respondents answer the source instrument, and in the other, there is the target instrument. Since both samples have similar true scores distributions (they randomly sample the same population), differences in the observed score distributions are due to the instrument differences. Next, we apply a mathematical transformation to scores of the source instrument so that the distribution of transformed source scores is similar in shape to the distribution of target scores (Kolen & Brennan, 2014). In other words, observed score equating basically matches scores in the two instruments based on their position along the frequency distribution. Average respondents get the same scores regardless of instrument used, and the same is true for below average or above average respondents.

Equating does not mean that the survey data we want to harmonize has to be drawn from the same population. We can use different datasets to perform the equating that results in a transformation table. This table can then be used to harmonize the data we intend to harmonize. Equating is also always symmetrical, meaning that we can transform scores from one instrument to the other and vice versa.

Next, we take a closer look at two ways to transform distribution shapes in observed score equating: (1) Linear equating for approximately normally distributed source and target scores and (2) equipercentile equating if the distribution of one or both instrument scores are non-normal (e.g., strongly skewed or even bimodal).

Linear equating

Linear equating assumes that both score distributions are approximately normally distributed, which implies that the two instrument score distributions only differ in two parameters: the mean and the standard deviation. In linear equating, scores of the source instrument are linearly transformed so that the transformed source score mean and standard deviation become equal to the target score mean and standard deviation (Kolen and Brennan 2014). Respondents now have very similar scores on the transformed source instrument and the target instrument depending on their position along the normal distribution. Respondents with the same z-score have the same harmonized score but scaled to the format of the target scale.

To avoid confusion, I would like to add two clarifications. First, linear equating is distinct from a mere z-transformation. The mathematical transformation that is used to align the distribution shapes is indeed similar to a z-transformation. However, at the heart of linear equating are the two instrument samples drawn from the same population. By setting the population as equal, we can isolate and eliminate the measurement differences. The resulting translation table can then be used in instances where the two instruments were used on non-equal populations. The result is a harmonization of the measurement while preserving true population differences. A mere z-transformation, in contrast, would indiscriminately destroy true population differences because for each sample we will have mean = 0, and SD = 1.

Second, linear equating is also quite different from the frequently used harmonization approach, which is the linear stretch method. Linear stretch applies a linear transformation to instrument scores solely based on differences in scale points. Consider a five-point source scale and a seven-point target scale. With linear stretch, we would assign minimum score to minimum score (a source score of 1 would remain a 1) and maximum score to maximum score (a source score of 5 would become a 7). All points in between are stretched so that they fit in the space between 1 and the new maximum score with equal distances (Jonge, Veenhoven, and Kalmijn 2017). The source scale 1, 2, 3, 4, 5 would become the transformed scale 1, 2.5, 4.0, 5.5, 7.

Linear equating, in contrast, harmonizes scales based on the distribution of responses for the same population. Linear stretch only takes the number of response scale points into account. The difference becomes apparent if we apply both methods to two instruments with different question and response option wording, but the same number of scale points. Even in the same population we would expect different response frequency distribution for both instruments because both question wording and response option wording change the response options that respondents choose. Linear stretch would ignore that and assign each score in one instrument to exactly the same score in the other instrument because the scale points are the same (Jonge et al. 2017). Linear equating, meanwhile, would transform scores so that the distributions become aligned. Hence, respondents at the same position along the construct distribution (e.g., average respondents) may well get different harmonized scores with linear stretch, but the very similar scores with linear equating.

Equipercentile equating

Equipercentile equating, meanwhile, drops the assumption of normally distributed instrument scores. Instead, we transform scores so that the distribution of transformed source scores fluidly matches the shape of the distribution of target scores. And as a reminder: Just like with linear equating, this is performed on two random samples from the same population. Equipercentile equating operates like this: We take a score from the source instrument and based on the frequency distribution we calculate the percentile rank of that score (i.e., the position of that score along the distribution of the construct in the population). Then we look up which score in the target instrument corresponds to that percentile rank. After that, we transform the source score with a certain percentile rank into that target score with the same percentile rank (Kolen and Brennan 2014). Consequently, all scores now "mean the same" in the sense that each transformed source score and target score point to the same specific place in the population distribution.

One remaining challenge is that response scores are ordinal and not continuous. This has two implications that the equipercentile equating formulas solve with linear interpolation (Kolen and Brennan 2014). (1) A score does not represent an exact percentile rank along the continuous distribution of the construct. Instead, each score represents a range of respondents (e.g., if the first response option is chosen by 20% of respondents, then it represents percentile ranks from the 0th to the 20th). Equipercentile equating solves this with linear interpolation and simply assigns the middle (e.g., 10%). (2) If we have a percentile rank for a source score, we likely have no target score at exactly that percentile rank. Again, we linearly interpolate and assign a transformed score between the two target scores. If the two applicable target scores 1 and 2 represent the 10th and 40th percentile rank, and if the percentile rank of the source score is 20, then we would assign the transformed score 1.25. This is because 20% is 33% along the distance from 10% to 40% and 1.33 is 33% along the distance from score 1 to score 2. The outcome of equipercentile equating is then, just as with linear equating, a transformation table that translates scores of one instrument into the format of the other instrument.

Observed score equating in social science practice

At this point I was hopefully able to pique your interest in observed score equating. Yet the hurdle of requiring two samples from the same population, one for each instrument, poses a challenge. In the following, I will lay out some arguments and ideas how observed score equating can be applied in practice.

First, to stress again, the data used to equate two instruments does not have to be from the dataset we want to harmonize. Any point in time where the two instruments are used in a probabilistic sample of the same population is enough. This might also mean that the matching is done with a completely different survey program that just so happens to have copied one of the instruments. Finding such serendipitous scale-population-time matches is facilitated by using the databases of large harmonization projects, such as the Survey Data Recycling project (Tomescu-Dubrow and Slomczynski 2016), which may well have the data you need conveniently searchable, bundled, and cleaned.

Second, if you have probabilistic samples of the same population, but at different points in time then this is only a problem if the population changed substantially regarding the construct in the meantime. Chances are that another survey program has a time series of the construct. If no change occurred, equating can be done as is, and if a change occurred, one can apply linear equating but correct the transformation for the change over time.

Third, observed score equating is preferably done with samples from a population that is similar to the population that the harmonization project is interested in. Yet, if no such data exists, equating can also be done with a split-half experiment in a non-probabilistic sample (e.g., an online access panel). With a single survey, several instruments can be equated at the same time. Please note that comparability issues can occur if the experiment sample and the target population of your project are very different and if your measurement instrument is not measurement invariant across those populations (i.e., if it is not interpreted the same way across populations). Dorans and Holland (2000) discuss the problem, potential ways of estimating the extent of the problem and ways to mitigate it.

Fourth, with regard to harmonizing cross-cultural data, equating often cannot be done directly with existing data. This is often the case if data from national survey programs is to be harmonized, meaning that the same construct is measured with different instruments in different countries. However, equating can perhaps still be used via chained equating (Kolen and Brennan 2014). Consider harmonizing instruments from two probabilistic national surveys from Country A and Country B. Now assume that the relevant construct has also been included in a cross-national survey program including Countries A and B. We can then equate the instruments from the national survey A to the cross-cultural survey. And then equate the cross-cultural instrument further to the national survey B. However, this chained equating cannot be more comparable across cultures than is the instrument in the cross-national survey.

In sum, equating is worth considering. It is not a panacea, but if the preconditions are met, it is a rigorous method that will increase the quality of the harmonized dataset considerably. If suitable data is available, then equating is easily done due to many existing specialized programs and packages for statistical applications. A package specialized in observed score equating is *equate* (Albano, 2016). Packages that also include other techniques are *kequate* (Andersson, Branberg, and Wiberg 2013) and *SNSequate* (González 2014). For an overview and guidance on applying these R packages see González and Wiberg (2017). There are also stand-alone programs for equating, such as *RAGE-RGEQUATE* for observed score equating (Zeng, Kolen, Hanson, Cui, and Chien 2005) which can be downloaded at Brennan (2020) who also curates a comprehensive list of other programs.

Yet even if a direct application is not possible, the idea of equating is helpful in rethinking harmonization. It also guides us to potential pitfalls in analysing harmonized data where equating has not been performed. If you would like to learn more about what equating can do for your project or what alternative approaches exist, feel free to contact me. At GESIS, I offer consultation on how to make survey instruments comparable in ex-post harmonization (see below).

Part 2: Use Cases for equating in the context of new technologies and new data forms

While part 1 focused on the ex-post harmonization of data from different surveys, part 2 will explore some ways equating can be useful to meet the challenges posed by new technologies and new data forms. First, I will apply equating to mixed-mode surveys, where one mode is often web based and sometimes filled out on a portable device. And second, I will apply equating to new forms of data generated by digital methods and devices. Lastly, there is a short outlook into how equating frees up some degrees of freedom in research designs.

Harmonizing mixed-mode and mixed-device surveys

Mixed-mode surveys administer the survey to respondents in different forms and via different media (Bosnjak et al. 2016). An increasingly popular use case is to field surveys as online questionnaires to reap the time and cost benefits of web surveys. To compensate for portions of the population with no Internet access (or no willingness to participate online), the survey is also administered in a more traditional fashion. An illustrative example is the GESIS Panel, where most respondents choose a web-based format, but a portion of respondents answers a mailed pen-an-paper survey instead (Bosnjak et al. 2018). While the advantages are evident, mixed-mode surveys can also have drawbacks in the form of mode effects (Eifler and Faulbaum 2017). Especially pertinent for equating is that the way we administer surveys influences response behavior in many ways (Tourangeau et al. 2000). As an additional challenge, web-surveys are not just another mode, they are also answered on different devices. Mixed-mode surveys with a web-survey component are thus usually also mixed-device surveys (Beuthner et al. 2019). Answering a at your desktop pc may be something different than answering a survey on a mobile device; usually a smartphone. The screen space constraints alone mean that horizontal scales in the PC layout become vertical scales on the smartphone (Beuthner et al. 2019). And visual orientation of scales may already bias responses (Menold and Bogner 2016). Fortunately, many mode and device effects will not fundamentally change the way an item is interpreted. A question on political interest will most likely be understood similarly on paper as it is on a smartphone screen. However, mode and device effects can bias responses numerically in some way. If we take the example of a horizontal scale layout on PC and a vertical scale layout on a smartphone, then we would still expect responses to reflect the intended concept. A question about political interest will still reflect political interest variance on both devices. However, responses on the smartphone may be a bit biased towards the upper scale points due to stronger primacy effects in vertical scales (Menold and Bogner 2016).

In essence, such biases change the distribution of responses independent of the underlying concept. And mitigating such distribution changes in turn is easily done with equating. Please note however that equating does not correct an increase in random error through biases, since it does not correct reliability differences (Dorans and Holland 2000). To apply equating here, we require samples from the same population for both instruments; or here, for both modes. And this is usually not the case in mixed-mode or mixed-device surveys. Web- and offline participants usually differ in their socio-structural makeup. And the same goes for people who prefer stationary or mobile devices. Still, there are two arguments why equating is still well worth considering.

Firstly, consider that equating does not have to be done with the data you want to analyze. Instead, equating can also be done in a different sample. After all, equating harmonizes instruments, not just datasets (Kolen and Brennan 2014). This means that if you vary modes experimentally, you can use that data to equate instruments. At first glance, this might seem somewhat impractical. However, such an experiment would be a perfect pretest and would allow you to quantify (and thus correct for) many mode effects at the same time. Furthermore, one experiment is enough to equate the instrument in all future waves of a survey (and even in other surveys if the instrument is used there in the same modes). Lastly, equating does not have to be done in a representative sample. While that would be ideal, a sample that is just varied enough in terms of relevant socio-structural attributes can serve as a second-best (Kolen and Brennan 2014).

Secondly, while observed score equating with random samples drawn from the same population is desirable, it is not the only possible approach. Recently, so called non-equivalent groups with covariates (NEC) designs were proposed (González and Wiberg 2017). Here, the two samples are not drawn from the same population. Instead, the differences in the two populations are modelled and to some extend controlled for by including covariates such as socio-structural variables or concepts closely related to the concept we want to harmonize. However, this approach cannot fully match an experimental design. Population differences not captured by the covariates will not be aligned, for example.

Harmonizing measures derived from new technologies and data sources

The second area where equating seems worth exploring are the many new types of measures that can be derived from new devices and data sources. Think of sensor data, aggregated scores from interactive tasks, aggregated measures derived from data reduction of social media data, or para data measures. If we apply observed score equating to these new measures, we go a bit beyond what equating is formally intended for: aligning measurement units of psychometric tests. Still, the basic logic of equating lends itself well to other metrics. As a quick recap, observed score equating aligns the units of measurement of two numerical variables. There are three fundamental preconditions. (1) The two variables represent the same underlying concept (i.e., they are both valid measures of the underlying concept and ideally only of that concept). Equating aligns units of measurement, but not differences in conceptual content. (2) The measures must be one-dimensional, monotonous, and at least ordinal. In other words, higher numerical scores represent a higher intensity of the concept. (3) We have a random sample for each measure drawn from the same population. Although this can be somewhat circumvented with using covariates in a NEC design (González and Wiberg 2017).

Please note that while equating was developed to deal with latent constructs (e.g., cognitive performance), we can apply observed score equating to manifest concepts as well. To develop the idea, we will use step counting as an example (Win Myo et al. 2018). Many apps or smart devices can count the user's steps. The metric has both an informative use (how active was I today) and a motivational use (if I walk to the store, I will add some more steps today). Researchers are also interested in the metric, for various reasons.

Conceptually, steps taken is a manifest concept; in theory we can directly observe a person's steps from the outside. However, the measure itself is only an estimate of the actual steps taken. Accelerometer data is not infallible (Win Myo et al. 2018), both on the device/sensor level and on the aggregation algorithm level. The metric "number of steps taken" derived from device data is thus an estimate of an unobserved variable (actual number of steps taken). For simplicities sake, we will just talk about algorithms for now, but it works similarly for device/sensor differences. If we consider two algorithms A and B, it may well be that A and B typically either over- or underestimate the actual step count. For most research purposes, some over- or underestimation is not that problematic as long as interindividual differences are faithfully retained. However, what happens if we combine data measured with algorithm A and algorithm B? We suddenly introduce a systematic bias based on the algorithm used. If the algorithm choice is not random in our data, then we have introduced a systematic error. However, if we have collected experimental data for the two algorithms, we can align the measures with equating. This does not correct under- and overestimation per se, but it removes the systematic difference in under- or overestimation between the two algorithms. The special advantage of equipercentile equating here is that we do not just correct for the average difference. We actually correct for the whole difference in distribution shapes including differences in variance, skewness, kurtosis, or even modality (Kolen and Brennan 2014). This plays an important role if the algorithms over- or underestimate steps differently along the continuum of steps taken. This can happen if algorithm A underestimates people who walk very much, while algorithm B underestimates people who walk very little, for example. It is worth mentioning that equipercentile equating can be combined with data smoothing to even better match the shapes of distributions with may different possible outcome scores. This reduces the effects of random error, which is especially important if the sample sizes are smaller. There are various possible smoothing approaches. Some smooth the raw score data (pre-smoothing) while others smooth the resulting equating relationship (post-smoothing) (González and Wiberg 2017; Kolen and Brennan 2014).

Researcher degrees of freedom through equating

Equating also grants researchers more degrees of freedom in designing their studies. If we are unsure of which algorithm (or device, instrument etc.) to choose, we can simply use both randomly in our experiment. Afterwards, we can align the scores with equating to mitigate comparability issues. However, as a reminder: Equating does not correct differences in reliability (Dorans and Holland 2000) which means that an additional correction for attenuation may be beneficial (Charles 2005). Aside from parallel random designs, equating also provides us with longitudinal flexibility. What if we want to change the instrument, device, or algorithm for future waves (or data collection points)? If we make the switch with a split-half wave in between, we can use the split half data to align the old and new measure with equating. Then we can use the resulting equating relationship to heal the time series despite the change. This can be a gamechanger for cross-sectional surveys with many waves or for panel studies.

Conclusion

The abundance and variety of data available today makes combining data from different sources more attractive than ever. It is not just data recycling, but a veritable upcycling of data: Harmonized data opens up completely new research opportunities. Research becomes more well-rounded, easier to generalize, and more robust if we use multiple data sources and thus approach the same research questions from different angles at once. At the same time, this increases the demands for data cleaning and harmonization. Equating, and especially observed score equating, is a useful, flexible and easy to automate puzzle piece here. Its usefulness for survey data is obvious and I hope to have shown that it can also play a part in solving some challenges with regard to new technologies and data types. It is no panacea, of course. Equating only aligns differences in measurement units. Differences in content or reliability remain. However, what it does, equating does well.

References

Albano, A. D. (2016). equate: An R Package for Observed-Score Linking and Equating. *Journal of Statistical Software, 74*(8). https://doi.org/10.18637/jss.v074.i08

Andersson, B., Bränberg, K., & Wiberg, M. (2013). Performing the Kernel Method of Test Equating with the Package kequate. *Journal of Statistical Software*, 55(6). https://doi.org/10.18637/jss.v055.i06

Beuthner, C., Daikeler, J., & Silber, H. (2019). Mixed-Device and Mobile Web Surveys. *GESIS Survey Guidelines.* https://doi.org/10.15465/GESIS-SG_EN_028

Bosnjak, M., Dannwolf, T., Enderle, T., Schaurer, I., Struminskaya, B., Tanner, A., & Weyandt, K. W. (2018). Establishing an Open Probability-Based Mixed-Mode Panel of the General Population in Germany. *Social Science Computer Review, 36*(1), 103–115. https://doi.org/10.1177/0894439317697949

Bosnjak, M., Das, M., & Lynn, P. (2016). Methods for Probability-Based Online and Mixed-Mode Panels: Selected Recent Trends and Future Perspectives. *Social Science Computer Review, 34*(1), 3–7. https://doi.org/10.1177/0894439315579246

Brennan, R. L. (2020). *Computer Programs*. Retrieved June 24, 2020, from https://education.uiowa.edu/centers/center-advanced-studies-measurement-and-assessment/computer-programs

Charles, E. P. (2005). The Correction for Attenuation Due to Measurement Error: Clarifying Concepts and Creating Confidence Sets. *Psychological Methods*, *10*(2), 206–226. https://doi.org/10.1037/1082-989X.10.2.206

Dorans, N. J., & Holland, P. W. (2000). Population Invariance and the Equatability of Tests: Basic Theory and The Linear Case. *Journal of Educational Measurement*, *37*(4), 281–306. https://doi.org/10.1111/j.1745-3984.2000.tb01088.x

Dorans, N. J., & Holland, P. W. (2000). Population Invariance and the Equatability of Tests: Basic Theory and The Linear Case. *Journal of Educational Measurement*, *37*(4), 281–306. https://doi.org/10.1111/j.1745-3984.2000.tb01088.x

Dorans, N. J., & Puhan, G. (2017). Contributions to Score Linking Theory and Practice. In R. E. Bennett & M. von Davier (Eds.), *Advancing Human Assessment: The Methodological, Psychological and Policy Contributions of ETS* (pp. 79–132). https://doi.org/10.1007/978-3-319-58689-2_4

Dubrow, J. K., & Tomescu-Dubrow, I. (2016). The rise of cross-national survey data harmonization in the social sciences: Emergence of an interdisciplinary methodological field. *Quality and Quantity*, *50*(4), 1449–1467. https://doi.org/10.1007/s11135-015-0215-z

Eifler, S., & Faulbaum, F. (Eds.). (2017). *Methodische Probleme von Mixed-Mode-Ansätzen in der Umfrageforschung*. Springer Fachmedien Wiesbaden. https://doi.org/10.1007/978-3-658-15834-7

González, J. (2014). SNSequate: Standard and Nonstandard Statistical Models and Methods for Test Equating. *Journal of Statistical Software*, *59*(7). https://doi.org/10.18637/jss.v059.i07

González, J., & Wiberg, M. (2017). *Applying Test Equating Methods*. Springer International Publishing. https://doi.org/10.1007/978-3-319-51824-4

Granda, P., Wolf, C., & Hadorn, R. (2010). Harmonizing Survey Data. In J. A. Harkness, M. Braun, B. Edwards, T. P. Johnson, L. E. Lyberg, P. Ph. Mohler, B.-E. Pennell, & T. W. Smith (Eds.), *Survey Methods in Multinational, Multiregional, and Multicultural Contexts* (pp. 315–

332). John Wiley & Sons, Inc. https://doi.org/10.1002/9780470609927.ch17

Hussong, A. M., Curran, P. J., & Bauer, D. J. (2013). Integrative Data Analysis in Clinical Psychology Research. *Annual Review of Clinical Psychology*, *9*(1), 61–89. https://doi.org/10.1146/annurev-clinpsy-050212-185522

Jonge, T. de, Veenhoven, R., & Kalmijn, W. (2017). *Diversity in Survey Questions on the Same Topic: Techniques for Improving Comparability.* https://doi.org/10.1007/978-3-319-53261-5_1

Kolen, M. J., & Brennan, R. L. (2014). *Test Equating, Scaling, and Linking* (3rd ed.). Springer New York. https://doi.org/10.1007/978-1-4939-0317-7

Kolen, M. J., & Brennan, R. L. (2014). *Test Equating, Scaling, and Linking* (3rd ed.). https://doi.org/10.1007/978-1-4939-0317-7

Link, G., Lumbard, K., Germonprez, M., Conboy, K., & Feller, J. (2017). Contemporary Issues of Open Data in Information Systems Research: Considerations and Recommendations. *Communications of the Association for Information Systems*, *41*(1), 587–610. https://doi.org/10.17705/1CAIS.04125

Menold, N., & Bogner, K. (2016). Design of Rating Scales in Questionnaires. *GESIS Survey Guidelines, December*. https://doi.org/10.15465/gesis-sg_en_015

Raykov, T., & Marcoulides, G. A. (2011). *Introduction to Psychometric Theory*. New York: Routledge.

Schweers, S., Kinder-kurlanda, K., Müller, S., & Siegers, P. (2016). Conceptualizing a Spatial Data Infrastructure for the Social Sciences: An Example from Germany. *Journal of Map & Geography Libraries*, *12*(1), 100–126. https://doi.org/10.1080/15420353.2015.1100152

Spiro, E. S. (2016). Research opportunities at the intersection of social media and survey data. *Current Opinion in Psychology*, *9*, 67–71. https://doi.org/10.1016/j.copsyc.2015.10.023

Tomescu-Dubrow, I., & Slomczynski, K. M. (2016). Harmonization of Cross-National Survey Projects on Political Behavior: Developing the Analytic Framework of Survey Data Recycling. *International Journal of Sociology*, *46*(1), 58–72. https://doi.org/10.1080/00207659.2016.1130424

Tourangeau, R., Rips, L. J., & Rasinski, K. A. (2000). *The psychology of survey response*. Cambridge University Press.

Win Myo, W., Wettayaprasit, W., & Aiyarak, P. (2018). A More Reliable Step Counter using Built-in Accelerometer in Smartphone. *Indonesian Journal of Electrical Engineering and Computer Science*, *12*(2), 775. https://doi.org/10.11591/ijeecs.v12.i2.pp775-782

Zeng, L., Kolen, M. J., Hanson, B.A., Cui, Z., & Chien, Y. (2005). *RAGE-RGEQUATE [computer program]*. Iowa City, IA: The University of Iowa.

Measuring Migrants' Homeland Education
A validation study of competing measures

Silke L. Schneider & Verena Ortmanns
GESIS – Leibniz Institute for the Social Sciences

1 Introduction

General population survey samples increasingly include migrants, following the growth of the migrant population in Germany over recent years (Statistisches Bundesamt 2019). The growing interest in migrants' experiences of their migration and integration also lead to an increasing number of surveys specifically targeting migrants: For example, the SCIP survey on socio-cultural integration processes among new immigrants in Europe (Diehl et al. 2015; Gresser and Schacht 2015), the special samples of the German Socio-Economic Panel Study (SOEP, Kroh et al. 2015; Kühne and Kroh 2017), or special samples/surveys on recent migrants following the so-called "refugee crisis" in 2015 like the SOEP refugee sample (Brücker et al. 2017; Kroh et al. 2016), or the panel of young refugees in the German education system, ReGES (Will et al. 2018). Among the many challenges of survey design that must be tackled when designing surveys of migrants, measuring their socio-demographic characteristics is one area in which just using questionnaire items designed for the German population may not produce data that is true to migrants' specific background. This is especially the case for those who received the bulk of their socialisation abroad, i.e. recently arrived migrants and those who migrated as (even young) adults.

Educational attainment is a central socio-economic background variable that is measured in virtually all surveys (Smith 1995), and migrant surveys are no exception. On the contrary: education is a key factor to successful integration in the host country, be it with respect to language acquisition necessary for contact with natives, or with respect to labour market participation to lead a life independent of welfare benefits. General population surveys usually measure educational attainment by asking for the highest educational qualification obtained by the respondent, using a closed-ended question offering a list of categories corresponding to the educational system of the country in which the survey is held. Migrants have often obtained their educational qualifications in their country of origin, depending on their age at migration. The stark differences between the educational system of the country in which the survey is conducted and the education system(s) of the country or countries of origin where the surveyed migrants were educated make using survey country instruments problematic. Each country-specific educational system has its unique idiosyncratic institutions, and their certificates often have proper names which rule out translation.[1]

There are three approaches to measuring migrants' homeland education (Schneider 2018, Schneider et al. forthcoming). The first one ignores this problem and uses questionnaire items referring to the German educational system, asking respondents with foreign educational qualifications to indicate the 'equivalent' qualification in the educational system in which the survey takes place. This approach was e.g. chosen by the study "Experiences of discrimination in Germany" (Beigang et al. 2016), which however uses a general population sample so that migrants constitute a minority only. The advantage of this response design is that it is not very costly for researchers in terms of time and labour. This may work well for migrants who have lived in Germany for a long time and who have had enough contact with the education system (e.g. because their children are educated in Germany) or the labour market (knowing their colleagues' educational qualifications), or even having their foreign education formally recognized by German authorities. For recently arrived migrants, such a question would probably be extremely difficult to answer without a lot of support by an interviewer who can 'translate'

---

[1] The problem of comparing educational attainment across countries is equally relevant in cross-nationally comparative research. For this purpose, several measurement and harmonization strategies – each with their own benefits and disadvantages – have been developed (Schneider 2016; Schneider et al. 2016) which can be a source of inspiration for surveys of migrants. The state-of-the-art for cross-national surveys is to use country-specific questionnaire items for education.

the German education categories into something that can be understood by somebody not acquainted with the German educational system.

The second approach uses questionnaire items and lists of response categories that are general enough to work for all education systems, i.e. that are generic descriptions of educational levels. This is the approach taken by the SOEP migration and refugee samples (Brücker et al. 2017; Kroh et al. 2015, 2016; Kühne and Kroh 2017). One of these generic questions would typically ask about the number of years a respondent has spent in school or in formal education, and some surveys use this as the only indicator. This 'generic' approach assumes that questions and categories are understood in the same way by respondents from various backgrounds, trusting in the universal understanding of terms such as 'education', 'school', 'university' or 'vocational training'. This is a strong assumption: Language ability and cultural differences in the understanding of constructs underlying a survey question may introduce measurement error (Kleiner et al. 2015). For example, generic terms such as 'primary', 'secondary' or 'mandatory education' correspond to schooling of different durations in different countries, and 'secondary' education includes vocational education and training in some countries but not in others.

Finally, a survey can use questions and response options that are sensitive to the country in which the respondent was educated. This approach is referred to as ex-ante output harmonization in the comparative survey design literature. Here, respondents are firstly asked to indicate where they were educated and then, secondly, to choose their highest qualification from a list of educational qualifications specific to the respective educational system. This approach was e.g. taken by the (comparative) SCIP survey (Diehl et al. 2015; Gresser and Schacht 2015) and the project "ReGES – Refugees in the German Educational System" (Gentile et al. 2019; Will et al. 2018), which both focus on recent arrivals from specific countries of origin. While this approach is rather resource-intensive if implemented manually (i.e. for each country of origin, an item covering the respective education categories needs to be designed and made available via routing), it likely leads to the highest degree of precision and comparability. However, it also requires a decision on which origin countries to cover, e.g. by limiting the sample to specific migrant groups.

To facilitate this context-sensitive measurement of education and to be able to cover a wider range of countries, the project "Computer-Assisted Measurement and Coding of Educational Qualifications in Surveys" (CAMCES, funded by the Leibniz Association and the international project 'Synergies for Europe's Research Infrastructures in the Social Sciences (SERISS)'[2]), tackled the issue of measurement and coding of educational attainment in cross-cultural (including migrant) surveys. It takes advantage of the increasing digitization of questionnaires in survey research, allowing for complex routing and dynamic database access. The goal of the project was the development of a tool for computer-assisted surveys that facilitates the measurement and coding of educational qualifications across countries. To achieve this goal, we designed a short questionnaire module[3], asking for country of highest education and then the highest level of education, like before. However, here, the country-specific response options are generated automatically via innovative interfaces to an underlying database of educational qualifications, which was also developed in the project.[4] The database covers about 100 countries, including, all European educational systems, and the countries of origin of the largest migrant and current refugee groups in Germany.[5]

This paper presents a validation of the education measures resulting from the implementation of the CAMCES tool in the German IAB-SOEP Migration Samples and BAMF-IAB-SOEP Refugee Sample in comparison with the 'generic' standard education measures also implemented in these studies. It thereby examines how the increasing technical possibilities resulting from digitization of survey questionnaires can be used productively to facilitate a difficult measurement task. In the next section, we present the data and the validation strategy. In section 3, we describe the different measurement instruments for migrants' education employed in these studies, and the variables used in the validation. Results of the validation are presented in section 4. We conclude with a summary of results and a discussion about the benefits and limitations of the CAMCES tool in comparison with the generic standard measure.

---

2 www.seriss.eu
3 https://www.surveycodings.org/education/question-module-measuring-educational-attainment
4 https://www.surveycodings.org/education/live-search-database-educational-qualifications
5 For detailed country coverage, see https://www.surveycodings.org/overview/availability

2 Data and methods

We use the data of two groups of migration samples of the SOEP (Liebig et al. 2019), the IAB-SOEP migration samples and the IAB-BAMF-SOEP survey of refugees. The IAB-SOEP migration samples (M1 and M2) result from a cooperation of the SOEP and the Institute for Employment Research (IAB) of the German Federal Employment Agency. These samples were first surveyed in 2013 (M1) and 2014 (M2), and since then nearly 2,700 households have been surveyed each year. The samples cover migrants that arrived in Germany since 1994, i.e. mostly established migrants. They come from 121 different countries. The largest national groups (above 5%) are from the Russian Federation (11.3%), Poland (11.1%), Romania (9.9%), Kazakhstan (8.8%), and Turkey (8.2%). The interviews are mostly conducted in German, but translation assistance is offered in English, Polish, Turkish, Romanian and Russian (Brücker et al. 2014; Kroh et al. 2015; Kühne and Kroh 2017). The second data source, the IAB-BAMF-SOEP survey of refugees in Germany (samples M3 and M4) results from a cooperation between the SOEP, the IAB, and the Research Centre on Migration, Integration and Asylum of the Federal Office for Migration and Refugees (BAMF-FZ). This survey was firstly conducted in 2016 (M3 and M4), and covered nearly 2,000 migrants. These samples focus on recently arrived migrants who came to Germany since 2013. Therefore, it predominantly covers migrants from Syria (49.8%) followed by those from Iraq (13.1%) and Afghanistan (12.0%). Overall, this survey covers migrants from 66 different countries. Most respondents have only basic German language skills and therefore the questionnaire is offered in six further languages: Arabic, English, Farsi, Kurmanji, Pashtu and Urdu. Because most interviewers do not speak these languages and some respondents may not be able to read the translated questions, the interviews were supported by audio files reading out the questions and answer categories, or with the support of third persons who acted as interpreters. To a very small extent, professional interpreters were present during the interviews (Brücker et al. 2016, 2017; Kroh et al. 2016).

The SOEP is a household panel survey, in which the migrant and his/her household are interviewed annually using computer-assisted face-to-face interviews. Both groups of migrants are interviewed on aspects of their biography, their motivation to migrate and their route to Germany, their integration experiences and their attitudes and beliefs. The questionnaires however somewhat differ because not quite the same questions are relevant for established migrants and recent arrivals.

In this study we validate measures of migrants' homeland education and therefore, we select only respondents who received their education abroad. We excluded respondents who have a German educational qualification or who currently attend a German educational programme (mostly very young respondents). Unfortunately, we cannot identify and exclude respondents who have started a German educational programme but did not complete it. We also decided to remove respondents who were below the age of 18 when arriving in Germany from our analysis sample because they would have been obliged to attend education in Germany. Thereby we exclude all migrants who (likely) have received parts of their education in Germany. In addition, we excluded respondents stating that they have never visited a school and those not responding to the education question.

We validate the education data on foreign educational qualifications resulting from the implementation of the CAMCES tool in the SOEP in two ways: Firstly, we examine the consistency of the education variables resulting from both instruments coded into the International Standard Classification of Education (ISCED, Schneider 2013; UNESCO Institute for Statistics 2012), i.e. look at convergent validity. How similar are the education distributions when measuring education either using generic or country-specific response categories? We will not just compare the resulting distributions but also look at the joint distribution, allowing deeper insights into differences between the two measures. For this analysis we combine the data of both surveys because we do not expect any differences in convergent validity across the two groups of migrants. Secondly, we look at the construct validity of different measures of education, using migrants' German language proficiency as dependent variable and adjusted R^2 to measure explanatory power. We run separate analyses for the two groups of migrants because the impact of homeland education likely differs by length of stay in Germany. Here, we will not only look at data coded into ISCED but also at other education variables.

3 Education measures and derived variables

In this section, we firstly describe the questionnaire instruments used in the SOEP migration surveys to obtain information on respondents' foreign education, including reflections on some potential measurement and comparability problems. Then, we present the education variables we derive from this information, and on which the validation analyses are based.

3.1 The different measurement instruments in the SOEP migration surveys

In the SOEP surveys, three different instruments for measuring immigrants' homeland education are implemented. The first instrument asks respondents on the number of years they spent in school outside of Germany.[6] The second instrument, which we will refer to as the SOEP standard instrument asks the same two (generic) categorical questions to every respondent who indicates that he/she has last received education abroad. The first question asks for their highest school leaving certificate (left school without graduating, graduated from a mandatory school, graduated from a higher-level secondary school), and the second for the highest post-school qualification (in-house training, extended apprenticeship at a company, vocational school, university/college with a more practical orientation, university/college with a more theoretical orientation, doctoral studies, or other post-school education).

The third instrument offers respondents culturally adapted response options reflecting the educational qualifications of the country in which the migrant was educated by implementing the CAMCES tool in the CAPI system used for SOEP data collection. The CAMCES tool was employed in the migrant sample in 2015, 2016 and 2017 and in the refugee sample 2017, in the earliest re-interview of every sample member.[7] All respondents who report to have foreign educational qualifications are routed into the CAMCES tool. Then, firstly, the country where the respondent received his/her education is identified. Secondly, respondents are asked for their highest educational qualification. For their response, they can

---

6   Question text: How many years did you attend school? in M1-M2, and in M3-M4: How many years did you attend school in total?
7   We thus lose a number of cases due to panel attrition.

search their educational qualification in the CAMCES database using text string matching, or they select it from a country-specific list of educational qualifications, which is also stored in the CAMCES database.[8] After data collection, the codes of these country-specific categories are recoded into ISCED, again relying on information included in the CAMCES database.

Asking two questions is common when measuring educational attainment in Germany but not in other countries. It may be problematic if the term 'school' refers to different parts of educational systems in other languages. In contrast to the SOEP instrument, the question module in which the CAMCES tool is embedded asks only one question on the highest foreign educational qualification (no matter whether from 'school' or other institutions). The answer categories of the SOEP questions are also inspired by the German educational system, revealing the difficulty of phrasing universally applicable education categories. For example, the category "Graduated from mandatory schooling with school-leaving certificate" on the first item will refer to different levels of education in different countries of origin, since the length of mandatory school differs across countries. Regarding the CAMCES tool, this places a burden on the respondent to remember and report his/her foreign education in the respective language, which may be difficult especially for older respondents who completed their education many years ago, and who may have lived in Germany for many years. More details on the CAMCES tool and its implementation in the SOEP migration surveys can be found in Briceno-Rosas et al. (2018), Schneider et al. (2018) and Liebau et al. (2020).

3.2 Education measures and dependent variable used in the validation

We compare a number of different education measures. The simplest one refers to years of schooling, which is asked directly (see above). We top-coded this variable at 13 because school in all countries stops/ends after 13 years at most, but a substantial number of respondents, especially in the refugee sample, reported more years of education (possibly because the term 'school' is in some languages understood in a broader sense than in German). The most detailed measure derived from the

---

[8]   We thus lose some further cases because they were educated in a country not (at that point in time) covered by the CAMCES database.

SOEP 'standard instrument' combines the two original variables into one with ten categories. The most detailed variable derived from the CAMCES measurement is a three-digit ISCED 2011 code (UNESCO Institute for Statistics 2012) with 17 categories. Moreover, we derive two categorical variables that can be compared across the SOEP and CAMCES measures, one with eight and one with three categories, as shown in Table 1.

Lastly, we generate four education indices using a scoring approach, which allows us to combine the information included in different education variables (Braun and Müller 1997; Schröder and Ganzeboom 2014). To generate the index, we a conduct non-linear principal component analysis (PCA) which allows scoring of variables at different levels of measurement (Linting et al. 2007; Meulman et al. 2004). Thereby we can combine the most detailed categorical SOEP and CAMCES variables and the metric years of schooling variable described above. In one index we combine the information of all three variables and in the other three indices we use all combinations of two education variables following the same approach.

For the construct validation, the dependent variable is an index measuring migrants' German language skills. It is based on their self-reported speaking, reading and writing skills. The three items have a five-point answer scale ('very good' (1), 'good' (2), 'fair' (3), 'poor' (4) and 'not at all' (5)), which we reversed. The items are strongly correlated (Cronbach's α=.92). Through a PCA the items are combined into one index. The first dimension explains 86% of the variance and has an eigenvalue of 2.6. We use the extracted factor scores (z-standardised) of this dimension as the dependent variable. For all migrants we take the rating of their German language skills given in their first interview, independent of the year in which this was conducted.

Table 1 Overview of categorical education variables (note that detailed SOEP and CAMCES categories on the same row do not always match)

SOEP standard measure				derived comparable variables		Harmonized CAMCES measure
item school	item post-school education		Code	ISCED, 8 categories	3 categories	ISCED 2011, 3 digits
left school without graduating	no further training OR in-house OR other training		(1)	0-1	low	0 primary education not completed
						100 primary education
graduated from mandatory school	no further training OR in-house OR other training		(2)	2		250 vocational lower secondary
						240 general lower secondary
left school without graduating OR graduated from mandatory school	extended apprenticeship at a company		(3)	3 vocational		352 partial vocational upper secondary
						353 vocational upper secondary without access to tertiary
	vocational school		(4)			354 vocational upper secondary with access to tertiary
	(not covered)		(5)	3 general	medium	343 general upper secondary without access to tertiary
	no further training OR in-house OR other training					344 general upper secondary with access to tertiary
graduated from a higher-level secondary school	(not covered)		(6)	4 vocational		453 vocational post-secondary non-tertiary without access to tertiary
	extended apprenticeship at a company					
	vocational school		(7)			454 vocational post-secondary non-tertiary with access to tertiary

Fortsetzung Tabelle 1

SOEP standard measure		derived comparable variables			Harmonized CAMCES measure
item school	item post-school education	Code	ISCED, 8 categories	3 categories	ISCED 2011, 3 digits
any	(not covered)	(8)	5 (vocational)	high	550 vocational short-cycle tertiary
					540 general short-cycle tertiary
	university/college with a more practical orientation	(9)	6-7		600 Bachelor's level or equivalent
	university/college with a more theoretical orientation				700 Master's level or equivalent
	doctoral studies	(10)	8		800 Doctoral level or equivalent

4 Results

This section presents the results of both validation steps: first, convergent validity, and second, construct validity.

4.1 Convergent validity

For convergent validity, we firstly look at the aggregate distribution of educational attainment across the two comparable categorical measures and secondly at the joint distribution. How (dis-)similar are the distributions of education resulting from the two different measures? Table 2 shows that some (especially combined) levels of education are quite similar across the two measures, while others are not. Duncan's dissimilarity index (Duncan and Duncan 1955) amounts to 16, i.e. 16% of cases would have to change categories in order to reach equal distributions when looking at the 8-category measure. That is not a massive discrepancy, but it is worth checking in more detail.

Quite clearly, the CAMCES measure is better able to identify vocational education, both at the upper secondary level (ISCED 3 vocational) and at the short-cycle tertiary level (ISCED 5, which is mostly vocational). The SOEP measure contains more cases in the respective general education categories right below these, namely ISCED 2 and ISCED 3 general[9] - the highest *general* qualification held by the respective respondents, and in ISCED 4, which, the way we derived ISCED from the SOEP instrument, is always vocational. The SOEP measure does not identify ISCED 5 at all: it does not contain any generic categories corresponding to the German master crafts or technician qualification. As a result, the SOEP measure somewhat underestimates migrants' education. This becomes even more obvious when looking at the simplified 3-category measure. What is positively remarkable is the similarity in the size of the combined Bachelor's and Master's levels (ISCED 6 and 7). Even though the SOEP does not allow distinguishing between the two, overall, they seem to be well identified using both measures. The CAMCES measure appears to miss more PhDs than the SOEP measure, unless the SOEP measure itself overestimates them.

---

9   Note that ISCED 4 is not a necessary step between ISCED 3 and 5.

Table 2 Distributions of education resulting from both measures – comparable variables using 8 and 3 categories

ISCED	SOEP (%)	CAMCES (%)	broad ISCED	SOEP (%)	CAMCES (%)
0-1	10.0	7.8	low	32.2	25.0
2	22.2	17.2			
3 vocational	9.1	16.7	medium	41.7	41.9
3 general	24.2	18.3			
4	8.5	6.9			
5	0.0	8.7	high	26.1	33.1
6-7	24.5	23.4			
8	1.6	1.0			
total	100.0	100.0	total	100.0	100.0

N=2277. Source: own calculations using SOEP data, migration and refugee samples combined.

A cross-tabulation of both measures can reveal in much more detail the specific discrepancies between the two measures. Table 3 therefore shows the cross-tabulation of both measures, with row percentages in panel a, and column percentages in panel b. 44% of cases get consistent education codes. In 26% of cases, SOEP assigns a higher education code than CAMCES, and in 31% of cases, SOEP assigns a lower education code than CAMCES. Confirming the impression from the univariate analysis, the highest value on the diagonal - where both measures match - is found for ISCED levels 6 and 7 combined, i.e. the Bachelor's and Master's levels. Here the overlap is just around 70%. The correspondence is, with 30% or less, rather low for ISCED 3 vocational, ISCED 4, and ISCED 5, which is not covered by the SOEP instrument. We will focus on these in the closer inspection.

Table 3 Cross-tabulation of education levels resulting from both measures

a) Row percentages

	ISCED	SOEP measure 0-1	2	3voc	3 gen	4	5	6-7	8	total
CAMCES measure	0-1	52.2	28.7	5.6	11.8	0.0	0.0	1.7	0.0	100.0
	2	18.9	52.4	8.4	14.1	4.6	0.0	1.5	0.0	100.0
	3 voc	7.6	23.9	16.3	28.9	17.3	0.0	6.0	0.0	100.0
	3 gen	4.1	22.5	7.4	49.2	7.0	0.0	8.6	1.2	100.0
	4	4.5	12.2	12.2	23.7	23.1	0.0	23.7	0.6	100.0
	5	1.0	12.1	22.1	17.6	15.6	0.0	31.2	0.5	100.0
	6-7	0.9	4.1	1.3	16.1	2.3	0.0	71.9	3.4	100.0
	8	0.0	0.0	4.5	4.5	4.5	0.0	31.8	54.5	100.0
	total	10.0	22.2	9.1	24.2	8.5	0.0	24.5	1.6	100.0

b) Column percentages

	ISCED	SOEP measure 0-1	2	3voc	3 gen	4	5	6-7	8	total
CAMCES measure	0-1	41.0	10.1	4.8	3.8	0.0	0.0	0.5	0.0	7.8
	2	32.6	40.5	15.9	10.0	9.3	0.0	1.1	0.0	17.2
	3 voc	12.8	18.0	30.0	20.0	34.2	0.0	4.1	0.0	16.7
	3 gen	7.5	18.6	15.0	37.3	15.0	0.0	6.5	13.5	18.3
	4	3.1	3.8	9.2	6.7	18.7	0.0	6.6	2.7	6.9
	5	0.9	4.7	21.3	6.4	16.1	0.0	11.1	2.7	8.7
	6-7	2.2	4.3	3.4	15.6	6.2	0.0	68.8	48.6	23.4
	8	0.0	0.0	0.5	0.2	0.5	0.0	1.3	32.4	1.0
	total	100.0	100.0	100.0	100.0	100.0	0.0	100.0	100.0	100.0

N=2277. Source: own calculations using SOEP data, migration and refugee samples combined.

Row percentages reveal in which SOEP-derived ISCED categories we find respondents belonging to one specific education category in CAMCES. Those 381 cases coded as ISCED 3 vocational using the CAMCES measure distribute across a number of categories in the SOEP measure. For 30%, the vocational orientation is lost, but the level of education is matched (ISCED 3 general). For another about 30%, we miss that they have completed ISCED 3 altogether, with some even classified at ISCED 0/1 (not having completed "mandatory school" - which can have quite different meanings across countries, including ISCED 2). For 17%, respondents reported both completed upper secondary school and vocational education, which we coded as ISCED 4.[10] A substantial minority even indicate higher education in the SOEP measure. This sounds like just error, but in fact whether education after general schooling (even if just at the lower secondary level) is considered as tertiary or not is again somewhat culturally based. Looking at ISCED 4, it is first important to note that these are just 156 cases when using the CAMCES measure. Only less than a quarter of these are coded at ISCED 4 also when using the SOEP measure. ISCED 4 using the SOEP measure is coded as the combination of general upper secondary education and vocational education. Any other post-secondary education may have been (under)reported as general or vocational upper secondary or (over)reported as higher education by respondents, in the absence of any really fitting response option. As a result, almost one quarter ends up in general upper secondary and in higher education in the SOEP respectively. The rest even end up in ISCED 2 and 3 vocational (in equal shares). For ISCED level 5 in the CAMCES measure, since this is not identifiable in the SOEP measure, all 199 cases distribute across other categories – 31% in higher education, 22% in ISCED 3 vocational, 18% in ISCED 3 general and 16% in ISCED 4. 13% even report mandatory education or less only in the SOEP instrument.

Moving to the analysis of column percentages, we can see in which CAMCES-derived ISCED categories respondents in one specific SOEP education category are found. Here we find the lowest match (again) for ISCED 3 vocational and ISCED 4. ISCED 3 vocational in the SOEP is coded for all those indicating completed compulsory school (or less) and vocational education. In CAMCES, these turn out to be classified in various ISCED categories, with 30% in ISCED 3 vocational where they should be,

---

10 This is a pragmatic coding decision. In fact, we cannot tell whether the vocational education was part of upper secondary education (which is common in many countries, but not so in Germany), in which case it should have been coded into ISCED 3 voc, or whether it was completed after completion of general upper secondary education (which is common in Germany), in which case ISCED 4 is right.

21% in ISCED 5 (not covered by the SOEP instrument), but also about 15% in ISCED 2 and 3 general respectively. The former may result from vocational education taking place at ISCED 2, which does not exist in Germany, but in many less educationally and economically developed countries. The latter may result from education classified as general education in ISCED, but perceived as vocational by respondents, e.g. when completing specialised academic secondary education in Eastern European countries (e.g. following a science curriculum). Looking at cases coded as ISCED 4 in the SOEP, these are in a good third of cases ISCED 3 vocational in CAMCES - so here vocational education was *at* the secondary level rather than *following* secondary education as presumed in our coding (see footnote 12). 15% were instead coded as ISCED 3 general in CAMCES, so here they did not actually have vocational education as defined by ISCED (and the perception of specialized education as vocational may play a role here again). Finally, 16% get ISCED 5 in CAMCES, which is not covered in the SOEP instrument.

In all these cases, the CAMCES coding is probably more valid than the derivation of ISCED using the SOEP questionnaire items - mostly because it directly measures and codes foreign educational qualifications using the official ISCED mappings, rather than inferring an ISCED code from the generic description of response categories using the definitions of the ISCED codes.

In panel b, the correspondence is also quite low for ISCED 8 (the doctoral level). This is almost entirely due to a measurement discrepancy for recently arrived migrants. Here we are less sure which measure is better. The SOEP instrument identifies almost twice as many respondents than the CAMCES measurement (37 vs. 22 cases). Half of these 37 report Bachelor's or Master's level education using the CAMCES measure. It is very hard to tell whether respondents overreport doctoral degrees in the SOEP instrument (e.g. because in their country of origin, there are advanced Master's degrees that are "almost as good as a doctorate"), or underreport in the CAMCES tool.

In summary, the impression gained when just looking at the distribution of both variables is confirmed by the detailed examination of the cross-tabulation of the data: The CAMCES measure is more sensitive to and better able to code vocational education than the SOEP measure. For general and higher education, the SOEP measure is doing pretty well. This means that whenever we're mostly interested in general and academic education, the simpler SOEP measurement may be sufficient. When the measurement and correct classification of vocational education is important though, the CAMCES measure will lead to more accurate results.

4.2 Construct validation

In the second step, we run a construct validation to identify which education measure has the highest predictive power. The dependent variable is the index of migrants' German language skills. We calculate one model for each education measure, and in all models, we control for age and sex. We run the analyses separately for the established and the recent migrants because the measures may work somewhat differently across these groups. We only include cases for which we have valid data in all three instruments and thus the case number reduces to 1157 respondents in the migrant sample and 1054 respondents in the refugee sample.

Comparing the two migrant groups, the explanatory power of homeland education on second language skills is considerably (about five percentage points) lower amongst the established migrants than recent migrants, no matter which education variable we look at. It is very plausible that homeland education loses its relevance the longer a migrant resides in the destination country, and other factors such as work experience or social networks with members of the majority population will prevail.

Within the two migrant groups, the most detailed versions of the SOEP and CAMCES measures have pretty much the same explanatory power (12 and 11% respectively in the refugee samples, and both measures 7% in the samples of established migrants). This is a strong indication that the SOEP measure, being much simpler than the CAMCES measure, does not miss any crucial information. In contrast, years of education fare worse, especially in the sample of established migrants where it explains less than 2% of the variance. For recent migrants, years of education work relatively well though (adjusted R^2=9.9%), which is quite remarkable given this variable only covers school education. Among the established migrants, we may see a memory effect in addition to the loss of importance of homeland education mentioned above: it is probably more difficult to remember the years of education than the educational qualification if the completion of education was long ago, as is often the case amongst established migrants educated abroad. This question may also be interpreted differently by people from different countries of origin or speaking different languages, and years of education may correlate differently with other variables – e.g. cognitive skills – across countries. The sample of recent migrants is more homogeneous than the sample of established migrants, and years of education may be a better proxy for cognitive skills in the former than in the latter (e.g. because compared to middle Eastern countries, the Soviet Union has long had effective compulsory schooling). When collapsing the detailed into more aggregate categorical measures, the CAMCES-based variables lose more explanatory power than the SOEP-based variables (2 vs. 1 percentage point in the 3-category version). This is not much in the case of recent migrants, but for established migrants, it amounts to more than 10% of the original explanatory power. But even the three-category measures work quite well in these models.

Looking at different education indices, we again find strong differences across the migrant groups. For the recently arrived migrants the index combining the years of schooling variable and the SOEP measure has the highest predictive power. For the same index we observe the lowest predictive power of all indices for the established migrants. This is quite surprising. However, we have to keep in mind that the years of schooling variable alone has a much lower predictive power for the established migrants, which also decreases the predictive power of the indices in which this variable is included. Therefore, the index combining the SOEP and the CAMCES measure has a higher predictive power for the established migrants compared to the indices combining one of these measures with the years of schooling variable. Overall, the indices do not have a much higher predictive power than the SOEP measure alone. However, since these variables have a metric scale, they may be preferable for data users, especially if they are not interested in the signalling effects of educational qualifications, which are less meaningful when looking at migrants' homeland education anyway (Friedberg 2000; Weins 2010).

Sozialwissenschaftliche Datenerhebung im digitalen Zeitalter 159

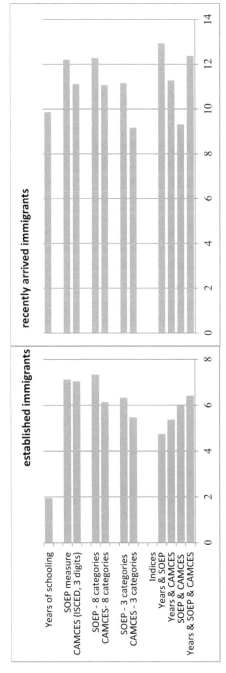

Figure 1 Adjusted R^2 (in %) for different education variables predicting migrants' German language proficiency

N=1157 (established migrants) and 1054 (recent migrants). Source: own calculations using SOEP data, controlling for age and sex.

Next let's look in some more detail at the coefficients of some of these models to check how comparable the effects of different education categories are across the categorical measurement instruments. Here, we only take the refugee sample since the relationship between homeland education and second language skills is closer in this group, and focus on the comparable education variables with 8 and 3 categories. As Table 4 reveals, for the 8-category measures, the same education categories are statistically significantly related to German language skills across the SOEP and CAMCES instruments, and the standard errors are also similar. Bachelor's and Master's level education have highly similar effects across both measures. These are very good signs for the validity of both measures. Only doctoral education – even though it is rare – has a strong effect according to the SOEP measure, while the CAMCES measure captures too few respondents with PhDs to reliably estimate an effect. Therefore, it appears that the SOEP measure is better able to capture PhDs. The substantial effect of a PhD likely leads to a slightly higher explanatory power of the SOEP measure compared to the CAMCES measure. Below tertiary education, the effects are slightly stronger in the CAMCES than the SOEP measure. Vocational education, including short cycle tertiary education (ISCED 5), does not have any effects (with the exception of post-secondary non-tertiary education, ISCED 4). This supports the idea that ISCED 5 should not be regarded as higher education (Schneider 2008). Even though the SOEP measure is less able to capture vocational education than the CAMCES measure, this shortcoming is empirically inconsequential in this validation analysis. This is because vocational education hardly pays off in terms of second language skills - no matter which measure we look at. In sum, the different measurement instruments lead to highly consistent results, with the exception of doctoral education, which is generally a very small category though.

Table 4 Education effects of 8 category SOEP and CAMCES education measures in the SOEP refugee samples

	SOEP 8 categories				CAMCES 8 categories			
	n	b	SE	p	n	b	SE	p
ISCED 0-1	189	-0.18 *	0.09	0.043	119	-0.30 **	0.10	0.004
ISCED 2	235	ref.			217	ref.		
ISCED 3 vocational	19	0.09	0.22	0.681	112	0.16	0.11	0.126
ISCED 3 general	323	0.31 ***	0.08	0.000	225	0.40 ***	0.09	0.000
ISCED 4 vocational	30	0.39 *	0.18	0.026	56	0.45 **	0.14	0.001
ISCED 5 (vocational)	-				84	0.15	0.12	0.205
ISCED 6-7	240	0.55 ***	0.08	0.000	236	0.55 ***	0.09	0.000
ISCED 8	18	1.31 ***	0.22	0.000	5	0.08	0.41	0.850
adj. R^2	12.26				11.05			

N= 1054 (recent migrants only). Source: own calculations using SOEP data. Controls for age and sex not shown.

When reducing the categories to three (see Table 5), the order of magnitude of the effects is similar, even though upper secondary is more effective when looking at the CAMCES rather than the SOEP measure, and for tertiary education, it is the other way around. The effects of medium and high education are as a result more differentiated in the SOEP than the CAMCES measure. The explanatory power of the 3-category measure derived from CAMCES increases when ISCED 5 is aggregated with ISCED 3 and 4 rather than 6 and 7 though, and then the effects also become more similar between the SOEP and CAMCES measures. Compared to earlier research (Schneider 2010), the three-category measure works reasonably well here because in this refugee sample, the heterogeneity within the broad categories is relatively low, since most cases accumulate in a few paradigmatic categories that mostly spread across broad levels: ISCED 0/1, ISCED 2, ISCED 3 general, and Bachelor's level education. The minor losses of explanatory power are to about a third driven by the aggregation of primary education or less with lower secondary education, a distinction that is relevant amongst the population of recent migrants and important for host country language acquisition. This is a reminder that the aggregation of education categories for analysis should take the specific sample into account.

Table 5 Education effects of 3-category SOEP and CAMCES education measures in the SOEP refugee samples

	SOEP 3 categories				CAMCES 3 categories			
	n	b	SE	p	n	b	SE	p
low	424	Ref.			336	Ref.		
medium	372	0.38 ***	0.06	0.000	393	0.45 ***	0.07	0.000
high	258	0.68 ***	0.07	0.000	325	0.55 ***	0.07	0.000
adj. R^2	11.14				9.15			

N= 1054 (recent migrants only). Source: own calculations using SOEP data. Controls for age and sex not shown.

To sum up, apart from the years of schooling variable and the education indices involving years of schooling in the migration sample, the predictive power of the different education variables is rather similar, despite their highly different underlying measurement instruments. Thus, for analysing migrants' German language proficiency, almost all measures of homeland education can be used without facing strong biases due to the measurement of migrants' homeland education. The generic SOEP measure works remarkably well as a predictor of second language skills.

5 Discussion and Outlook

This paper examined different ways of measuring migrants' homeland education in surveys, using SOEP migration and refugee sample data. We specifically compared the popular 'years of schooling', education measures based on 'generic' questionnaire items, and measures based on country-specific items, which were administered by implementing the CAMCES tool, a tool developed to take advantage of the new technical possibilities of digitized questionnaires to improve survey measurement, in the SOEP survey. We also constructed education scales by combining these different types of measures.

In a first step, we looked at convergent validity between the categorical measures using either country-specific or generic response categories. The generic measure underestimates educational attainment to some degree, especially because it less well identifies vocational education and training at different levels of education. In a second step, we looked at construct or predictive validity. Here, both types of measures perform equally well when looking at the detailed variables, which means that the underestimation of education and specifically the under coverage of vocational education in the generic measure is inconsequential for predicting German language skills amongst migrants. The generic measure even showed to be less sensitive to aggregation error when simplifying the detailed measures to 8 and then 3 categories, most likely just *because* vocational tertiary education is not included and thus the education of those with vocational tertiary education is coded as one level lower than what ISCED (and thus the CAMCES measure) would code. Years of education fare somewhat worse, but this strongly differs by migrant group. This also affects the performance of the indices including years of schooling for the established migrants. For the sample of refugees, all indices perform almost equally well and thus combining different variables to generate a metric index seems to be quite feasible.

In conclusion, depending on the purpose of the measurement, i.e. the theoretical meaning and interpretation to be attached to educational attainment in a specific study and the outcomes of education to be studied, several solutions to the challenge of measuring migrants' homeland education can be envisaged (Schneider 2018). If the purpose is to know respondents' absolute level of education (e.g. whether lower or upper secondary education was completed), the survey, strictly speaking, needs to measure the specific educational qualifications available in the country of origin and recode these into ISCED after data collection. This would be advisable e.g. to produce official statistics on the education of (especially recent) migrants in a country. The resulting data can be transformed to an international education classification such as ISCED. This is surely the most demanding approach in terms of both effort and costs, especially if a survey does not focus on a few countries of origin but the whole migrant population. The CAMCES tool was developed for this situation.

If the aim is rather to know the respondents' approximate position in the education distribution to e.g. proxy cognitive skills in order to correlate this with outcomes of education or skills, it may be enough to measure education in less specific terms. However, this approach will only allow deriving ISCED based on the application of ISCED criteria to these general response options rather than with reference to specific foreign qualifications and their 'real' classification according to the ISCED mappings. This may be sufficient for some survey projects or research questions though. This approach may work well for migrant surveys because foreign qualifications do not have the same (if any) signalling character in the labour market as domestic qualifications (Weins, 2010), so that the symbolic meaning attached to a specific foreign qualification in the country of origin will not matter much in the destination country. Also, institutional specificities that would remain invisible when using this approach may not matter much in migration research, unless they are strongly linked with factors that do matter in the destination country, such as respondents' cognitive competences or a privileged social background. This 'generic' approach may however be less promising when there is a specific interest in vocational education and training. This has shown to be under-identified with the generic questionnaire items used in the SOEP. Our validation variable, German language skills, is certainly more strongly linked with the kinds of cognitive skills that are best developed in general education, so that in this specific validation, the generic measure works very well. With a different dependent variable in focus, this may look somewhat different.

The years of schooling variable in general is not without problems (Braun and Müller 1997; Schneider 2010), this also holds for migration surveys. This measure challenges comparative cross-national as well as cross-cultural research. The term 'school' used in this item can be understood differently, depending on the educational system. Years of schooling may also correlate differently with cognitive skills (or other concepts one may want to measure with education) across countries. This might explain that this measure actually works quite well in the survey on the recently arrived migrants, but not for the established migrants. Using this measure as the only predictor for education in an analysis thus introduces the risk of underestimating the effect of education.

To sum up, it is good news that generic questionnaire items work well in a multivariate analysis involving migrants' homeland education. Developing country-specific education instruments does not seem to be necessary for a wide range of study contexts. While this may seem disappointing after a lot of work was put into the development of the CAMCES tools, only this development made such a comparison possible in the first place.[11] For survey research, it may thus be worth investing more efforts in testing and potentially improving generic education questions for migrant surveys, especially the identification of vocational education and training. One advantage of this approach is also that it can be implemented in telephone surveys in addition to personal interviews or web surveys. A disadvantage is that translation has to be handled very carefully, to make sure that the 'universal' meaning of the response categories remains intact across languages, which may be challenging.

References

Beigang, S., Fetz, K., Foroutan, N., Kalkum, D., & Otto, M. (2016). *Diskriminierungserfahrung in Deutschland: Erste Ergebnisse einer repräsentativen Erhebung und einer Betroffenenbefragung*. Antidiskriminierungsstelle des Bundes.

Braun, M., & Müller, W. (1997). Measurement of education in comparative research. *Comparative Social Research, 16*, 163–201.

Briceno-Rosas, R., Liebau, E., Ortmanns, V., Pagel, L., & Schneider, S. L. (2018). *Documentation on ISCED generation using the CAMCES tool in the IAB-SOEP Migration Samples M1/M2* (SOEP Survey Papers, p. 29) [Series D – Variable Descriptions and Coding]. Deutsches Institut für Wirtschaftsforschung (DIW).

Brücker, H., Kroh, M., Bartsch, S., Goebel, J., Kühne, S., Liebau, E., Trübswetter, P., Tucci, I., & Schupp, J. (2014). *The new IAB-SOEP Migration Sample: An introduction into the methodology and the contents* (Series C - Data Documentations No. 216; SOEP Survey Papers). Deutsches Institut für Wirtschaftsforschung (DIW). https://www.diw.de/documents/publikationen/73/diw_01.c.570700.de/diw_ssp0216.pdf

---

11 We clearly underestimated the difficulty and complexity of such a development. The fact that face-to-face surveys in Germany are run using proprietary/closed CAPI software environments was a major hindrance and generally does not support the development of innovative solutions in questionnaire design, and thus fully exploiting the opportunities provided by digitization for surveys. The CAMCES tool e.g. had to be programmed as a stand-alone piece of software for CAPI surveys.

Brücker, H., Rother, N., & Schupp, J. (Eds.). (2017). *IAB-BAMF-SOEP-Befragung von Geflüchteten 2016: Studiendesign, Feldergebnisse sowie Analysen zu schulischer wie beruflicher Qualifikation, Sprachkenntnissen sowie kognitiven Potenzialen (Korrigierte Fassung vom 20. Februar 2018)*. Deutsches Institut für Wirtschaftsforschung (DIW). https://www.econstor.eu/bitstream/10419/176772/1/1016328389.pdf

Brücker, H., Rother, N., Schupp, J., Babka von Gostomski, C., Böhm, A., Fendel, T., Friedrich, M., Giesselmann, M., Kosyakova, Y., Kroh, M., Liebau, E., Richter, D., Romiti, A., Schacht, D., Scheible, J. A., Schmelzer, P., Siegert, M., Sirries, S., Trübswetter, P., & Vallizadeh, E. (2016). Flucht, Ankunft in Deutschland und erste Schritte der Integration. *DIW-Wochenbericht, 83*(46), 1103–1119. https://www.econstor.eu/handle/10419/148096

Diehl, C., Gijsberts, M., Guveli, A., Koenig, M., Kristen, C., Lubbers, M., McGinnity, F., Mühlau, P., & Platt, L. (2015). *Socio-Cultural Integration Processes of New Immigrants in Europe (SCIP)—Data file for download*. GESIS Data Archive. scip-info.org

Duncan, O. D., & Duncan, B. (1955). A methodological analysis of segregation indexes. *American Sociological Review, 20*(2), 210–217. https://doi.org/10/c8rw53

Friedberg, R. M. (2000). You Can't Take It with You? Immigrant Assimilation and the Portability of Human Capital. *Journal of Labor Economics, 18*(2), 221–251. https://doi.org/10.1086/209957

Gentile, R., Heinritz, F., & Will, G. (2019). *Übersetzung von Instrumenten für die Befragung von Neuzugewanderten und Implementation einer audio-basierten Interviewdurchführung* (Vol. 86). Leibniz-Institut für Bildungsverläufe. https://www.lifbi.de/Portals/13/LIfBi%20Working%20Papers/WP_LXXXVI.pdf

Gresser, A., & Schacht, D. (2015). *SCIP Survey: Methodological Report*. University of Konstanz. www.scip-info.org

Kleiner, B., Lipps, O., & Ferrez, E. (2015). Language Ability and Motivation Among Foreigners in Survey Responding. *Journal of Survey Statistics and Methodology, 3*(3), 339–360. https://doi.org/10/ggm84t

Kroh, M., Brücker, H., Kühne, S., Liebau, E., Schupp, J., Siegert, M., & Trübswetter, P. (2016). *Das Studiendesign der IAB-BAMF-SOEP-Befragung von Geflüchteten* (Series C – Data Documentation No. 365; SOEP Survey Papers). Deutsches Institut für Wirtschaftsforschung (DIW). http://hdl.handle.net/10419/203673

Kroh, M., Kühne, S., Goebel, J., & Preu, F. (2015). *The 2013 IAB-SOEP Migration Sample (M1): Sampling Design and Weighting Adjustment* (Series C – Data Documentation No. 271; SOEP Survey Papers, p. 68). Deutsches Institut für Wirtschaftsforschung (DIW). https://www.diw.de/documents/publikationen/73/diw_01.c.570750.de/diw_ssp0271.pdf

Kühne, S., & Kroh, M. (2017). *The 2015 IAB-SOEP Migration Study M2: Sampling Design, Nonresponse, and Weighting Adjustment* (Series C – Data Documentation No. 473; SOEP Survey Papers). Deutsches Institut für Wirtschaftsforschung (DIW). https://www.diw.de/documents/publikationen/73/diw_01.c.571195.de/diw_ssp0473.pdf

Liebau, E., Ortmanns, V., Pagel, L., Schikora, F., & Schneider, S. L. (2020). *Documentation of ISCED generation based on the CAMCES tool in the IAB-SOEP Migration Samples M1/M2 and IAB-BAMF-SOEP Survey of Refugees M3/M4 until 2017* (Nr. 907; SOEP Survey Papers). Deutsches Institut für Wirtschaftsforschung (DIW). http://hdl.handle.net/10419/226801

Liebig, S., Goebel, J., Schröder, C., Schupp, J., Bartels, C., & Alexandra Fedorets, Andreas Franken, Marco Giesselmann, Markus Grabka, Jannes Jacobsen, Selin Kara, Peter Krause, Hannes Kröger, Martin Kroh, Maria Metzing, Janine Napieraj, Jana Nebelin, David Richter, Diana Schacht, Paul Schmelzer, Christian Schmitt, Daniel Schnitzlein, Rainer Siegers, Knut Wenzig, Stefan Zimmermann. (2019). *Socio-Economic Panel (SOEP), data from 1984-2017*. https://doi.org/10.5684/soep.v34

Linting, M., Meulman, J. J., Groenen, P. J. F., & van der Kooij, A. J. (2007). Nonlinear Principal Components Analysis: Introduction and Application. *Psychological Methods*, *12*(3), 336–358. https://doi.org/10.1037/1082-989X.12.3.336

Meulman, J. J., Van der Kooij, A., & Heiser, W. J. (2004). Principal Components Analysis With Nonlinear Optimal Scaling Transformations for Ordinal and Nominal Data. In D. Kaplan (Ed.), *The SAGE Handbook of Quantitative Methodology for the Social Sciences* (pp. 49–70). SAGE Publications.

Schneider, S. L. (2008). Suggestions for the cross-national measurement of educational attainment: Refining the ISCED-97 and improving data collection and coding procedures. In S. L. Schneider (Ed.), *The International Standard Classification of Education (ISCED-97). An evaluation of content and criterion validity for 15 European countries (pp. 311–330). MZES. https://doi.org/10.13140/RG.2.1.4614.9526

Schneider, S. L. (2010). Nominal comparability is not enough: (In-)equivalence of construct validity of cross-national measures of educational attainment in the European Social Survey. *Research in Social Stratification and Mobility, 28*(3), 343–357. https://doi.org/10/dnhz39

Schneider, S. L. (2013). The International Standard Classification of Education 2011. G. E. Birkelund (Ed.), *Class and Stratification Analysis* (Vol. 30, pp. 365–379). Emerald. https://doi.org/10.1108/S0195-6310(2013)0000030017

Schneider, S. L. (2016). The Conceptualisation, Measurement, and Coding of Education in German and Cross-National Surveys. *GESIS Survey Guidelines*. GESIS – Leibniz Institute for the Social Sciences. https://doi.org/10.15465/gesis-sg_en_020

Schneider, S. L. (2018). Das Bildungsniveau von Migrantinnen und Migranten: Herausforderungen in Erfassung und Vergleich. In D. B. Maehler, A. Shajek, & H. U. Brinkmann (Eds.), *Handbuch Diagnostische Verfahren für Migrantinnen und Migranten* (pp. 47–56). Hogrefe.

Schneider, S. L., Briceno-Rosas, R., Ortmanns, V., & Herzing, J. (2018). Measuring migrants' educational attainment: The CAMCES tool in the IAB-SOEP Migration Sample. In D. Behr (Ed.), *Surveying the migrant population: Consideration of linguistic and cultural issues* (pp. 43–74). GESIS – Leibniz Institute for the Social Sciences.

Schneider, S. L., Joye, D., & Wolf, C. (2016). When Translation is not Enough: Background Variables in Comparative Surveys. In C. Wolf, D. Joye, T. W. Smith, & Y.-C. Fu (Eds.), *The SAGE Handbook of Survey Methodology* (pp. 288–307).

Schneider, S. L., Chincarini, E., Liebau, E., Ortmanns, V., Pagel, L., & Schönmoser, C. (forthcoming). Die Messung von Bildung bei Migrantinnen und Migranten in Umfragen. *GESIS Survey Guidelines*. GESIS – Leibniz Institute for the Social Sciences. https://doi.org/10.15465/gesis-sg_039

Schröder, H., & Ganzeboom, H. B. G. (2014). Measuring and Modelling Level of Education in European Societies. *European Sociological Review, 30*(1), 119–136. https://doi.org/10/f5tj9x

Smith, T. W. (1995). Some aspects of measuring education. *Social Science Research, 24*(3), 215–242. https://doi.org/10/b5nmt7

Statistisches Bundesamt. (2019). *Bevölkerung mit Migrationshintergrund – Ergebnisse des Mikrozensus 2018.*

UNESCO Institute for Statistics. (2012). *International Standard Classification of Education—ISCED 2011.* UNESCO Institute for Statistics.

Weins, C. (2010). Kompetenzen oder Zertifikate? Die Entwertung ausländischer Bildungsabschlüsse auf dem Schweizer Arbeitsmarkt. *Zeitschrift für Soziologie, 39*(2), 124–139. https://doi.org/10/ggmdm9

Will, G., Gentile, R., Heinritz, F., & von Maurice, J. (2018). *ReGES–Refugees in the German Educational System: Forschungsdesign, Stichprobenziehung und Ausschöpfung der ersten Welle* (Vol. 75). Leibniz-Institut für Bildungsverläufe.

Anwendungsbeispiele

Subjektiv geschätzter und tatsächlicher Ausländeranteil in der Nachbarschaft
Analysen mit dem georeferenzierten ALLBUS 2016 und dem Zensus 2011

Stefan Jünger
GESIS – Leibniz-Institut für Sozialwissenschaften

1   Einführung

Die Nutzung von Daten mit Raumbezug hat in der Sozialforschung eine lange Tradition. Bereits in der Chicago School zu Beginn des 20. Jahrhunderts integrierten Robert E. Park, Ernest W. Burgess und Roderick D. McKenzie Informationen und Überlegungen auf einem sehr feingliedrigen Nachbarschaftslevel in ihre Fragestellungen (Park et al. 1925). Raum war schon damals integraler Bestandteil in der Untersuchung sozialer Organisation menschlicher Gesellschaftssysteme. Wenig verwunderlich ist es also, dass auch spätere prominente Theorien der Sozialforschung wie etwa Gordon W. Allports Kontakttheorie (Allport 1954) Raum zumindest inhärent immer mitdachten und somit zum integralen Bestandteil auch in der empirischen Forschung machten. Im Raum passiert das gesellschaftliche Zusammenleben, sodass Raum integraler Bestandteil der heutigen Sozialforschung ist.

Dass es sich dabei nun nicht allein um die basale Feststellung handelt, dass Menschen irgendwo schlichtweg physisch zugegen sind, zeigen die vielfältigen Arbeiten in der qualitativen und theoretischen Sozialforschung der Gegenwart. In diesem Beitrag möchte ich nicht auf die feingliedrigen Unterschiede in der Diskussion um die Begriffe „space vs. place" (Baur et al. 2014) oder „neighborhood" (Petrović et al. 2019) eingehen. Dass die Kolleg*innen hier jedoch ausgesprochen detail-

© Der/die Autor(en), exklusiv lizenziert durch
Springer Fachmedien Wiesbaden GmbH, ein Teil von Springer Nature 2021
T. Wolbring et al. (Hrsg.), *Sozialwissenschaftliche Datenerhebung im digitalen Zeitalter*, Schriftenreihe der ASI – Arbeitsgemeinschaft Sozialwissenschaftlicher Institute, https://doi.org/10.1007/978-3-658-34396-5_7

lierte Arbeiten leisten, soll an dieser Stelle betont werden (Matejskova und Leitner 2011; Cronin-de-Chavez et al. 2019; Mullis 2019). Denn in der quantitativen Sozialforschung, speziell in der Umfrageforschung, ist die Einbeziehung kleinräumiger Fragestellungen oft nicht nur vor technische Herausforderungen gestellt (Müller 2019). Messungen sind nicht standardisiert, da die grundlegende Frage, was denn eine Nachbarschaft definiere, schwierig zu beantworten ist (Dietz 2002; Sampson et al. 2002). Stattdessen wird auf die Operationalisierung zurückgegriffen, die sich mit vorliegenden Daten nutzen lässt (Petrović et al. 2019).

Mit Daten der georeferenzierten „Allgemeinen Bevölkerungsumfrage Sozialwissenschaften" (ALLBUS) 2016 (GESIS – Leibniz-Institut für Sozialwissenschaften 2017) versucht dieser Beitrag der Frage der Wahrnehmung von Nachbarschaft quantitativ auf den Grund zu gehen. Dazu werden Angaben zur subjektiven Schätzung von Ausländeranteilen in der Wohnumgebung auf ihre Korrespondenz mit objektiven Daten zum tatsächlichen Ausländeranteil in der Nachbarschaft aus dem Deutschen Zensus 2011 (Statistisches Bundesamt 2020b) getestet.[1] Es zeigt sich dabei, dass nicht unbedingt immer die kleinste verfügbare räumliche Einheit – wie es oft gefordert wird – die größte Korrespondenz herstellt.

In einem ersten Abschnitt starte ich mit dem Hintergrund zur Messung von räumlichen Attributen in der quantitativen Sozialforschung. Dabei gehe ich insbesondere auf das Merkmal des Ausländeranteils ein, da es sich um ein verhältnismäßig oft genutztes Merkmal handelt, und entwickle darauf basierend erste explorative Annahmen. Danach stelle ich die Daten des ALLBUS 2016 und des Zensus 2011 vor und präsentiere die verwendeten Variablen, welche die Grundlage für die darauffolgenden Analysen bilden. Eine abschließende Diskussion fasst die Ergebnisse dieses Beitrags zusammen.

---

1 Die beiden Erhebungszeitpunkte, 2016 und 2011, offenbaren eine zeitliche nicht-Übereinstimmung, die von einem signifikanten Bevölkerungszuzug im Jahr 2015/2016 in Deutschland durch die sogenannte „Flüchtlingskrise" begleitet wird und problematisch sein könnte. Dieser Umstand wird bei der Diskussion der Ergebnisse nochmal aufgegriffen.

2 Hintergrund

2.1 Messung von Nachbarschaftsmerkmalen

Wie alle Konzepte und Bestandteile einer sozialwissenschaftlichen Theorie setzen Nachbarschaftsmerkmale eine Definition voraus, wonach Nachbarschaften und Wohnumgebungen für die Messung operationalisiert werden. Die Operationalisierung ist indessen oft schwierig durchzuführen, da die Datengrundlage selten ein hohes Maß an Flexibilität bietet und Nachbarschaftsmerkmale nur in sehr grober räumlicher Auflösung vorliegen. Viele Theorien setzen jedoch feingranulare Daten voraus, wenngleich die Theorien nicht immer konkret bezüglich der exakten räumlichen Auflösung sind. Wie eingangs erwähnt, werden daher oft die räumlichen Einheiten als Nachbarschaften definiert, die in den Daten ohnehin verfügbar sind.

Ein Vorteil dieses Vorgehens ist, dass zumindest räumliche Abhängigkeiten zwischen Befragten in einem Survey kontrolliert werden können. Die Annahme der Unabhängigkeit ist bei geklumpten Stichproben oft verletzt, sodass Standardfehler verzerrt bzw. aufgebläht sein können. Die Anwendung von cluster-robusten Standardfehlern (Abadie et al. 2017) oder die Nutzung von Mehrebenenmodellen (Gelman und Hill 2007; Hox 2010) schaffen hier Abhilfe. Nachbarschaften oder größere räumliche Einheiten verbleiben in diesem Kontext als eine Art Container, Abhängigkeiten werden lediglich zwischen Personen kontrolliert, die in demselben Raum leben (Zangger 2019).

Neuere Studien beschäftigen sich derweil mit der Frage, inwiefern Nachbarschaften und somit auch die Personen, die in nebeneinanderliegenden Nachbarschaften leben, voneinander unabhängig sind. Zwischen Nachbarschaften können Diffusionsprozesse oder Spillovereffekte entstehen (Rüttenauer 2019b). Ein Beispiel ist der sogenannte Halo-Effekt. Die Idee ist, dass Kontakt zu Ausländer*innen in der unmittelbaren Nachbarschaft zwar Vorurteile und somit Fremdenfeindlichkeit in Übereinstimmung mit Gordan Allports Kontakttheorie (1954) reduzieren kann. In Übereinstimmung jedoch mit Wettbewerbs- und Bedrohungstheorien (Blumer 1958; Stephan et al. 2009), kehrt sich der Zusammenhang um, wenn lediglich in den umliegenden Nachbarschaften verhältnismäßig viele Ausländer*innen leben. Wenngleich dieser theorie-synthetisierende Effekt in Deutschland bisher nicht beobachtet werden konnte (Klinger et al. 2017), zeigt er sich auf verschiedenen Ebenen in den USA aber auch im europäischen Ausland (Bowyer 2008; Rydgren und Ruth 2013; Martig und Bernauer 2016).

Solche Studien sind jedoch noch vor eine weitere Herausforderung gestellt. Obwohl klassische Theorien, etwa zu Fremdenfeindlichkeit, feingranulare Daten voraussetzen, sind diese in ihrer konkreten Operationalisierung selten definiert. Empirische Arbeiten greifen daher oft auf variierende Operationalisierungen zurück (Sluiter et al. 2015), z.B. in dem sie mit Geographischen Informationssystemen (GIS) unterschiedlich große zirkuläre Pufferzonen um den Wohnort der Befragten herum bilden (Jünger 2019). In der Praxis wird dann oft die geographische Größe diskutiert, die die höchste statistische Signifikanz in Form von kleinen p-Werten aufweist - das ist jedoch problematisch (Spielman und Yoo 2009). Das Konzept statistischer Signifikanz kann zwar wertvolle Hinweise zur Unsicherheit von statistischen Schätzungen liefern, ist aber als Praxis des „p-hackings" nur bedingt geeignet, um Effektstärken von Schätzungen substantiell zu interpretieren und kann auch in der Literatur zu Nachbarschaftseffekten zu Verzerrungen führen (Nieuwenhuis 2016). Bei der Variation geographischer Einheiten können zudem unvorhergesehene Probleme auftreten, sie sich unter dem Begriff „Modifiable Area Unit Problem" (MAUP) subsummieren (Bluemke et al. 2017; Hillmert et al. 2017). Danach verändern sich statistische Effektgrößen unkontrolliert und unsystematisch, je nach Wahl der zuvor gewählten geographischen Größe.

Generell ist empfehlenswert, geographische Operationalisierungen aufgrund substantieller und theoretischer Erwägungen vorzunehmen (Petrović et al. 2019). Ein alternatives datenbasiertes Vorgehen könnte ferner sein, die geographische Größe zu wählen, für welche die größte Korrespondenz zwischen einem subjektiven Maß und einer weiteren Drittvariable nachzuweisen ist. In diesem Beitrag wird dies anhand der subjektiven Schätzung des Ausländeranteils in der Wohnumgebung und des objektiven Ausländeranteiles aus kleinräumigen Geodaten vorgenommen. Als Drittvariable fungiert der persönliche Kontakt mit Ausländern in der Nachbarschaft. Doch warum ist der Ausländeranteil bedeutsam in der sozialwissenschaftlichen Forschung? Mit dieser Frage setzt sich zunächst der folgende Abschnitt auseinander.

2.2 Bedeutung des Ausländeranteils als erklärende Variable

In der Analyse der Kontexte sozialen Handelns ist der Ausländeranteil in Nachbarschaften eine klassische kontextuale Variable. Allgemein entspricht der Ausländeranteil dem (Prozent-)Anteil von Personen in einem definierten Gebiet, die nicht die deutsche Staatsbürgerschaft besitzen. In manchen Anwendungen ist eher der Anteil von Personen mit Migrationshintergrund wichtig, also derjenigen Personen, welche entweder nicht die deutsche Staatsbürgerschaft besitzen oder welche einen Elternteil haben, der nicht aus Deutschland stammt. Da diese Information jedoch oft nicht auf kleinräumiger Ebene vorhanden ist, mag es eine beruhigende Nachricht sein, dass der Ausländeranteil in der Regel stark mit dem Anteil an Personen mit Migrationshintergrund korreliert (Schaeffer 2014). Genutzt wird eine der beiden Variablen z.B. in der Wahl- und Einstellungsforschung (Förster 2018), Bildungs- (Ainsworth 2002) und Ungleichheitsforschung (Rüttenauer 2019a), aber auch allgemeiner in der Literatur zu Nachbarschaftskonflikten (Legewie und Schaeffer 2016; Dean et al. 2018).

In der Anwendung wird unterschieden, ob es dabei um reine Exposure („Ausgesetztsein") geht oder angenommen wird, dass auch eine Interaktion zwischen Nicht-Ausländer*innen und Ausländer*innen stattfindet. Denn je nachdem welcher Mechanismus von Interesse ist, können ganz andere theoretische Überlegungen und somit Hypothesen von Belang sein. So ist etwa nach der Kontakttheorie von Gordon W. Allport (Allport 1954) entscheidend, ob Personen Kontakt mit einer Fremdgruppe in ihrer Nachbarschaft haben und falls ja, in welcher Form dieser Kontakt als Interaktion stattfindet (positiv vs. negativ). Gleiches gilt zum Teil auch für Wettbewerbs- und Bedrohungstheorien um kulturelle und wirtschaftliche Dominanz (Blumer 1958; Stephan et al. 2009), wohingegen Robert D. Putnams „hunker down"-Effekt unter Umständen auch ohne direkten Kontakt zwischen Personen auftreten könnte (Putnam 2007).

Doch es zeigt sich in jedweder Anwendung: Forschende müssen oft mit dem arbeiten, was an Daten erhältlich ist – unabhängig davon, ob sie Kontakt- oder Exposure-Effekte auf kleinräumigem Niveau untersuchen wollen. Generell ist es ein Problem, Daten flächendeckend und in nicht-fragmentierter Form für ganz Deutschland zu erhalten (Schweers et al. 2016). So war es in Deutschland in der Vergangenheit auch schwierig, kleinräumige Informationen zu Ausländeranteilen zu bekommen.

Mit der Veröffentlichung des Zensus 2011 hat sich das jedoch geändert. Mittlerweile gibt es Daten auf einer geographischen Auflösung von 1 km² und seit 2018 sogar auf einer Auflösung von 100m x 100m, also 1 Hektar. Forschende können somit auf besonders kleinräumige Daten zurückgreifen und müssen nicht aus Verlegenheit mit dem arbeiten, was gerade da ist; sie haben somit eine Wahl. Doch was ist nun eine geeignete räumliche Ebene? Wie nehmen Menschen ihre Wohnumgebung wahr und wie korrespondiert diese Wahrnehmung mit dem, was sich mit kleinräumigen Daten objektiv messen lässt?

2.3 Annahmen zur Exploration

Ähnlich zu den Arbeiten, die in zuvor in Abschnitt 2.1 vorgestellt wurden, soll auch hier kein konfirmatorisches Modell untersucht werden. Es gibt keine allgemeine Theorie, von welcher konkrete testbare Hypothesen abgeleitet werden könnten. Vielmehr liegt die Stärke dieser Arbeit in der Nutzung eines einzigartigen Datensatzes, der es erlaubt, die Korrespondenz zwischen subjektiver Wahrnehmung der Nachbarschaft in Form von geschätzten Ausländeranteilen und objektiven Messungen zu untersuchen. Die Annahmen zu dieser Exploration stützen sich folglich zwar auf vorangehende Arbeiten, sie haben aber nicht den Charakter klassischer Hypothesen, welche sich auf einen kohärenten theoretischen Rahmen stützen. Aus vorangehender Forschung wissen wir, dass Menschen in der Regel den tatsächlichen Ausländeranteil in ihrer Wohnumgebung überschätzen (Schmidt und Weick 2017). Es wird allgemein angenommen, dass sich besonders kleinräumige Daten am besten zur Beantwortung sozialwissenschaftlicher Fragen eignen (Nonnenmacher 2007; Dinesen und Sønderskov 2015; Dinesen et al. 2020). Auf höheren Aggregatebenen verlieren Kontexte jedoch ihren Einfluss (Hartung und Hillmert 2019).

3 Methode

3.1 Daten und Variablen

Die Daten der vorliegenden Analyse stützen sich zum einen auf die Umfragedaten des georeferenzierten ALLBUS 2016 und zum anderen auf räumliche Indikatoren aus dem Zensus 2011 (Statistisches Bundesamt

2020). Mit den Methoden aus Geographischen Informationssystemen (GIS) wurden die Daten miteinander verknüpft, sodass für jede befragte Person aus dem ALLBUS Nachbarschaftsmerkmale aus dem Zensus 2011 hinzugefügt werden konnten. Durch das in Müller (2019) beschriebene Verfahren wurde sichergestellt, dass zu keinem Zeitpunkt der Verknüpfung datenschutzrechtlich sensitive Informationen zu den Befragten offenbart wurden. Umgesetzt wurde das Verfahren mit der Statistiksoftware R (R Core Team 2020); Skripte und Routinen hierzu sind frei verfügbar.[2] Eine Übersicht zu allen Variablen in Form deskriptiver Statistiken findet sich am Ende dieses Abschnittes.

3.1.1 Subjektive Einschätzung des Ausländeranteils in der Wohnumgebung

Die erste primäre Variable der vorliegenden Untersuchung betrifft die subjektive Schätzung der Ausländeranteile in der Wohnumgebung. Dazu wurde den ALLBUS-Befragten folgende Frage gestellt: „Was meinen Sie, wieviel Prozent beträgt der Ausländeranteil hier in Ihrer Wohnumgebung?". Die Variable liegt demnach in numerischer Form vor mit Werten zwischen 0% und 85%. In späteren Analysen wird diese Variable zur Vergleichbarkeit mit dem objektiven Ausländeranteil z-transformiert.

3.1.2 Objektive Ausländeranteile in der Wohnumgebung

Die zweite wichtige Variable ist der objektive Anteil von Ausländer*innen in der Wohnumgebung, welcher aus den Informationen des Zensus 2011 gewonnen wurde. Hier ist die Extraktion der Informationen jedoch nicht so einfach: im Zensus 2011 liegen Ausländer*innen in Form der absoluten Anzahl von Personen in 1 Hektar großen Rasterzellen vor. Die Ausländeranteile in Prozent müssen anhand der Einwohnerzahlen auf 1 Hektar errechnet werden. Da wir mittels GIS-Methoden verschieden große Wohnumgebungen modellieren (siehe unten), wird jedoch der Einwohnerdichte nicht Rechnung getragen, wenn a priori Anteile aus den einzelnen Zellen errechnet werden und über alle Zellen im Umkreis gemittelt werden. Nach der Diskussion weiterer Variablen wird daher unten ein anderes Vorgehen vorgeschlagen. In späteren

---

2 https://doi.org/10.17605/OSF.IO/GM578

Analysen wird diese Variable zur Vergleichbarkeit mit der subjektiven Einschätzung des Ausländeranteils ebenfalls z-transformiert.

3.2.3 Weitere Variablen

Die subjektive Schätzung von Ausländeranteilen in der Wohnumgebung könnte von zusätzlichen Faktoren beeinflusst sein. Klassische soziodemographische Merkmale wie Alter, Geschlecht, Bildung, Einkommen und Erwerbstätigkeit haben jedoch auch einen starken Einfluss auf das Umzugs- und Mobilitätsverhalten und bilden somit die Grundlage der sozialen Komposition der Regionen in unseren Analysen. Es ist somit nicht ausgeschlossen, dass sie zusammen mit dem Ausländeranteil aus dem Zensus 2011 gemeinsame Ursachen des subjektiven Ausländeranteils im Jahre 2016 bilden und somit die Schätzung verzerren. Aus diesem Grund wird auf deren statistische Kontrolle in dieser Arbeit verzichtet und lediglich das personenbezogene Ost-West-Gewicht aus dem ALLBUS verwendet, welches die Überrepräsentation von Befragten aus den ostdeutschen Gebieten kontrolliert.

Tabelle 1 Deskriptive Statistiken aller in den Analysen verwendeter Variablen

	Arithm. Mittel	SD	Minimum	Maximum
Subjektiv geschätzter Ausländeranteil	9.658	13.974	0	85
Ausländeranteil in 100m Pufferzonengröße*	4.942	7.641		
Ausländeranteil in 500m Pufferzonengröße*	5.418	6.494		
Ausländeranteil in 1000m Pufferzonengröße*	5.671	6.372		
Ausländeranteil in 2000m Pufferzonengröße*	5.848	6.205		
Ausländeranteil in 10000m Pufferzonengröße*	6.351	5.039		
Persönlicher Kontakt zu Ausländern	0.404	0.491	0	1
Anzahl Befragte	1.390			

* Aus Datenschutzgründen können Minimum- und Maximumwerte nicht veröffentlicht werden

Eine Variable hingegen, die in späteren Analysen verwendet wird, ist die Angabe von persönlichem Kontakt zu Ausländer*innen in der Nachbarschaft. Die zugehörige Frage war „Haben Sie persönlich Kontakte zu in Deutschland lebenden Ausländern, und zwar in Ihrer Nachbarschaft?". Diese Frage konnte ohne Differenzierung mit „Ja" (=1) oder „Nein" (=0) beantwortet werden.

3.2 Analytische Vorgehensweise

Die zentrale Frage dieser Untersuchung ist, inwiefern die subjektive Schätzung des Ausländeranteils in der Wohnumgebung mit verschiedenen geographischen Variationen des tatsächlichen Ausländeranteils korrespondiert. Eine GIS-Methode, die zur Beantwortung unmittelbar in Frage kommt, ist die Bildung von sogenannten räumlichen Pufferzonen (Jünger 2019). Dazu wird um die Adressen der Befragten des ALLBUS jeweils eine kreisförmige Zone aufgespannt und der dahinterliegende Ausländeranteil aus dem Zensus 2011 extrahiert. So kann der Ausländeranteil in der Wohnumgebung z.B. auf einem Umkreis von 100 Metern oder gar 1000 Metern bezogen werden. Da wie oben diskutiert auch die Einwohnerdichte in den einzelnen Rasterzellen dieser Umkreise zum Tragen kommen soll, werden zunächst jeweils die Anzahl der Ausländer*innen und die Anzahl der Einwohner*innen in den einzelnen Rasterzellen aufsummiert und dann erst der Anteil der Ausländer*innen an der Gesamtbevölkerung berechnet. In Abbildung 1 dargestellt sind solche Pufferzonen verschiedener Größe von 500 Metern, 1000 Metern und 5000 Metern auf einem Kartenausschnitt der Stadt Köln für eine fiktiv befragte, rechtsrheinisch wohnende Person. In den Analysen werden Pufferzonengrößen zwischen 100 und 10.000 Metern einbezogen.

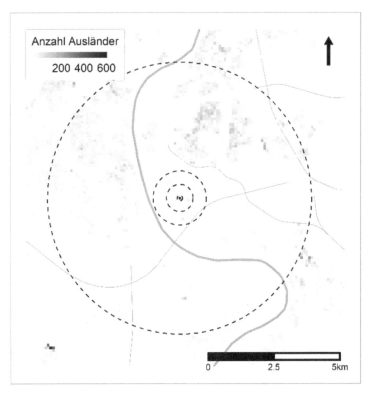

Abbildung 1 Pufferzonen von 100, 500, 1000 und 500 Metern auf 100 Meter X 100 Meter großem Raster des Ausländeranteils aus dem Zensus 2011 in Köln (Poll). Datenquelle: Stadt Köln (2021); Statistisches Bundesamt (2020)

4 Ergebnisse

Wie hoch ist die Korrespondenz zwischen subjektiv geschätztem Ausländeranteil und dem tatsächlichen Anteil in der Wohnumgebung? Um etwa der Frage nachzugehen, ob der tatsächliche Anteil in der Regel überschätzt wird, bietet es sich zunächst an, Differenzen zwischen diesen beiden Variablen zu berechnen. Diese Differenzen sollten einen ersten Einblick in den Zusammenhang bieten. Um die Befunde über diesen Zusammenhang jedoch belastbarer zu machen, etwa um oben beschriebene Einflussfaktoren zu kontrollieren, werden in einem weiteren Schritt multivariate Verfahren angewendet.

4.1 Differenz zwischen subjektiv geschätztem und tatsächlichem Ausländeranteil

Abbildung 2 zeigt die Verteilung der Differenzen zwischen subjektiv geschätztem und tatsächlichem Ausländeranteil in unterschiedlich großen Pufferzonen. Dazu wurden Violinplots erstellt, deren augenfälligste Information der vertikal gezogene Korpus (die Violine) ist, welcher einen Kerndichteschätzer der Verteilung darstellt. Somit können auf einen Blick zentrale Momente der Verteilungen über die verschiedenen Pufferzonengrößen hinweg verglichen werden.

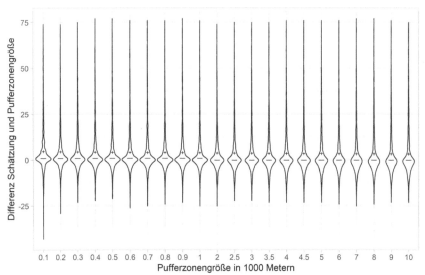

Datenquelle: ALLBUS 2016; Differenzen zwischen subjektiver Schätzung des Ausländeranteils in der Wohnumgebung und der Werte aus der Pufferbildung; N = 1390, ungewichtet.

Abbildung 2 Boxplot zur Verteilung der Differenz zwischen subjektiv geschätztem Ausländeranteil und verschieden großen Pufferzonen des tatsächlichen Anteils

Es zeigt sich angesichts der Vermutung, dass in kleinen Pufferzonengrößen die Korrespondenz höher sein müsste, ein unerwartetes Bild. Denn generell wäre es plausibel gewesen, wenn sich die Verteilung mit zunehmenden Pufferzonengrößen immer mehr auffächert, in dem Sinne, dass die Verteilung gestreckter und somit ungenauer wird. Auf den ersten Blick jedoch scheint die Verteilung über die verschiedenen Pufferzonengrößen hinweg relativ stabil und gleichmäßig zu sein.

Auf den zweiten Blick gibt es dennoch einige interessante Beobachtungen anzuführen. Nehmen wir etwa das arithmetische Mittel als globales Maß der Korrespondenz, so überschätzen die Befragten zunächst stetig den Ausländeranteil in der Wohnumgebung. Auch hinsichtlich des Medians überschätzen Befragte zunächst den Anteil an Ausländer*innen, später beträgt die Differenz jedoch tatsächlich 0, sodass nicht mehr von einer Überschätzung gesprochen werden könnte. Da das arithmetische Mittel immer noch positiv ist, ist die Schätzung der Befragten, die den Ausländeranteil überschätzen, unpräziser. Es schließt sich die Frage an, ob dies mit dem tatsächlichen Ausländeranteil zusammenhängt: Wird der Ausländeranteil in Nachbarschaften mit Ausländeranteilen in hohen Quantilen tendenziell überschätzt und in jenen mit Ausländeranteilen in niedrigen Quantilen tendenziell unterschätzt? Ein solcher Befund würde die persistente Diskrepanz zwischen Median und arithmetischen Mittel erklären.

Zusätzliche Analysen, die als Zusatzmaterial im publizierten R-Code eingesehen werden können, geben darüber jedoch keinen finalen Aufschluss. Zwar sind die Streuung und die Spannweite der Schätzungen in höheren Quantilen größer. Arithmetisches Mittel und Median nähern sich jedoch auch nicht an. Es existiert allgemein viel Unsicherheit in den Schätzungen, was sich auch in der globalen Analyse allein an der Streuung der Differenzen ablesen lässt.

Um der Streuung der Maße genauer nachzugehen, wird deren Verlauf über die verschiedenen Pufferzonengrößen hinweg in Abbildung 3 nochmals dargestellt. Zu sehen ist die bereits beschriebene Überschätzung des Ausländeranteils in Form des arithmetischen Mittels: Sie bleibt über alle Pufferzonengrößen erhalten, nimmt aber stetig ab. Ebenfalls zu sehen ist die Überschätzung hinsichtlich des Medians, die aber mit einem starken Bruch bei ca. 1000 Metern abnimmt. Interessanterweise nimmt ab dieser Pufferzonengröße auch die Streuung innerhalb der einzelnen Verteilungen zu, was an der Standardabweichung und der Varianz dividiert durch 10 zu sehen ist. Ausländeranteile in der Nachbarschaft werden mit zunehmenden Pufferzonengrößen global weniger überschätzt, allerdings ist dieser Befund mit mehr Unsicherheit behaftet. Die Wahl geeigneter Pufferzonengrößen könnte somit von einem Zielkonflikt zwischen angemessener und weniger streuender Schätzung begleitet sein.

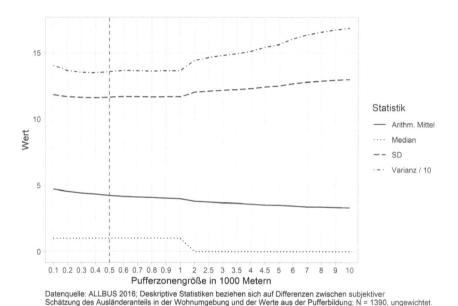

Datenquelle: ALLBUS 2016; Deskriptive Statistiken beziehen sich auf Differenzen zwischen subjektiver Schätzung des Ausländeranteils in der Wohnumgebung und der Werte aus der Pufferbildung; N = 1390, ungewichtet.

Abbildung 3 Darstellung über den Verlauf verschiedener deskriptiver Statistiken der errechneten Differenz zwischen subjektiv geschätztem Ausländeranteil mit verschieden großen Pufferzonen des tatsächlichen Anteils

4.2 Globale Korrespondenz zwischen subjektiv geschätztem und tatsächlichem Ausländeranteil

Wie hoch ist nun die Korrespondenz zwischen subjektiv geschätztem und tatsächlichem Ausländeranteil, wenn wir die Analysen in ein konfirmatorisches Modell überführen? Dazu schätzen wir mehrere OLS-Regressionsmodelle mit dem subjektiv geschätzten Ausländeranteil als abhängiger Variable und cluster-robusten Standardfehlern (Abadie et al. 2017) für die Sample Points, die im ALLBUS gesampelten Gemeinden entsprechen. Die einzelnen Modelle unterscheiden sich durch die Variation der Hauptprädiktoren, welche den tatsächlichen Ausländeranteilen in den verschieden großen Pufferzonengrößen entsprechen. Die Anwendung eines Regressionsmodells soll nicht implizieren, dass es sich hier um ein kausales Modell handelt. Ausländeranteile in den einzelnen Pufferzonen bestimmen nicht kausal die Höhe des subjektiv geschätzten Ausländeranteils. Geschätzt wird lediglich die Assoziation unter Kontrolle weiterer Einflussfaktoren. Diese Assoziation zeigt somit auf, in welcher Pufferzonengrößen im Mittel die größte Korrespondenz zwischen subjektiv geschätztem und tatsächlichem Ausländeranteil erreicht wird.

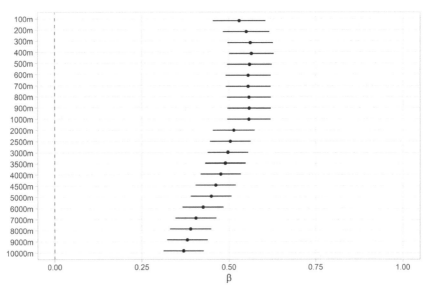

Datenquelle: ALLBUS 2016; Standardisierte Regressionskoeffizienten mitsamt 95% Konfidenzintervall basierend auf Cluster-robusten Standardfehlern; N = 1390, gewichtet.

Abbildung 4 Schätzung des subjektiven Ausländeranteils mit verschieden großen Pufferzonen des tatsächlichen Anteils im OLS-Modell

Abbildung 4 zeigt eine graphische Zusammenfassung all dieser Schätzungen in Form eines Koeffizientenplots, der die standardisierten

Punktschätzer des Zusammenhangs zwischen subjektiv geschätztem und tatsächlichem Ausländeranteil mitsamt ihrer 95% Konfidenzintervalle darstellt. Aufgrund der standardisierten Schätzer und des Einbezugs der Gewichtungsfaktoren können diese Ergebnisse auch als partielle Korrelationen zwischen subjektiv geschätztem und tatsächlichem Ausländeranteil interpretiert werden. Der auffälligste Befund ist hierbei, dass entgegen der Annahme zur Anwendung besonders kleinräumiger Daten – je kleinräumiger, desto genauere Schätzungen – die höchste Korrespondenz nicht auf der kleinsten geographischen Größe erreicht wird. Indessen scheint es so, dass sich bei Pufferzonengrößen zwischen 200 Metern und 1000 Metern die Schätzungen zunächst stabilisieren. Die Punktschätzer sind zwar allgemein nicht sonderlich hoch, doch oberhalb von 1000 Metern werden sie zunehmend kleiner und auch die Konfidenzintervalle fallen etwas größer aus. Trotzdem sollte die Interpretation an dieser Stelle nicht überstrapaziert werden. Über alle Modelle hinweg überlappen die Konfidenzintervalle, auch wenn der Vergleich über verschiedene Modell schwierig ist und mit anderen Methoden gelöst werden müsste (Mize et al. 2019).

In einer vorläufigen Zusammenfassung können dennoch zwei Ergebnisse festgehalten werden. Während sich erstens im bivariaten Modell nur schwerlich Unterschiede in der Korrespondenz feststellen ließen bzw. es nur leichte Hinweise darauf gab, zeigen sich diese im multivariaten Modell deutlicher und ausgeprägter. Die Schätzungen unterscheiden sich in der Größe des Punktschätzers sowie in seiner Genauigkeit bezogen auf die Konfidenzintervalle. Zwar gibt es auch im bivariaten Modell mit steigenden Pufferzonengrößen Hinweise auf eine zunehmende Ungenauigkeit, doch scheint dort der Zielkonflikt zwischen Korrespondenz und Ungenauigkeit noch problematischer zu sein. In den vorliegenden Modellen zeigt sich zweitens, dass Größe und Genauigkeit der Schätzung sich nicht-linear über die verschiedenen Pufferzonengrößen hinweg unterscheiden. Die Korrespondenz ist nicht, wie zu erwarten, zu Beginn am höchsten und wird im Verlauf immer kleiner und ungenauer. Vielmehr ist die größte Korrespondenz zwischen einer Größe von 200 Metern und 1000 Metern zu beobachten.

4.3 Test der Korrespondenz anhand der Drittvariablen persönlicher Kontakt in der Nachbarschaft

Die vorangehenden Analysen geben lediglich ein globales Maß der Korrespondenz zwischen dem subjektiv geschätzten Ausländeranteil in der Wohnumgebung und dem tatsächlichen Wert wieder. Wir wissen nicht, wie sich diese Korrespondenz über die Spannweite der beiden einzelnen Variablen verhält, vor allem, wenn wir einen nicht-linearen Zusammenhang wie in anderen Studien zwischen Ausländeranteil und etwaigen Drittvariablen annehmen (Weins 2011). Um auch hier einen ersten Zugang zu ermöglichen, wird eine dritte Variable in die Analysen mit einbezogen: der persönliche Kontakt zu Ausländer*innen in der Nachbarschaft, welche im ALLBUS 2016 als dichotome ja/nein-Angabe vorliegt. Diese Variable ist einerseits inhaltlich relevant, da sie Aufschluss darüber gibt, ob sich mit einem erhöhten Ausländeranteil in der Nachbarschaft auch die Kontaktwahrscheinlichkeit erhöht. Gleichzeitig sollte die Kontaktwahrscheinlichkeit ähnlich verlaufen, sofern der subjektiv geschätzte mit dem tatsächlichen Ausländeranteil korrespondiert.

Zu diesem Zweck werden für den subjektiv geschätzten Ausländeranteil ein weiteres Regressionsmodell sowie vier exemplarische Regressionsmodelle für die Ausländeranteile in den Pufferzonengrößen von 100, 500, 1000 und 2000 Metern gerechnet. Die Auswahl letzterer berücksichtigt somit auch die Nicht-Linearität in der Korrespondenz zwischen den Pufferzonengrößen, während generell beide Effekte der Ausländeranteile durch den Einbezug eines quadratischen Terms auch nicht-linear geschätzt werden. Beide Typen der unabhängigen Variablen sind außerdem z-transformiert, sodass sie untereinander vergleichbar sind. Entgegen der vorangehenden Analysen werden diese Regressionen nun jedoch separat geschätzt und der Kontakt zu Ausländern als abhängige Variable modelliert. Die OLS-Regressionen sagen als Linear Probability Modelle (Breen et al. 2018) jeweils die Kontaktwahrscheinlichkeit zu Ausländer*innen in der Nachbarschaft voraus.

Die Interpretation als Wahrscheinlichkeiten macht es somit möglich, diese über die Spannweite der Ausländeranteilsvariablen miteinander zu vergleichen, dargestellt in Abbildung 5. Die Abbildung besteht aus vier einzelnen Plots, die zunächst die Vorhersage der Kontaktwahrscheinlichkeit für die tatsächlichen Ausländeranteile in den jeweiligen Pufferzonengrößen enthalten. Ebenfalls in die Plots projiziert ist die

Wahrscheinlichkeitsvorhersage für die subjektiv geschätzten Ausländeranteile. Beide Vorhersagen lassen sich somit unmittelbar über die verschiedenen Pufferzonengrößen hinweg vergleichen.

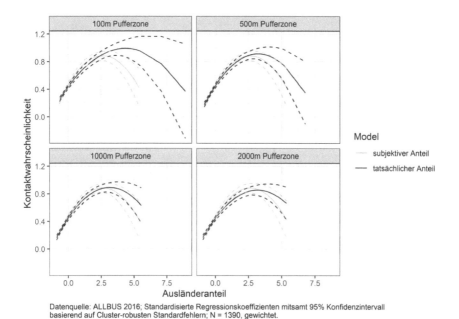

Abbildung 5 Vorhersage der Kontaktwahrscheinlichkeit über die Spannweite des subjektiven Ausländeranteils und verschieden großen Pufferzonen des tatsächlichen Anteils

Es zeigt sich, dass sowohl mit steigendem subjektiv geschätzten als auch mit steigendem tatsächlichen Ausländeranteilen die Kontaktwahrscheinlichkeit deutlich steigt. Die Wahrscheinlichkeit scheint in dieser Spannweite für die tatsächlichen Ausländeranteile höher zu sein als für die subjektiv geschätzten. Ein Grund hierfür könnte sein, dass die tatsächlichen Ausländeranteile ohne Messfehler erhoben wurden, die subjektiven Ausländeranteile hingegen schon. Generell kann aber von einer angemessenen Korrespondenz zwischen den Befunden auf Grundlage der subjektiv geschätzten und den tatsächlichen Ausländeranteilen berichtet werden. Zwar scheinen die tatsächlichen Ausländeranteile höhere Wahrscheinlichkeitsvorhersagen zu produzieren, doch diese Unterschiede sind nicht zwingend statistisch signifikant. Bemerkenswert ist zuletzt, dass auch bei verhältnismäßig großen Pufferzonengrößen noch adäquate Korrespondenzen erreicht werden können und keine großen Verzerrungen auftreten.

5 Diskussion

Wie nun sind diese Ergebnisse zu interpretieren? Wenn sich eine Korrespondenz zwischen subjektiv geschätztem und tatsächlichem Ausländeranteil feststellen lässt, warum sollten Forschende den Aufwand betreiben und über GIS-Methoden räumliche Daten in ihre Arbeiten einbeziehen (Müller 2019)? Ich möchte versuchen, darauf drei zusammenhängende Antworten zu geben, welche die Umfrageforschung inhaltlich als auch methodisch tangieren.

Erstens ist es zwecks der Validierung von Messinstrumenten relevant, dass subjektive Maße auch mit objektiven Messungen korrespondieren. Die Ergebnisse zeigen, dass sich die Grundannahme einer Korrespondenz zwischen dem, was Menschen als ihre Nachbarschaft wahrnehmen und der tatsächlichen Nachbarschaft im Prinzip bewährt. Zwar überschätzen in diesem Beispiel die befragten Personen des ALLBUS 2016 im Mittel den Ausländeranteil in ihrer Nachbarschaft, dennoch zeigt die Messung ähnliche Ergebnisse wie die der objektiven Informationen aus dem Zensus 2011. Natürlich müssten weiterführende Analysen noch tiefergehen, indem sie versuchen, Subgruppen zu identifizieren, für die etwa andere Pufferzonengrößen relevant sein könnten und die somit die Messungen noch genauer machen. Womöglich ließen sich so individuelle Pufferzonengrößen mit der höchsten Korrespondenz noch expliziter als hier benennen. Doch unter Kontrolle etwaig ‚störender' Variablen funktioniert dieser erste Ansatz bereits recht zufriedenstellend.

Zweitens ist es in Zeiten sinkender Rücklaufquoten in Umfragen und dem Trend, Befragungen kürzer oder modularer zu gestalten, sinnvoll, über die Ersetzung einzelner Fragen nachzudenken (Bluemke et al. 2017). Im konkreten Beispiel hier könnte ein Ziel sein, Befragte gar nicht mehr nach ihrer Schätzung des Ausländeranteils zu fragen, sondern diese Frage durch externe Informationen, z.B. aus dem Zensus 2011, zu ersetzen. Natürlich müssten diesem Vorgehen die Kosten des Einsatzes von GIS-Methoden gegenübergestellt werden. Im Prinzip könnte diese Information nach einem einmaligen Aufsetzen der Methoden im Projekt, auch etwa für neue Erhebungen sehr einfach und schnell nochmals bereitgestellt werden.

Drittens eröffnet die Korrespondenz zwischen subjektivem und objektivem Maß neue Möglichkeiten in der inhaltlichen Forschung. In den vergangenen Jahren hat sich zum Beispiel die Ansicht bewährt, Nachbarschaften nicht länger als relativ unabhängig voneinander im Raum existierende Einheiten zu begreifen (Legewie und Schaeffer 2016; Dean et al. 2018). Vielmehr stehen diese im Zusammenhang miteinander, sie beeinflussen sich und setzen Diffusions- sowie Spillovereffekte in Gang, was sich wiederum auf das Verhalten und die Einstellungen der in den einzelnen Nachbarschaften lebenden Personen niederschlägt. Wenn Informationen etwa aus dem Zensus 2011 auch tatsächlich mit der Nachbarschaftswahrnehmung individueller Personen korrespondieren, so kann man ferner auch Nachbarschaftkonstellationen modellieren, die sich sonst nicht aus der reinen Befragung ableiten ließen. Mit meinen Kolleg*innen habe ich anhand der 1 km^2 großen Zenuseinheiten bereits einheimisch-homogene mit ethnisch-diversen Nachbarschaften gegenübergestellt, um Determinanten der Fremdenfeindlichkeit zu bestimmen (Klinger et al. 2017). In Jünger und Schaeffer (2021) verfeinern wir diesen Ansatz für die 1 Hektar großen Zellen und mit der Methode der Pufferzonen nochmals. Generell bieten solcherlei Modellierungen großes Potential für die Untersuchung von Nachbarschaftskonflikten, auch etwa, um konkrete Umbrüche und Differenzen im geographischen Raum zu verstehen und zu testen.

Abschließend sollte an dieser Stelle, unabhängig der vorangehenden drei Punkte, nochmals auf die zeitliche nicht-Übereinstimmung zwischen dem Zensus 2011 und dem ALLBUS 2016 eingegangen werden. Innerhalb dieser 5 Jahre ist es im Kontext der sogenannten „Flüchtlingskrise" zu einem signifikanten Bevölkerungszuwachs an Ausländer*innen gekommen. Dieser Zuwachs fand vor allem auch im Vorfeld der Erhebung des ALLBUS zum Jahreswechsel 2015/2016 statt und betrug auf Basis der Bevölkerungsfortschreibung des Zensus 2011 absolut 11,2 % im Jahr 2016 und 10,5 % im Jahr 2015, während in den Vorjahren 2014 und 2013 dieser Zuwachs 9,3 % und 8,7 % betrug (Statistisches Bundesamt 2020a). Relativ veränderte sich der Ausländeranteil somit zum Beispiel zwischen 2014 und 2015 um 1,2 % und zwischen 2013

und 2014 um lediglich 0,5 %. Diese Veränderungen sind aus zwei Gründen problematisch:
Zum einen konnten ALLBUS Befragte den Anteil an Ausländer*innen in ihrer Nachbarschaft nicht korrekt im Sinne der Zahlen des Zensus 2011 schätzen, wenn sich denn dieser Zuwachs etwa in ihrer unmittelbaren Nachbarschaft ereignete. Besonders häufig müsste dieser Effekt in kleineren Puffergrößen auftreten, da weniger Zensus-Rasterzellen in deren Berechnung einfließen und punktuelle Veränderungen stärker ins Gewicht fallen. Vor diesem Hintergrund sind vor allem die deskriptiven Berechnungen in Abschnitt 4.1 und deren Implikationen für eine potenzielle Überschätzung der Ausländeranteile durch die ALLBUS Befragten vorsichtig zu betrachten.

Zum zweiten könnte die Flüchtlingskrise und hier insbesondere die mediale Aufarbeitung der Geschehnisse zu Verzerrungen der Schätzungen der ALLBUS Befragten geführt haben. Denkbar wäre eine Sensitivierung der Befragten im Sinne einer selektiven Wahrnehmung, die auch zu einer potentiellen Überschätzung von Ausländer*innen in der Nachbarschaft hätte führen können, vor allem wieder bei den deskriptiven Ergebnissen in Abschnitt 4.1. Zukünftige Studien könnten diesem Verdacht nochmals nachgehen, indem die weiter oben angesprochenen Subgruppen genauer untersucht werden. So wäre es möglich, dass etwa Personen mit rechten politischen Einstellungen sensibler auf die mediale Aufarbeitung der Flüchtlingskrise reagiert haben.

6 Fazit

Dieser Beitrag zum Hintergrund und zur Anwendung georeferenzierter Daten in der sozialwissenschaftlichen Umfrageforschung zeigt erste Schritte, wie geprüft werden kann, inwiefern Umfragedaten und Geodaten sich sinnvoll ergänzen. Dazu wurde die subjektive Schätzung des Ausländeranteils in der Wohnumgebung von Befragten des ALLBUS 2016 mit verschiedenen Operationalisierungen aus dem Zensus 2011 verglichen, um eine möglichst differenzierte Korrespondenz zwischen diesen Maßen herzustellen. Beim Ausländeranteil handelt es sich um eine Variable, die in sehr vielfältiger Forschung von Interesse ist. Deswegen mag überraschen, dass entgegen der allgemeinen Losung nicht zwingend die kleinräumigste Operationalisierung zur größten Korrespondenz mit der subjektiven Schätzung führt. Dieses Ergebnis ist allein deshalb herzustellen, da georeferenzierte Daten in der Operationalisierung eine große Flexibilität bieten.

In Anbetracht dieser Ergebnisse erhält das hier zugegeben explorative Vorgehen eine nicht zu unterschätzende Bedeutung. Dabei geht es nicht nur um Fragestellungen, die sich etwa mit ethnischer Diversität in der Nachbarschaft befassen, wozu häufig die zentrale Variable des Ausländeranteils genutzt wird. GIS und Geodaten sind in den vergangenen Jahren in den unterschiedlichsten Bereichen der Sozialforschung relevant geworden und nicht mehr wegzudenken. Während jedoch die Umfrageforschung auf eine sehr lange Forschungstradition zurückblickt und standardisierte Verfahren zur Validierung ihrer Messinstrumente entwickelt hat, fehlt es bei der räumlichen Verknüpfung von georeferenzierten Umfragedaten mit Geodaten noch an einem geeigneten Repertoire an Methoden.

Literatur

Abadie, A. Athey, S. Imbens, G. und Wooldridge, J. (2017). *When Should You Adjust Standard Errors for Clustering?* (No. w24003). Cambridge, Massachusetts: National Bureau of Economic Research. https://doi.org/10.3386/w24003

Ainsworth, J. W. (2002). Why does it take a village? The mediation of neighborhood effects on educational achievement. *Social Forces, 81*(1), 117–152. https://doi.org/10.1353/sof.2002.0038

Allport, G. W. (1954). *The Nature of Prejudice.* Cambridge, Massachusetts: Addison-Wesley Publishing Company.

Baur, N. Hering, L. Raschke, A. L. und Thierbach, C. (2014). Theory and Methods in Spatial Analysis. Towards Integrating Qualitative, Quantitative and Cartographic Approaches in the Social Sciences and Humanities. *Historical Social Research, 39*(2), 7–50. https://doi.org/10.12759/hsr.39.2014.2.7-50

Bluemke, M. Resch, B. Lechner, C. Westerholt, R. und Kolb, J.-P. (2017). Integrating Geographic Information into Survey Research: Current Applications, Challenges and Future Avenues. *Survey Research Methods, 11*(3), 307–327. https://doi.org/10.18148/srm/2017.v11i3.6733

Blumer, H. (1958). Race Prejudice as a Sense of Group Position. *The Pacific Sociological Review*, *1*(1), 3–7. https://doi.org/10.2307/1388607

Bowyer, B. (2008). Local context and extreme right support in England: The British National Party in the 2002 and 2003 local elections. *Electoral Studies*, *27*(4), 611–620. https://doi.org/10.1016/j.electstud.2008.05.001

Breen, R. Karlson, K. B. und Holm, A. (2018). Interpreting and Understanding Logits, Probits, and Other Nonlinear Probability Models. *Annual Review of Sociology*, *44*(1), 39–54. https://doi.org/10.1146/annurev-soc-073117-041429

Cronin-de-Chavez, A. Islam, S. und McEachan, R. R. C. (2019). Not a level playing field: A qualitative study exploring structural, community and individual determinants of greenspace use amongst low-income multi-ethnic families. *Health & Place*, *56*, 118–126. https://doi.org/10.1016/j.healthplace.2019.01.018

Dean, N. Dong, G. Piekut, A. und Pryce, G. (2018). Frontiers in Residential Segregation: Understanding Neighbourhood Boundaries and Their Impacts. *Tijdschrift voor economische en sociale geografie*, 271–288. https://doi.org/10.1111/tesg.12316

Dietz, R. D. (2002). The estimation of neighborhood effects in the social sciences: An interdisciplinary approach. *Social Science Research*, *31*(4), 539–575. https://doi.org/10.1016/S0049-089X(02)00005-4

Dinesen, P. T. Schaeffer, M. und Sønderskov, K. M. (2020). Ethnic Diversity and Social Trust: A Narrative and Meta-Analytical Review. *Annual Review of Political Science*, *23*(1), 441–465. https://doi.org/10.1146/annurev-polisci-052918-020708

Dinesen, P. T. und Sønderskov, K. M. (2015). Ethnic Diversity and Social Trust: Evidence from the Micro-Context. *American Sociological Review*, *80*(3), 550–573. https://doi.org/10.1177/0003122415577989

Förster, A. (2018). Ethnic heterogeneity and electoral turnout: Evidence from linking neighbourhood data with individual voter data. *Electoral Studies*, *53*, 57–65. https://doi.org/10.1016/j.electstud.2018.03.002

Gelman, A. und Hill, J. (2007). *Data Analysis Using Regression and Multilevel/Hierarchical Models*. New York: Cambridge University Press.

GESIS - Leibniz-Institut für Sozialwissenschaften. (2017). ALLBUS/GGSS 2016 (Allgemeine Bevölkerungsumfrage der Sozialwissenschaften/German General Social Survey 2016). GESIS Data Archive. https://doi.org/10.4232/1.12796

Hartung, A. und Hillmert, S. (2019). Assessing the spatial scale of context effects: The example of neighbourhoods' educational composition and its relevance for individual aspirations. *Social Science Research*, *83*, 102308. https://doi.org/10.1016/j.ssresearch.2019.05.001

Hox, J. (2010). *Multilevel analysis: Techniques and applications*. Routledge.

Jünger, S. (2019). *Using Georeferenced Data in Social Science Survey Research. The Method of Spatial Linking and Its Application With the German General Social Survey and the GESIS Panel*. Köln: GESIS - Leibniz-Institut für Sozialwissenschaften. https://doi.org/10.21241/ssoar.63688

Jünger, S. und Schaeffer, M. (2021). Der Halo Effekt in Deutschland – Revisited. Sind Menschen, die in der Nähe von – aber nicht in – ethnisch diversen Nachbarschaften leben besonders xenophob und rassistisch? In J. Teltemann & H. Kruse (Hrsg.), *Differenz im Raum*. Wiesbaden: Springer VS (im Druck).

Klinger, J. Müller, S. und Schaeffer, M. (2017). Der Halo-Effekt in einheimisch-homogenen Nachbarschaften: Steigert die ethnische Diversität angrenzender Nachbarschaften die Xenophobie? *Zeitschrift für Soziologie*, *46*(6), 402–419. https://doi.org/10.1515/zfsoz-2017-1022

Legewie, J. und Schaeffer, M. (2016). Contested Boundaries: Explaining Where Ethnoracial Diversity Provokes Neighborhood Conflict. *American Journal of Sociology*, *122*(1), 125–161. https://doi.org/10.1086/686942

Martig, N. und Bernauer, J. (2016). Der Halo-Effekt: Diffuses Bedrohungsempfinden und SVP-Wähleranteil. *Swiss Political Science Review*, *22*(3), 385–408. https://doi.org/10.1111/spsr.12217

Matejskova, T. und Leitner, H. (2011). Urban encounters with difference: the contact hypothesis and immigrant integration projects in eastern Berlin. *Social & Cultural Geography*, *12*(7), 717–741. https://doi.org/10.1080/14649365.2011.610234

Mize, T. D. Doan, L. und Long, J. S. (2019). A General Framework for Comparing Predictions and Marginal Effects across Models. *Sociological Methodology*, *49*(1), 152–189. https://doi.org/10.1177/0081175019852763

Müller, S. (2019). Räumliche Verknüpfung georeferenzierter Umfragedaten mit Geodaten: Chancen, Herausforderungen und praktische Empfehlungen. In U. Jensen, S. Netscher, & K. Weller (Hrsg.), *Forschungsdatenmanagement sozialwissenschaftlicher Umfragedaten. Grundlagen und praktische Lösungen für den Umgang mit quantitativen Forschungsdaten* (S. 211–229). Opladen, Berlin, Toronto: Verlag Barbara Budrich.

Mullis, D. (2019). Urban conditions for the rise of the far right in the global city of Frankfurt: From austerity urbanism, post-democracy and gentrification to regressive collectivity. *Urban Studies, 58*(1), 131–147. https://doi.org/10.1177/0042098019878395

Nieuwenhuis, J. (2016). Publication bias in the neighbourhood effects literature. *Geoforum, 70*, 89–92. https://doi.org/10.1016/j.geoforum.2016.02.017

Nonnenmacher, A. (2007). Eignen sich Stadtteile für den Nachweis von Kontexteffekten? *KZfSS Kölner Zeitschrift für Soziologie und Sozialpsychologie, 59*(3), 493–511. https://doi.org/10.1007/s11577-007-0058-2

Park, R. E. Burgess, E. W. und McKenzie, R. D. (1925). *The City. Suggestions for Investigation of Human Behavior in the Urban Environment.* Chicago and London: University of Chicago Press.

Petrović, A. Manley, D. und van Ham, M. (2019). Freedom from the tyranny of neighbourhood: Rethinking sociospatial context effects. *Progress in Human Geography, 44*(6), 1103–1123. https://doi.org/10.1177/0309132519868767

Putnam, R. D. (2007). E Pluribus Unum: Diversity and Community in the Twenty-first Century The 2006 Johan Skytte Prize Lecture. *Scandinavian Political Studies, 30*(2), 137–174. https://doi.org/10.1111/j.1467-9477.2007.00176.x

R Core Team. (2020). R: A language and environment for statistical computing. Vienna, Austria: R Foundation for Statistical Computing. https://www.R-project.org/

Rüttenauer, T. (2019a). Bringing urban space back in: A multilevel analysis of environmental inequality in Germany. *Urban Studies, 56*(12), 2549–2567. https://doi.org/10.1177/0042098018795786

Rüttenauer, T. (2019b). Spatial Regression Models: A Systematic Comparison of Different Model Specifications Using Monte Carlo Experiments. *Sociological Methods & Research*, Online First. https://doi.org/10.1177/0049124119882467

Rydgren, J. und Ruth, P. (2013). Contextual explanations of radical right-wing support in Sweden: socioeconomic marginalization, group threat, and the halo effect. *Ethnic and Racial Studies, 36*(4), 711–728. https://doi.org/10.1080/01419870.2011.623786

Sampson, R. J. Morenoff, J. D. und Gannon-Rowley, T. (2002). Assessing "Neighborhood Effects": Social Processes and New Directions in Research. *Annual Review of Sociology, 28*(1), 443–478. https://doi.org/10.1146/annurev.soc.28.110601.141114

Schaeffer, M. (2014). *Ethnic Diversity and Social Cohesion: Immigration, Ethnic Fractionalization and Potentials for Civic Action.* Farnham: Ashgate.

Schmidt, P. und Weick, S. (2017). Kontakte und die Wahrnehmung von Bedrohungen besonders wichtig für die Einschätzung von Migranten: Einstellungen der deutschen Bevölkerung zu Zuwanderern von 1980 bis 2016. *Informationsdienst Soziale Indikatoren*, (57), 1–7. https://doi.org/10.15464/ISI.57.2017.1-7

Schweers, S. Kinder-Kurlanda, K. Müller, S. und Siegers, P. (2016). Conceptualizing a Spatial Data Infrastructure for the Social Sciences: An Example from Germany. *Journal of Map & Geography Libraries*, *12*(1), 100–126. https://doi.org/10.1080/15420353.2015.1100152

Sluiter, R. Tolsma, J. und Scheepers, P. (2015). At which geographic scale does ethnic diversity affect intra-neighborhood social capital? *Social Science Research*, *54*, 80–95. https://doi.org/10.1016/j.ssresearch.2015.06.015

Spielman, S. E. und Yoo, E. (2009). The spatial dimensions of neighborhood effects. *Social Science & Medicine*, *68*(6), 1098–1105. https://doi.org/10.1016/j.socscimed.2008.12.048

Stadt Köln. (2021). Stadtteile. https://www.offenedaten-koeln.de/

Statistisches Bundesamt. (2020a). *Bevölkerung und Erwerbstätigkeit. Ausländische Bevölkerung. Ergebnisse des Ausländerzentralregisters*. Wiesbaden: Statistisches Bundesamt.

Statistisches Bundesamt. (2020b). Zensus 2011. https://www.zensus2011.de

Stephan, W. G. Oscar Ybarra und Morrison, K. R. (2009). Intergroup Threat Theory. In T. Nelson (Hrsg.), *Handbook of Prejudice, Stereotyping, and Discrimination* (S. 43–60). New Jersey: Psychology Press.

Weins, C. (2011). Gruppenbedrohung oder Kontakt? *KZfSS Kölner Zeitschrift für Soziologie und Sozialpsychologie*, *63*(3), 481–499. https://doi.org/10.1007/s11577-011-0141-6

Zangger, C. (2019). Making a place for space: Using spatial econometrics to model neighborhood effects. *Journal of Urban Affairs*, *41*(8), 1055–1080. https://doi.org/10.1080/07352166.2019.1584530

Die Online-Repräsentation (sozial-) räumlicher Ungleichheit am Beispiel von Airbnb in zehn deutschen Städten

Oliver Wieczorek [1,2], *Alexander Brand* [3] *& Niklas Dörner* [1]

[1] Universität Bamberg
[2] Zeppelin Universität Friedrichshafen
[3] Universität Hildesheim

1 Einleitung

Sharing Economy Plattformen werben in ihren Selbstbeschreibungen damit, zwischenmenschliche Interaktionen zu fördern und das gegenseitige Kennenlernen zu einem unvergesslichen Erlebnis zu machen. Dieser soziale Aspekt stellt den zentralen Unterschied zu klassischen Märkten dar und soll zur Überwindung sozialer Ungleichheit und damit verbundener Diskriminierung beitragen (Neuhofer 2017; Schor und Attwood-Charles 2017). Daher verwundert es auch nicht, wenn ein Teil der wirtschaftswissenschaftlichen Literatur positiv hervorhebt, dass ansonsten un- oder wenig genutztes Eigentum, Fertigkeiten (z.B. Reparaturfertigkeiten) oder Zeit (Taxifahren auf Uber oder Lyft) zum Nutzen aller Beteiligten mobilisiert und kommodifiziert werden (Cheng und Foley 2018; Franssen et al. 2018; Jamal 2018).

Zugleich zeigen viele Studien auf, dass sich die aus der Offline-Welt bekannten Dimensionen sozialer Ungleichheit (Geschlecht, Ethnie, Migrationsstatus und sozioökonomischer Status) auch im Falle der Sharing Economy in ungleichen Chancen zur Wertschöpfung äußern (Cheng und Jin 2019; Edelman et al. 2017; Kakar et al. 2018; Marchenko 2019; Schor et al. 2016). Vor allem die Kombination aus Ethnie, Migrationsstatus und Geschlecht hat Auswirkungen auf die Bewertungen, den

Kontaktaufbau zwischen Nutzern sowie auf Nutzung bzw. Konsumption der Angebote auf unterschiedlichen Sharing Economy-Plattformen (Brown 2019; Cui et al. 2019; Tjaden et al. 2018).

Hinzu kommen ortsbezogene Effekte, die mit den oben genannten Dimensionen sozialer Ungleichheit interagieren und die Preisbildung auf Sharing Economy-Plattformen beeinflussen können (Quattrone et al. 2016; Teubner et al. 2017). Das betrifft Größe, Ausstattung und Einrichtungsstil der Unterkunft (Cheng und Jin 2019) ebenso, wie die soziodemographische Zusammensetzung der Nachbarschaft (Edelman et al. 2017; Kakar et al. 2018; Marchenko 2019). Darüber hinaus haben kulturelle Faktoren einen nachweislichen Effekt auf den Preis der angebotenen Unterkunft. Dazu zählen die Nähe der Airbnb-Unterkunft zu Sehenswürdigkeiten, Zugang zum öffentlichen Nahverkehr und das Prestige der Stadt (Chen und Xie 2017; Dogru und Pekin 2017).

In der wissenschaftlichen Diskussion um den Zusammenhang zwischen der sozialen Herkunft auf der einen Seite und der Anzahl der Anfragen, der Preise der Angebote sowie der Bewertung der Angebote in der Sharing Economy auf der anderen Seite nimmt *Airbnb* einen besonderen Stellenwert ein. Dies liegt erstens darin begründet, dass Airbnb seit dessen Gründung im Jahre 2008 ein exponentielles Wachstum sowohl der Anbieter als auch der Anzahl vermittelter Übernachtungen verzeichnet. So stehen 2020 laut Airbnb über 10 Millionen Übernachtungsmöglichkeiten in mehr als 80.000 Städte weltweit bereit. Zweitens beeinflusst die Vermietung von Wohneigentum auf Airbnb auch den sozialen Raum der Stadt. Sie beschleunigt Gentrifizierung und hat über die Verortung der Wohnungen unmittelbare Bedeutung für Stadtplaner, sowie die Tourismus- und Hotelbranche (Camilleri und Neuhofer 2017; Chandler und Lusch 2015).

Auf theoretischer Ebene deutet dies auf eine enge Verflechtung zwischen der Struktur des on- wie offline aufgespannten sozialen Raumes mit dem physischen Raum der Stadt hin. Aufgrund dieser Verflechtung bietet es sich an, die auf Airbnb sichtbaren Effekte sozialer Ungleichheit aus der Perspektive der Habitus-Feldtheorie zu untersuchen (Bourdieu 1998, 1977). Dadurch, dass eine Überlagerung sozialer und physischer Räume zur Verstetigung sozialer Ungleichheit postuliert wird, stellt sie Konzepte bereit, die zur Untersuchung der Ungleichheit in der Sharing Economy beitragen können (Bourdieu 1996, 2018; Pinçon-Charlot und Pinçon 2018; Savage et al. 2018; Wacquant 2018). In dieser Denktradition durchgeführte internetsoziologische Studien zeigen, dass durch die offline wie online stattfindende Strukturierung des sozialen Raumes weitere Möglichkeiten zur Reproduktion sozialer Ungleichheit geschaffen werden (siehe beispielsweise Schmitz 2017, Schor et al. 2016 oder Karatzogianni und Matthews 2020).

Inwiefern die Befunde der bisherigen Literatur zur Sharing Economy für Deutschland zutreffen, wird im vorliegenden Beitrag anhand der Übernachtungspreise von 4177 Airbnb-Unterkünften in zehn deutschen Städten untersucht. Hierbei stehen die beiden folgende Forschungsfragen im Fokus:

1. Welche Rolle spielen Merkmale sozialer Ungleichheit wie Migrationsstatus und Geschlecht für Airbnb-Quartierpreise in deutschen Städten?
2. Welchen Effekt haben Aspekte des physischen Raumes auf die Übernachtungspreise von Airbnb-Quartieren in deutschen Städten?

2 Theorie und Hypothesen

In Anlehnung an die Habitus-Feldtheorie gehen wir von der Annahme aus, dass sich Gesellschaft als sozialer Raum fassen lässt, der durch die Wechselwirkung zwischen Strukturen (Verteilung von Kapitalsorten, Institutionen etc.), Akteuren und deren Sicht- und Handlungsweisen aufgespannt wird (Bourdieu 1985b, 1998). In diesem sozialen Raum befinden sich Felder, die zugleich durch die Verteilung von Ressourcen zwischen den Akteuren (objektive Struktur) und subjektiven Sichtweisen und Interpretationen der Grundfunktion des Feldes (symbolische Struktur) geprägt sind (Bourdieu 2014, S. 98f.).

Die objektive Struktur eines Feldes wird durch Verteilung und Konzentration von vier grundlegenden Kapitalsorten bestimmt. Dies sind ökonomisches, soziales, kulturelles und symbolisches Kapital. Unter ökonomischem Kapital versteht man alle Finanz- und Sachmittel, die 'unmittelbar und direkt in Geld konvertierbar [sind] und ... sich besonders zur Institutionalisierung in der Form des Eigentumsrecht[s eignen]' (Bourdieu 2005, S. 52). Kulturelles Kapital existiert in inkorporierter Form (feldspezifische Wissensbestände und Umgangsformen), in objektivierter Form (Einrichtungs- und Kunstgegenstände, für die man Wissen und einen Geschmack zur Aneignung haben muss), und in institutionalisierter Form (Zertifikate) (Bourdieu 2005, S. 55-59, 2000, S. 143f.). Soziales Kapital stellt alle Ressourcen dar, die durch die Zugehörigkeit zu einer Gruppe oder Klasse vermittelt bzw. erworben werden (z.b. Profite durch Reputation der Gruppenmitglieder) (Bourdieu 2018, S. 112). Symbolisches Kapital ist letztlich jede Form von Kapital (z.b. kulturelles Kapital), die sich in Reputation oder Anerkennung durch andere Akteure im Feld umwandeln lässt (Bourdieu 2012, S. 169-182).

Die symbolische Struktur eines Feldes besteht darüber hinaus aus unausgesprochenen Regeln, Werturteilen und der Verteilung zugeschriebener Eigenschaften zu Akteuren (Bourdieu 1985a, 1987). Dazu zählen beispielsweise die Art und Weise, wie die eigene Wohnung auf Airbnb präsentiert werden darf, welche Eigenschaften einen guten oder schlechten Gastgeber ausmachen und mithilfe welcher Ausdrücke (z.B. in Kommentaren) die positiven oder negativen Eigenschaften der Gastgeber in Kommentaren vermittelt werden. Die positiven oder negativen Eigenschaften und die daran gebundenen Werturteile beziehen sich in der Sharing Economy auf das Geschlecht, den Migrationsstatus, unterschiedlich prestigereiche Berufstätigkeiten/Berufsbezeichnungen, den Namen der Anbieter beziehungsweise Konsumenten, sowie Zuschreibungen in öffentlich einsehbaren Kommentaren (Brown 2019; Edelman et al. 2017; Kakar et al. 2018; Tjaden et al. 2018). Diese Merkmale können zudem interagieren und dazu führen, dass den Akteuren, denen sie zugeschrieben werden, in geringerem Ausmaß zugetraut wird, dass sie ein Angebot oder eine Dienstleistung in zufriedenstellendem Maße erfüllen. Diesen Malus können sie nur dadurch auf Airbnb kompensieren, indem sie einen geringeren Mietpreis verlangen (Cheng und Foley 2018; Kakar et al. 2018; Marchenko 2019). Hieraus lassen sich drei Hypothesen zur Wirkung von Namen und Geschlecht sowie deren Interaktion ableiten:

Hypothese 1 (H1): Personen, die nicht als Deutsche identifiziert werden, können geringere Übernachtungspreise (ökonomisches Kapital) auf Airbnb verlangen.

Hypothese 2 (H2): Personen, die als männlich identifiziert werden, können geringere Übernachtungspreise (ökonomisches Kapital) auf Airbnb verlangen.

Hypothese 3 (H3): Personen, die auf Airbnb als männlich mit Migrationshintergrund identifiziert werden, können geringere Übernachtungspreise (ökonomisches Kapital) auf Airbnb verlangen.

Symbolisches Kapital manifestiert sich bei Online-Plattformen für gewöhnlich in Bewertungssystemen und in Kommentaren, die durch die Nutzer hinterlegt werden. Airbnb bildet hierbei keine Ausnahme (Cheng und Foley 2019, 2018). Bewertungssysteme geben Informationen über die Anbieter, Käufer bzw. Nutzer von Angeboten auf Online-Plattformen preis und signalisieren damit, wie vertrauenswürdig die Anbieter bzw. Käufer/Nutzer der Angebote sind (Przepiorka 2013; Kuwabara 2015).

Die in Bewertungssystemen erfasste Reputation ist mit höheren Ertragsmöglichkeiten verknüpft, die sich über die Zeit hinweg mit jedem positiven Kommentar oder Feedback der Nutzer bzw. Käufer verstärken (Diekmann et al. 2014; Frey und van de Rijt 2016). Zugleich zeigt sich, dass es einen Überhang positiver Bewertungen gibt. Die Gründe hierfür sind nach Diekmann et al. (2014) Reziprozität und Altruismus. Das bedeutet im ersten Fall, dass sich Anbieter und Nachfragende gegenseitig positiver bewerten, damit diese reziprok von Dritten positiver bewertet werden. In letzterem Fall bedeutet dies, dass Kunden bei neuen Anbietern eher bereit sind, positive Bewertungen zu geben, um deren Status anzuheben. Hier gilt, dass jede positive Bewertung einen höheren - und damit sichtbaren – Effekt für Anbieter mit wenigen Bewertungen hat.

Damit erfüllt das Airbnb-Bewertungssystem (1–5 Sterne) die Kennzeichen des von Bourdieu (1985a) beschriebenen Marktes symbolischer Güter, in dem der Tauschkurs zwischen Reputation als symbolischem Kapital und Übernachtungspreis als ökonomischem Kapital mit jeder Transaktion verhandelt und aktualisiert wird. Daraus lässt sich die folgende Hypothese 4 ableiten:

Hypothese 4 (H4): Je höher die Bewertung des Angebotes im Airbnb-Sternesystem (symbolisches Kapital), desto höher ist der angesetzte Airbnb-Quartierpreis (ökonomisches Kapital).

Zugleich sagt die Habitus-Feldtheorie eine Korrespondenz zwischen sozialem und physischem Raum voraus (Bourdieu 1977, 1996, 2015, 2018), wodurch Lage, Ausstattung der Wohnung, sowie der Ruf des Viertels und der Stadt Einfluss auf den Airbnb-Quartierspreis ausüben sollten. Bourdieu (2018, S. 110f.) unterscheidet hierbei drei Effekte des physischen Raumes, die zur Erklärung der Preisunterschiede der Airbnb-Quartiere herangezogen werden können. Erstens die Nähe des Quartiers zu Niederlassungen von Akteuren mit hohen Volumina feldspezifischen Kapitals ('Gewinne der Wohnsituation'). Dazu zählen politische Repräsentationsbauten, kulturell prestigereiche Gebäude (z.B. Opernhäuser, Museen, Galerien) oder religiös und historisch aufgeladene Bauten (z.B. der Kölner Dom). Der zweite Effekt ist mit dem Ruf des Viertels und der soziodemographischen Zusammensetzung der Nachbarschaften verknüpft ('Rangeffekt der Wohngegend') (Savage et al. 2018, S. 141). Der Ruf eines Viertels kann zu unterschiedlichen Akkumulationsraten symbolischen und ökonomischen Kapitals und zur Gentrifizierung entlang der ethnischen und sozioökonomischen Zusammensetzung der Viertel führen (Pinçon-Charlot und Pinçon 2018). Diese Effekte zeigen sich beispielsweise in Studien, in denen ein positiver Zusammenhang zwischen Airbnb-Quartierpreisen und dem Anteil der gebildeten weißen Bevölkerung aufgezeigt wurde (Edelman et al. 2017; Kakar et al. 2018). Der dritte Effekt ist mit der Größe des Wohneigentums und der Chance verknüpft, andere Akteure von selbigem fernzuhalten ('Profit der Raumeinnahme'). Da der zweite Aspekt bei der Sharing Economy per definitionem unzutreffend ist, wird die räumliche Nähe zu relevanten Orten, sowie die Größe des Wohnraumes zur Hypothesenbildung herangezogen. Aus den Effekten des physischen Raumes sowie dessen Verschränkung mit dem sozialen Raum ergeben sich drei weitere Hypothesen:

Hypothese 5 (H5): Je mehr kulturelle Bauten mit hohem symbolischen Kapitalwert in der Nähe des Airbnb Quartiers gelegen sind, desto höhere Übernachtungspreise (ökonomisches Kapital) können die Anbieter der Quartiere verlangen.

Hypothese 6 (H6): Je höher der Anteil der Personen mit Migrationshintergrund oder fremder Ethnie in der Wohngegend ist, in der das Airbnb-Quartier verortet ist, desto geringere Übernachtungspreise (ökonomisches Kapital) können die Anbieter der Quartiere verlangen.

Hypothese 7 (H7): Je größer das Airbnb-Quartier ist (ökonomisches Kapital), desto höhere Übernachtungspreise (ökonomisches Kapital) können die Anbieter der Quartiere verlangen.

3 Daten und Methoden

Die Daten zur Prüfung der Hypothesen wurden im Zeitraum vom 23.03.2019 bis zum 25.03.2019 mittels der inoffiziellen Airbnb-API erhoben (Kroeger und Zinsmeister, 2019). Dabei wurde eine Klumpenstichprobe aller Wohnungen aus zehn deutschen Städten gezogen, die in die Kategorien *Großstadt* (Hamburg, Köln, München), *mittelgroße Stadt* (Bonn, Chemnitz, Dresden, Stuttgart) und *kleinere Stadt* (Bamberg, Konstanz, Riesa) unterteilt wurden. Bei der Auswahl der Städte wurden die *geographische Lage* (Ost/West), sowie die Verfügbarkeit der Daten berücksichtigt, die durch rechtliche Faktoren limitiert werden (z.B. Berlin). Gemäß dieser Limitationen konnten Daten zu 4261 Airbnb-Quartieren gesammelt werden. Nach Ausschluss falsch codierter Quartiere, extremer preislicher Ausreißer (8000 Euro pro Übernachtung) und fehlender Werte reduzierte sich die Fallzahl auf 4177 Airbnb-Quartiere.

Für diese 4177 Quartiere wurden Informationen zur vorgesehenen Gästezahl, Namen des Anbieters sowie der Bewertung des Quartiers extrahiert. Um Geschlecht und Ethnie des Anbieters zu ermitteln, wurde eine teilautomatisierte Klassifikation vorgenommen. Hierbei wurden die Namen der Anbieter nach einem sogenannten „dictionary-approach" klassifiziert und danach von zwei Codierern auf Plausibilität geprüft. Die Klassifizierung der sprachlichen und geographischen Herkunft des Namens wurde mittels eines K-Means Clustering-Algorithmus durchgeführt, der die Namen mithilfe der relativen Auftrittshäufigkeit verschiedenen Weltregionen und Ländern zuordnete. Die Häufigkeit der Namen wurde separat für jedes Land mittels einer 13-stufigen Häufigkeitsskala erfasst. Auf diese Weise ergaben sich die fünf Cluster *'westeuropäische Namen'* (zum Beispiel Frankreich und Schweiz), *'Namen aus Beneluxstaaten'*, *'Namen aus dem angelsächsischen Raum'*, *'Namen aus dem deutschen Raum'* sowie *'Namen aus dem südosteuropäischen/ arabischen Raum'*.

Im nächsten Schritt wurde der Airbnb-Datensatz mit einem weiteren, eigens erstellten Datensatz kombiniert, der Informationen zu den

Sehenswürdigkeiten der zehn untersuchten Städte enthält (kulturelles Kapital der Stadt). Um den Datensatz zu erstellen, wurde wie folgt vorgegangen:

1. Um für Touristen interessante Sehenswürdigkeiten zu ermitteln, wurden GoogleMaps-Bewertungen dieser Sehenswürdigkeiten, deren Frequentierung, aber auch Reiseführer und Angebote der Touristeninformationen herangezogen. Abhängig von der Bevölkerungsgröße schwankt die Anzahl der Sehenswürdigkeiten zwischen 10 und 20 pro Stadt.
2. Hiernach wurden die Geokoordinaten der ausgewählten Sehenswürdigkeiten ermittelt und die mittlere Distanz jedes angebotenen Quartiers zu den Sehenswürdigkeiten berechnet.
3. Zuletzt wurden weitere Variablen des physischen Raumes mithilfe der 1000m Rasterdaten des Zensus 2011 erfasst. Dazu zählen die nach Rasterdaten differenzierten Ausländeranteile, die Leerstandsquote und der Altersdurchschnitt der ansässigen Bevölkerung, wodurch die Effekte der Überlagerung von physischem und sozialem Raum gemessen werden sollten.

Für die Visualisierung der Daten wurden Voronoi-Diagramme genutzt, um den Zusammenhang zwischen der Konzentration der Airbnb-Quartiere und den durchschnittlichen Preisen in den jeweiligen geographischen Gebieten zu visualisieren. Um die Effekte des sozialen und physischen Raums auf die Übernachtungspreise der Airbnb-Quartiere zu ermitteln, wurde ein lineares Mehrebenenmodell mit logarithmierter abhängiger Variable gewählt (Hox et al. 2010), da Airbnb-Quartiere (Ebene 1) in Städten (Ebene 2) mit je eigener Position im sozialen Raum verortet sind, die ihrerseits in den alten / neuen Bundesländern gelegen sind (Ebene 3).

Insgesamt wurden sechs Modelle mit log-transformiertem Übernachtungspreis als abhängiger Variable geschätzt. In das erste Modell wurden die mittlere Entfernung zu den Sehenswürdigkeiten (H5) sowie die Anzahl der Gäste, die aufgenommen werden können, als Proxy für die Größe des Quartiers inkludiert (H7). Das zweite Modell inkludiert zusätzlich das durch die Anbieternamen ermittelte Geschlecht, deren Zuordnung zu den fünf weiter oben beschriebenen Herkunftsclustern der Namen, sowie den Interaktionseffekt zwischen Geschlecht und Herkunft des Namens (H1-H3). Das dritte Modell beinhaltet die Variablen des ersten Modells und testet, inwiefern die Bewertung einen positiven Effekt auf den Preis pro Übernachtung aufweist (H4). Das vierte Modell beinhaltet die Effekte der ersten drei Modelle und prüft damit deren Robustheit. Das fünfte Modell überprüft den Effekt des Ausländeranteils im Raster. Das sechste Modell stellt das Vollmodell dar, in dem zusätzlich für die Leerstandsquote und den Altersdurchschnitt der Raster kontrolliert wird.

4 Auswertungen

Die Voronoi-Diagramme in Abbildung 1 zeigen bei kleineren Städten (Bamberg und Konstanz) eine monozentrische Struktur, in deren Zentrum jeweils ein (relativ) hochpreisiges Quartier liegt. Dagegen lässt sich in großen Städten (Hamburg und München) eine polyzentrische Struktur mit deutlich höheren durchschnittlichen Quartierspreisen feststellen. Beim Airbnb-Quartierpreis finden sich erwartungsgemäß deutliche Unterschiede zwischen Ost- und Westdeutschland. So kosten Quartiere in Riesa, Chemnitz und Dresden selten mehr als 200 Euro pro Nacht, während dies in München und Hamburg verhältnismäßig häufig der Fall ist. Die von Bourdieu (2018) prognostizierten Effekte des physischen Raumes lassen sich am deutlichsten in Hamburg anhand der Konzentration teurer Wohnungen in der Speicherstadt erkennen, die von einer Peripherie weniger teurer Quartiere umgeben ist. Hingegen finden sich in München mehrere Cluster mit verhältnismäßig teuren Wohnungen, sodass dem physischen und sozialen Raum eine polyzentrische Struktur zugrunde liegt.

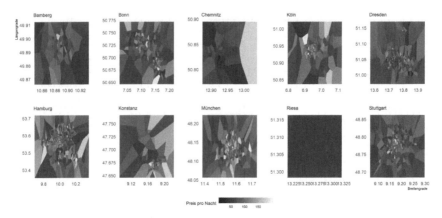

Abbildung 1   Voronoi-Diagramme der räumlichen Preisverteilung von Airbnb-Quartieren in zehn deutschen Städten. Die Voronoi-Diagramme der Preisverteilung sind auf 250€ pro Nacht begrenzt.

Tabelle 1   Verteilung der Preise in den einzelnen Städten, Preise gedeckelt auf 250 Euro

	Mittelwert	Median	Std.Abweichung	Schiefe	Kurtosis	Interquantilsabstand
Bamberg	55.34	51	31.74	2.26	8.78	34
Bonn	58.58	45	36.68	2.13	5.42	34
Chemnitz	36.64	32.5	25.01	3.57	16.43	19.75
Köln	77.78	73	38.93	1.7	3.86	37
Dresden	56.04	51	27.78	1.69	5.37	30
Hamburg	75.8	68	41.82	1.32	2.02	53
Konstanz	74.98	62	38.99	1.05	0.35	49.75
München	87.26	74	51.49	1.26	0.9	61.5
Riesa	25	22.5	6.75	1.04	-0.59	3.25
Stuttgart	61.25	55	33.08	2.36	7.59	27

Tabelle 2 Dichte der Airbnb Wohnungen, Anzahl an Wohnungen innerhalb 1km Raster um das Airbnb

	Mittelwert	Median	Std.Abweichung	Schiefe	Kurtosis	Interquantilsabstand
Bamberg	36.33	21.5	37.95	2.12	5.76	45.25
Bonn	43.97	37	38.91	1.54	2.45	42.25
Chemnitz	53.14	46	45.1	1.16	0.95	58.75
Köln	5.2	4	7.7	7.66	69.39	4
Dresden	47.4	29	48.67	1.3	0.94	62
Hamburg	45.53	31	43.77	1.52	1.98	52
Konstanz	33.91	20	35.71	1.93	3.99	31.75
München	7.14	4	17.36	6.04	38.38	3
Riesa	66.33	61	21.98	0.14	-2.16	39.25
Stuttgart	54.43	40	47.67	1.03	0.33	62

Die Airbnb-Quartierpreise folgen in allen Städten einer rechtsschiefen Verteilung (Tabelle 1). Die stärkste Rechtsschiefe der Quartierpreise findet sich in Chemnitz. Bis auf Riesa zeigen sich zudem konstant breitstreuende Verteilungen, die auf eine im Vergleich zur Standardnormalverteilung größere Preisvariation hindeuten. Auch zwischen den Städten lässt sich eine breite Streuung der Airbnb-Quartierpreise feststellen. So beträgt der Unterschied in den durchschnittlichen Quartierspreisen zwischen München als teuerster Stadt und Riesa als günstigster Stadt 62,26 EUR. Bezüglich der alten und neuen Bundesländer zeigen sich ebenfalls unterschiedliche Preisniveaus: Alle drei in der Stichprobe enthaltenen ostdeutschen Städte zählen zu den vier günstigsten Orten.

Weiterhin weisen die in der Stichprobe enthaltenen Städte große Unterschiede in der räumlichen Verteilung der Airbnb Quartiere auf (Tabelle 2). Insgesamt zeigt sich ein gemischtes Bild der Quartierdichte über alle Städte hinweg. So weisen Stuttgart, Chemnitz und Hamburg große mittlere Verdichtungen auf, während geringe Verdichtungen für Köln und München zu beobachten sind. Riesa weist dabei die höchste Dichte, aber die geringste Fallzahl auf. Die räumliche Verteilung der

Airbnb-Quartiere folgt in allen zehn Fällen rechtsschiefen Verteilungen.

Tabelle 3 Deskriptive Statistiken der für die Modelle genutzten Variablen

	N	Mittelwert	Std. Abweichung	Min	Pctl(25)	Pctl(75)	Max
Preis pro Nacht	4,177	70.022	40.443	10	42	86	250
Bewertung	4,177	4.802	0.309	1	4.5	5	5
Personenzahl	4,177	2.911	1.738	1	2	4	16
Entfernung zu Sehenswürdigkeiten	4,177	6.183	3.301	0.948	3.870	8.484	24.455

Tabelle 4 listet die Resultate der Regressionsmodelle auf. Bei der Interpretation der Parameterschätzungen ist zu beachten, dass es sich um marginale Effekte der unabhängigen Variablen handelt, die unter Konstanthaltung anderer unabhängiger Variablen berechnet werden. Diese Effekte werden wiederum auf den Übernachtungspreis der angebotenen Airbnb-Quartiere bezogen.

Das erste Modell zeigt einen negativen, hochsignifikanten Effekt zwischen der Entfernung des betrachteten AirBnB-Quartiers und dessen logarithmiertem Preis pro Nacht auf (β = - 0.03, p < 0.001). Das bedeutet, dass mit der zunehmenden Entfernung zu Sehenswürdigkeiten zugleich der pro Nacht verlangte Preis um 3% pro Kilometer Entfernung abnimmt. Ferner ist die als Proxy für die Quartiersgröße aufgenommene Anzahl der Personen, die im Quartier übernachten können, positiv und hochsignifikant (β = 0.14, p < 0.001). Beide Effekte sind über alle Modelle hinweg robust und deuten darauf hin, dass der symbolische Kapitalwert von Wahrzeichen einer Stadt (H5) sowie des in der Quartiersgröße manifestierten ökonomischen Kapitals relevante Faktoren für die Erklärung des Quartierspreises auf Airbnb sind (H7). Gemeinsam erklären sie 16.29% der Varianz der Übernachtungspreise auf Quartierebene und 53.96% auf der Ebene von Städten bzw. im Ost-/Westvergleich.

Tabelle 4 Log-Lineare Multilevel Regressionsmodelle mit den 3 Ebenen: Ost, Ort, Wohnung

AV: Log. Preis pro Nacht	Modell 1	Modell 2	Modell 3	Modell 4	Modell 5	Modell 6
Entfernung Sehenswürdigkeit	-0.03*** (0.00)	-0.04*** (0.00)	-0.04*** (0.00)	-0.04*** (0.00)	-0.04*** (0.00)	-0.04*** (0.00)
Personenzahl	0.14*** (0.00)	0.14*** (0.00)	0.14*** (0.00)	0.14*** (0.00)	0.13*** (0.00)	0.14*** (0.00)
Männlich: ja		-0.13* (0.05)		-0.12* (0.05)		-0.11* (0.05)
Name: Westeuropäisch		0.04 (0.04)		0.03 (0.04)		0.03 (0.04)
Name: Benelux		-0.07 (0.07)		-0.08 (0.07)		-0.09 (0.07)
Name: Südostasiatisch / Arabisch		-0.02 (0.04)		-0.02 (0.04)		-0.02 (0.04)
Name: Angelsächsisch		0.09 (0.07)		0.09 (0.07)		0.09 (0.07)
Männlich: ja x Name: Westeuropäisch		0.11 (0.06)		0.10 (0.06)		0.10 (0.06)
Männlich: ja x Name: Benelux		0.27** (0.10)		0.25** (0.09)		0.25** (0.09)
Männlich: ja x Name: Südostasiatisch / Arabisch		0.12 (0.06)		0.11 (0.06)		0.10 (0.06)
Männlich: ja x Name: Angelsächsisch		-0.06 (0.11)		-0.08 (0.11)		-0.08 (0.11)
Bewertung			0.22*** (0.02)	0.21*** (0.02)		0.21*** (0.02)
Ausländeranteil: 0 – 4 %					-0.10** (0.03)	-0.12*** (0.03)
Ausländeranteil: 4 – 8 %					-0.21*** (0.04)	-0.22*** (0.04)
Ausländeranteil: 8 – 20 %					-0.22*** (0.04)	-0.24*** (0.04)
Leerstandsquote: 1 – 3 %						-0.19* (0.09)
Leerstandsquote: 3 – 5 %						-0.12 (0.08)

Fortsetzung Tabelle 4

AV: Log. Preis pro Nacht	Modell 1	Modell 2	Modell 3	Modell 4	Modell 5	Modell 6
Leerstandsquote: 5 – 10 %						-0.14 (0.08)
Leerstandsquote: > 10 %						-0.18* (0.08)
Altersdurchschnitt: 40 – 42 Jahre						0.02 (0.04)
Altersdurchschnitt: 42 – 44 Jahre						-0.04 (0.04)
Altersdurchschnitt: 44 – 47 Jahre						-0.05 (0.04)
Altersdurchschnitt: > 47 Jahre						-0.02 (0.04)
Konstante	3.67*** (0.26)	3.66*** (0.26)	2.60*** (0.28)	2.64*** (0.32)	3.85*** (0.32)	2.94*** (0.38)
Marginal r^2	0.1629	0.1669	0.1746	0.1777	0.1557	0.1557
Conditional r^2	0.5396	0.5423	0.5501	0.5520	0.6232	0.6628
AIC	5043.60	5069.90	4956.07	4990.20	5025.52	5012.47
BIC	5081.47	5165.69	5000.26	5091.20	5082.33	5182.90
Log Likelihood	-2515.80	-2519.95	-2471.03	-2479.10	-2503.76	5182.90
Fallzahl	4074	4074	4074	4074	4074	4074
Gruppen: Städte	10	10	10	10	10	10
Gruppen Ost / West	2	2	2	2	2	2
Varianz: Städte	0.04	0.04	0.04	0.04	0.05	0.06
Varianz: Ost / West	0.12	0.12	0.12	0.12	0.19	0.23
Varianz: Residuen	0.20	0.20	0.19	0.19	0.20	0.19

*** p < 0.001; ** p < 0.01; * p < 0.05

Im zweiten Modell wird deutlich, dass es einen auf dem 5%-Niveau signifikanten, negativen Effekt männlicher Namen auf den Quartierpreis gibt (β = - 0.13, $p < 0.05$), der durch einen positiven Interaktionseffekt mit der Zuordnung zu Beneluxstaaten ergänzt wird (β = 0.27, $p < 0.01$). Auch diese Effekte sind über alle Modelle hinweg weitestgehend robust, auch wenn die Effektstärken bei Kontrolle der Bewertungen der Quartiere in Modell 4 sowie Inklusion der mit dem Viertel assoziierten Variablen in Modell 6 abnehmen. Die Effekte alleine deuten darauf hin, dass die erste und dritte Hypothese verworfen werden müssen, wohingegen die zweite Hypothese durch die Ergebnisse gedeckt wird. Einschränkend muss man an dieser Stelle den geringen Zuwachs an Varianzaufklärungskraft sowie den im Vergleich mit dem ersten Modell schlechten AIC erwähnen.

Die im dritten Modell aufgenommenen Airbnb-Bewertungen zeigen einen signifikanten und deutlich positiven Effekt auf (β = 0.22, $p < 0.001$), der auch nach Kontrollen in den Modellen 4 und 6 robust ist. Dieser Effekt trägt gleichfalls kaum zur Modellverbesserung bei, deutet aber zeitgleich darauf hin, dass Hypothese H4 nicht abgelehnt werden kann.

Das vierte Modell inkludiert alle Variablen der ersten drei Modelle und zeigt, dass trotz der Inklusion aller Variablen kaum Verbesserungen der Varianzaufklärungskraft erreicht werden.

Dies ändert sich wiederum für das gemessene R^2 auf der Ebene der Städte und des Ost-/West-Vergleiches im 5. Modell. Das Modell sagt aus, dass der Ausländeranteil eines Viertels signifikante negative Effekte auf den Airbnb-Quartierpreis hat (H6). Hierbei ist ein deutlicher Anstieg des conditional-R^2-Wertes auf 0.6232 zu verzeichnen, was anzeigt, dass hier ein deutlicher Erklärungsgewinn auf Städteebene und Ost-/Westebene auftritt. Diese Effekte bleiben im Vollmodell robust und deuten darauf hin, dass Hypothese H6 nicht verworfen werden kann.

Zuletzt zeigt das Vollmodell neben den bislang diskutierten Effekten, dass auch die Leerstandsquote als Proxy für den sozioökonomischen Status des Viertels einen negativen Einfluss auf den Airbnb-Preis hat. Dies ist allerdings nur bei Leerstandsquoten zwischen 1 – 3% und mehr als 10% gegeben. Die Effekte sind schwach signifikant ($p < 0.05$). Der Altersdurchschnitt der geographischen Einheit ist hingegen nicht signifikant.

Interpretiert man zuletzt die Varianzaufklärung auf der Ebene der Quartiere und der Städte, dann fällt die weitaus geringere Varianzaufklärung der Variablen auf Quartiersebene über alle Modelle hinweg auf. Diese Differenz kann dabei Nakagawa und Schielzeth (2013), sowie LaHuis et al. (2014) folgend dahingehend interpretiert werden, dass ein Großteil der Varianz zwischen Städten besteht und ein Dreiebenenmodell sinnvoll ist. Das deutet darauf hin, dass die Effekte des sozialen und physischen Raumes auf die Airbnb-Quartierpreise eher auf Unterschiede der Positionierung der deutschen Städte im sozialen Raum sowie deren Soziogenese und nicht auf die Individualebene zurückzuführen sind. Zumindest in Deutschland ist die Assoziation zwischen sozialem und physischen Raum und der Sharing Economy nicht auf Ungleichheitseffekte zwischen Individuen zurückzuführen, sondern ist durch nicht im Modell abgebildete Effekte auf der Makroebene zu erklären.

5 Diskussion und Fazit

Der vorliegende Beitrag untersuchte die Einflüsse sozialer Ungleichheit, die mit dem sozialen und physischen Raum verknüpft sind, auf die Airbnb-Quartierpreise. Im Vordergrund standen dabei symbolische Effekte des Geschlechts und der geographischen und kulturellen Herkunft der Namen von Anbietern der jeweiligen Airbnb-Quartiere. Darüber hinaus wurden Effekte des in den Wohngegenden objektivierten kulturellen und symbolischen Kapitals untersucht.

Die Ergebnisse zeigen dabei, dass es einen negativen Effekt des Geschlechts auf den Preis des angebotenen Quartiers auf Airbnb gibt (H2), allerdings keinen Effekt des zugeschriebenen Migrationshintergrundes (H1). Ferner zeigt sich ein positiver Effekt für Personen mit männlichen Namen aus den Beneluxstaaten auf den Quartierspreis, was in dieser Form nicht vorhergesagt wurde (H3). Dagegen zeigte sich, dass das symbolische Kapital der Anbieter, das sich in den Bewertungen manifestierte, einen signifikant positiven Effekt aufweist (H4). Dieses Ergebnis kann in Anlehnung an Przepiorka (2013), Diekmann et al. (2014) und Kuwabara (2015) so gedeutet werden, das die Bewertungen als Signal fungieren, das den Anbieter als vertrauenswürdig kennzeichnen und den höheren Preis rechtfertigt. Durch die Anerkennung dieses Signals wird dessen Rolle als symbolisches Kapital verdeutlicht, aus dem sich ökonomisches Kapital generieren lässt.

Interessanterweise zeigen sich deutliche Effekte des Ausländeranteils und damit indirekt des Rufs des Viertels auf den Airbnb-Übernachtungspreis. In Kombination mit dem ebenfalls stark negativen Effekt der Distanz zu den kulturellen Wahrzeichen der Stadt werden hier die von Bourdieu (1996, 2018) und Savage et al. (2018) beschriebenen

'Gewinne der Wohnsituation' und der 'Rangeffekte der Wohngegend' deutlich.

Die hohe Varianzaufklärung zwischen Städten deutet auf nicht erfasste Effekte sozialer Ungleichheit hin, die den Individualeffekten vorgelagert sein müssten und von Forschenden in Zusammenhang mit der Benachteiligung von Minderheiten und sozioökonomisch schwachen Bevölkerungsschichten in der Sharing Economy diskutiert worden sind (Cheng und Foley 2019; Edelman et al. 2017; Kakar et al. 2018; Marchenko 2019; Schor et al. 2016; Tjaden et al. 2018). Insgesamt zeigt sich, dass Unterschiede zwischen Städten für die Erklärung der Airbnb-Quartierpreise relevanter sind, als Unterschiede zwischen Individuen. Die Verknüpfung von physischem und sozialem Raum ist daher in erster Linie auf der Stadtebene manifest und sollte in zukünftigen Studien systematischer zwischen Städten (beispielsweise unter Verwendung einer Multiplen Korrespondenzanalyse) untersucht werden.

Auf Basis dieser Ergebnisse sollten zukünftige Forschungsvorhaben die Verbindung zwischen dem physischem Raum der Städte, die individuelle Entscheidung für den Wohnort, den Geschmack und Habitus der Anbieter anhand deren Einrichtung, sowie die Kommunikation zwischen Anbieter und Nachfragendem stärker als bisher ins Auge fassen. Darüber hinaus sollte ein verändertes Stichprobendesign verwendet werden, da die Aussagekraft der vorliegenden Untersuchung durch die Tatsache vermindert wird, dass nur eine Klumpenstichprobe von zehn deutschen Städten gezogen wurde. Dadurch können systematische Effekte sozialer Ungleichheit, die auf die Soziogenese des sozialen Raums in den Städten zurückzuführen sind, nicht erfasst werden. Diese können ihrerseits mit Gentrifizierung und der Chance zusammenhängen, überhaupt eine Wohnung auf Airbnb zur Verfügung zu stellen. Um diese Effekte stärker zu berücksichtigen, sollten weitere Datenquellen wie Fotos der Wohnungen, Beschreibungen der Airbnb-Quartiere sowie die Bewertungstexte hinzugezogen und mit modernen Methoden der Computational Social Sciences (z.B. Topic-Modeling-Ansätzen und Mustererkennung auf Bildern) analysiert werden. Diese könnten einerseits mit den Kapital- und Habitusformen der Habitus-Feldtheorie (Bourdieu 2014), andererseits mit den von Diekmann et al. (2014), Przepiorka (2013) oder Frey und van de Rijt (2016) beschriebenen Signalingmechanismen der Bewertungssysteme verknüpft werden.

Literatur

Bourdieu, P. (1977). *Outline of a Theory of Practice*. Cambridge University Press, Cambridge; New York.

Bourdieu, P. (1985a). The market of symbolic goods. *Poetics*, 14(1-2), 13–44.

Bourdieu, P. (1985b). The Social Space and the Genesis of Groups. *Theory and Society*, 14(6), 723–744.

Bourdieu, P. (1987). What Makes a Social Class? On The Theoretical and Practical Existence Of Groups. *Berkeley Journal of Sociology*, 32, 1–17.

Bourdieu, P. (1996). Physical space, social space and habitus. *Vilhelm Aubert Memorial lecture, Report*, 10.

Bourdieu, P. (1998). *Practical Reason: On the Theory of Action*. Stanford University Press, Stanford, Calif, 1 edition edition. Bourdieu, P. (2000). *Pascalian Meditations*. Stanford University Press, Stanford, Calif.

Bourdieu, P. (2005). *The Social Structures of the Economy*. Polity Press, Cambridge, UK ; Malden, MA, 1 edition.

Bourdieu, P. (2012). *Praktische Vernunft: zur Theorie des Handelns*. Number 1985 = N.F., 985 in Edition Suhrkamp. Suhrkamp, Frankfurt am Main, 8. aufl edition. OCLC: 864594245.

Bourdieu, P. (2014). *Sozialer Sinn: Kritik der theoretischen Vernunft*. Number 1066 in Suhrkamp-Taschenbuch Wissenschaft. Suhrkamp, Frankfurt am Main, 8. aufl edition. OCLC: 885411999.

Bourdieu, P. (2015). *Zur Soziologie der symbolischen Formen*. Number 107 in Suhrkamp-Taschenbuch Wissenschaft. Suhrkamp, Frankfurt am Main, 11. aufl edition. OCLC: 933790006.

Bourdieu, P. (2018). Social space and the genesis of appropriated physical space. *International Journal of Urban and Regional Research*, 42(1), 106–114.

Brown, A. E. (2019). Prevalence and Mechanisms of Discrimination: Evidence from the Ride-Hail and Taxi Industries. *Journal of Planning Education and Research*, page 0739456X19871687.

Camilleri, J., & Neuhofer, B. (2017). Value co-creation and co-destruction in the Airbnb sharing economy. *International Journal of Contemporary Hospitality Management*.

Chandler, J. D., & Lusch, R. F. (2015). Service systems: A broadened framework and research agenda on value propositions, engagement, and service experience. *Journal of Service Research,* 18(1), 6–22.

Chen, Y., & Xie, K. (2017). Consumer valuation of Airbnb listings: A hedonic pricing approach. *International journal of contemporary hospitality management.*

Cheng, M., & Foley, C. (2018). The sharing economy and digital discrimination: The case of Airbnb. *International Journal of Hospitality Management,* 70, 95–98.

Cheng, M., & Foley, C. (2019). Algorithmic management: The case of Airbnb. *International Journal of Hospitality Management,* 83, 33–36.

Cheng, M., & Jin, X. (2019). What do Airbnb users care about? An analysis of online review comments. *International Journal of Hospitality Management,* 76, 58–70.

Cui, R., Li, J., & Zhang, D. J. (2019). Reducing discrimination with reviews in the sharing economy: Evidence from field experiments on Airbnb. *Management Science.*

Diekmann, A., Jann, B., Przepiorka, W., & Wehrli, S. (2014). Reputation Formation and the Evolution of Cooperation in Anonymous Online Markets. *American Sociological Review,* 79(1), 65–85.

Dogru, T., & Pekin, O. (2017). What do guests value most in Airbnb accommodations? An application of the hedonic pricing approach.

Edelman, B., Luca, M., & Svirsky, D. (2017). Racial discrimination in the sharing economy: Evidence from a field experiment. *American Economic Journal: Applied Economics,* 9(2), 1–22.

Franssen, V., Bonne, K., Malfliet, N., De Maeyer, C., & Michiels, M. (2018). The Sharing Economy: About Micro-Entrepreneurship and Givers'(Financial) Motives. In *Management International Conference (MIC),* pages 233–249.

Frey, V., & van de Rijt, A. (2016). Arbitrary Inequality in Reputation Systems. *Scientific Reports,* 6(1), 38304.

Hox, J. J., Moerbeek, M., & van de Schoot, R. (2010). *Multilevel Analysis: Techniques and Applications.* Routledge.

Jamal, A. C. (2018). Coworking spaces in mid-sized cities: A partner in downtown economic development. *Environment and Planning A: Economy and Space,* 50(4), 773–788.

Kakar, V., Voelz, J., Wu, J., & Franco, J. (2018). The visible host: Does race guide Airbnb rental rates in San Francisco? *Journal of Housing Economics,* 40, 25–40.

Karatzogianni, A., & Matthews, J. (2020). Platform Ideologies: Ideological Production in Digital Intermediation Platforms and Structural Effectivity in the "Sharing Economy". *Television & New Media,* 21(1), 95–114.

Kroeger, A., & Zinsmeister, N. (2019). *Rbnb: Experimental Front End for the Airbnb API.* R package version 0.1.0.

Kuwabara, K. (2015). Do Reputation Systems Undermine Trust? Divergent Effects of Enforcement Type on Generalized Trust and Trustworthiness. *American Journal of Sociology,* 120(5), 1390–1428.

LaHuis, D. M., Hartman, M. J., Hakoyama, S., & Clark, P. C. (2014). Explained variance measures for multilevel models. *Organizational Research Methods,* 17(4), 433–451.

Marchenko, A. (2019). The impact of host race and gender on prices on Airbnb. *Journal of Housing Economics,* 46, 101635.

Nakagawa, S., & Schielzeth, H. (2013). A general and simple method for obtaining r2 from generalized linear mixed-effects models. *Methods in ecology and evolution,* 4(2), 133–142.

Pinçon-Charlot, M., & Pinçon, M. (2018). Social power and power over space: How the bourgeoisie reproduces itself in the city. *International Journal of Urban and Regional Research,* 42(1), 115–125.

Przepiorka, W. (2013). Buyers pay for and sellers invest in a good reputation: More evidence from eBay. *The Journal of Socio-Economics,* 42, 31–42.

Quattrone, G., Proserpio, D., Quercia, D., Capra, L., & Musolesi, M. (2016). Who benefits from the sharing economy of Airbnb? In *Proceedings of the 25th International Conference on World Wide Web,* pages 1385–1394. International World Wide Web Conferences Steering Committee.

Savage, M., Hanquinet, L., Cunningham, N., & Hjellbrekke, J. (2018). Emerging cultural capital in the city: Profiling London and Brussels. *International Journal of Urban and regional research,* 42(1), 138–149.

Schmitz, A. (2017). *The Structure of Digital Partner Choice: A Bourdieusian Perspective.* Springer, Cham.

Schor, J. B., & Attwood-Charles, W. (2017). The "sharing" economy: Labor, inequality, and social connection on for-profit platforms. *Sociology Compass,* 11(8), e12493.

Schor, J. B., Fitzmaurice, C., Carfagna, L. B., Attwood-Charles, W., & Poteat, E. D. (2016). Paradoxes of openness and distinction in the sharing economy. *Poetics,* 54, 66–81.

Teubner, T., Hawlitschek, F., & Dann, D. (2017). Price determinants on AirBnB: How reputation pays off in the sharing economy. *Journal of Self-Governance & Management Economics*, 5(4).

Tjaden, J. D., Schwemmer, C., & Khadjavi, M. (2018). Ride with Me—Ethnic Discrimination, Social Markets, and the Sharing Economy. *European Sociological Review*, 34(4), 418–432.

Wacquant, L. (2018). Bourdieu comes to town: Pertinence, principles, applications. *International Journal of Urban and Regional Research*, 42(1), 90–105.

Schulwege und ihre Bedeutung für Schulleistungen
Potenziale georeferenzierter Daten für die empirische Bildungsforschung am Beispiel des Nationalen Bildungspanels

Corinna Drummer

Leibniz-Institut für Bildungsverläufe e.V. (LIfBi)

Abstract

Der Beitrag befasst sich mit dem Potenzial georeferenzierter Daten im Nationalen Bildungspanel (NEPS). Es wird beispielhaft die Frage nach der Bedeutung von Schulwegen für die Schulleistungen von Schülerinnen und Schülern der Sekundarstufe I unter Verwendung direkter Distanzen vom Wohnort zur besuchten Schule bearbeitet. Theoretisch wird angenommen, dass der Schulweg als Kostenfaktor gesehen werden kann, welcher von Familien mit höherer sozialer Herkunft eher kompensiert wird. Der erwartete negative Effekt eines längeren Schulwegs auf die Schulleistung sollte daher weniger oder gar nicht bei Kindern mit höherer sozialer Herkunft zu finden sein als bei Kindern mit niedrigerer sozialer Herkunft. Die Analysen mit den Daten der Startkohorte 3 (SC3) des NEPS zeigen einen schwachen und im Vergleich zu anderen Determinanten der Schulleistung eher unbedeutenden signifikanten negativen Einfluss des Schulwegs auf die Deutschnote, jedoch nicht auf die Mathematiknote im Jahresendzeugnis der sechsten Klasse. Dieser negative Effekt auf die Deutschleistung ist entgegen der Erwartung eher bei Kindern mit höherer sozialer Herkunft zu finden. Die Analysen dieses Beitrags zeigen, dass die Berücksichtigung georeferenzierter räumlicher Faktoren durchaus interessant sein kann und

© Der/die Autor(en), exklusiv lizenziert durch
Springer Fachmedien Wiesbaden GmbH, ein Teil von Springer Nature 2021
T. Wolbring et al. (Hrsg.), *Sozialwissenschaftliche Datenerhebung im digitalen Zeitalter*, Schriftenreihe der ASI – Arbeitsgemeinschaft Sozialwissenschaftlicher Institute, https://doi.org/10.1007/978-3-658-34396-5_9

das Analysepotenzial für die Bildungsforschung substanziell erweitert wird. Ziel ist es daher, die Daten der verschiedenen Startkohorten des NEPS mit einem Kanon relevanter Distanzmaße bezüglich besuchter Bildungseinrichtungen und des objektiv verfügbaren Bildungsangebots in Form von Distanzen zu den besuchten Einrichtungen, Distanzen zu den räumlich nächstgelegenen Einrichtungen oder der Anzahl von Bildungseinrichtungen in bestimmten Umkreisen anzureichern.

1 Einführung

Räumliche Faktoren werden schon lange in der Bildungsforschung berücksichtigt. Mit dem „katholischen Arbeitermädchen vom Lande" vereint Dahrendorf (1965) in einer Person vier benachteiligte Gruppen im Bildungssystem der 1960er Jahre. Die räumliche Komponente besagt, dass Kinder aus ländlichen Gebieten schlechtere Bildungschancen haben als Kinder aus der Stadt. Der noch heute existierende Mythos wurde im kürzlich erschienenen Gutachten des Aktionsrats Bildung untersucht und als nicht realitätsabbildend deklariert (vbw - Vereinigung der Bayerischen Wirtschaft e.V. 2019). Neben dem Stadt-Land-Vergleich werden oftmals auch andere räumliche Kategorien, welche sich durch administrative Grenzen definieren (z.B. Ost-West-Vergleiche oder Betrachtung bestimmter Bundesländer oder Kommunen), in bildungssoziologische Fragestellungen einbezogen (z.B. Baumert et al. 2002, Sixt, Bayer und Müller 2018). Des Weiteren hat es sich die amtliche Statistik in Deutschland zum Ziel gesetzt, immer kleinräumigere strukturelle Informationen durch Georeferenzierung der Statistiken bereit zu stellen. Beispiele dafür sind der Krankenhausatlas oder die Erreichbarkeit von Grundschulen in Hessen (Statistische Ämter des Bundes und der Länder 2020; Gebers und Graze 2019). Um georeferenzierte Informationen zu erhalten, müssen zunächst die vorhandenen Daten geokodiert werden. Das heißt, eine vorhandene Adresse wird in die entsprechende Geokoordinate übersetzt, welche dann mit raumbezogenen Informationen oder Umfragedaten verknüpft werden kann (Statistisches Bundesamt 2018). So ist es zum Beispiel möglich, die Entfernung vom Wohnort zu bestimmten Einrichtungen des öffentlichen Lebens mit den erhobenen Umfragedaten in Bezug zu setzen. Dieses Verfahren wird im Zuge des Projekts „Schulwege und ihre Bedeutung für Schulleistungen

(SBS)[1]" am Leibniz-Institut für Bildungsverläufe, e.V. (LIfBi) erstmals für die Daten des Nationalen Bildungspanels (NEPS) angewandt. Durch Anreicherung der vorhandenen Umfragedaten mit georeferenzierten Distanzmaßen, wie etwa der direkten Entfernung vom Wohnort zur besuchten Bildungseinrichtung, wird das Analysepotenzial in der raumbezogenen Bildungsforschung auf Basis des Nationalen Bildungspanels substanziell erweitert.

Das Verfahren der Geokodierung wurde zur Pilotierung des Prozesses zunächst anhand der Startkohorte 3 (Fünftklässler) durchgeführt. Als Beispiel einer möglichen Forschungsfrage unter Verwendung georeferenzierter Distanzmaße wird untersucht, inwiefern der Schulweg Einfluss auf die Schulleistung von Schülerinnen und Schülern der Sekundarstufe I hat. Hierzu wurde die direkte Distanz zwischen Wohnadresse und Adresse der besuchten Schule für jede befragte Schülerin bzw. jeden befragten Schüler kalkuliert und an die vorhandenen Umfragedaten angespielt.

Es gibt etliche Studien, welche sich mit den Determinanten von Schulleistungen befassen (z.B. Deißner 2013; Elsäßer 2017). Der Schulweg als Einflussfaktor auf die erzielten Leistungen von Schülerinnen und Schülern findet jedoch in den bisherigen Untersuchungen kaum Beachtung. Im Folgenden soll ein Beitrag dazu geleistet werden, diese Forschungslücke zu füllen. Nach der Darstellung des aktuellen Forschungsstandes zu Schulwegen sowie der Einordnung des Schulwegs und dessen Bedeutung für die Schulleistung in einen theoretischen Rahmen, wird unter Verwendung einer geeigneten statistischen Methode der Einfluss der Distanz zur besuchten Schule auf die Schulnoten unter Kontrolle wichtiger anderer Determinanten gemessen. Ein besonderes Augenmerk soll dabei auf die möglicherweise unterschiedliche Wirkweise des Schulwegs in Abhängigkeit der sozialen Herkunft gelegt werden. Nach Zusammenfassung der ersten Ergebnisse wird abschließend das Potenzial georeferenzierter Daten für die Bildungsforschung skizziert.

---

1 Das Projekt SBS wurde von Dr. Michaela Sixt und Dr. Ingrid Stöhr im Zuge der internen Forschungsförderung des Leibniz-Instituts für Bildungsverläufe e.V. (LIfBi) für die Dauer von zwei Jahren beantragt.

2 Forschungsstand

Wie bereits einleitend erwähnt, gibt es bisher wenige Studien, welche den Schulweg als möglichen Einflussfaktor auf die Schulleistungen untersuchen. Vorhandene Studien, die sich mit dem Schulweg befassen, beschränken sich vorwiegend auf die Beschreibung der Dauer und Länge sowie der Gestaltung (aktiv oder passiv) des Schulweges. Viele dieser Untersuchungen sind zudem auf eine bestimmte Region begrenzt oder beziehen sich auf Schülerinnen und Schüler in anderen Ländern (z.B. Kaufmann-Hayoz et al. 2010; Mehdizadeh, Mamdoohi und Nordfjaern 2017; Rodríguez-López et al. 2017; Andersson, Malmberg und Östh 2012). Die Studie „Gesundheitsverhalten und Unfallgeschehen im Schulalter (GUS)" ist eine der wenigen Untersuchungen, die in ihrer Grundgesamtheit Schülerinnen und Schüler der fünften Jahrgangsstufe an Regelschulen im gesamten Bundesgebiet betrachtet. Die Dauer des einfachen Schulwegs beläuft sich hier durchschnittlich auf 27 Minuten (Forschungszentrum Demografischer Wandel (FZDW) 2017). Dieses Ergebnis findet sich auch in der Studie von Rummer und Herzmann (2015), bei der für die sechste Jahrgangsstufe eines Gymnasiums in der Eifel ein durchschnittlicher Schulweg von einer Stunde (hin und zurück) festgestellt wurde. Auch in einer älteren Studie von Graf und Rutenfranz (1958) beläuft sich der Schulweg von 16-jährigen Schülerinnen und Schüler aus Dortmund im Mittel auf 55 Minuten (Graf und Rutenfranz 1958).

In der GUS-Studie wählen knapp über die Hälfte der Schülerinnen und Schüler hauptsächlich den Bus als Transportmittel, 31,4% nutzen das Fahrrad, 10,4% die Bahn und 29,4% werden mit dem Auto gebracht (Forschungszentrum Demografischer Wandel (FZDW) 2017). Ein etwas anderes Bild übermitteln Daten der World Vision Kinderstudie aus dem Jahr 2007. Hier kommen etwa 37% der Sekundarschülerinnen und – Schüler zu Fuß oder mit dem Fahrrad zur Schule (Leven und Schneekloth 2007). Wie in anderen regionalen Untersuchungen wird auch in dieser Studie deutlich, dass sich die Länge und Gestaltung der Schulwege deutlich nach raumstrukturellen Bedingungen unterscheiden. Schülerinnen und Schüler aus ländlichen Regionen gestalten ihren Schulweg aufgrund der größeren Distanz zur Schule demnach seltener aktiv (zu Fuß oder mit dem Fahrrad) und benutzen häufiger die öffentlichen Verkehrsmittel oder Schulbusse (Leven und Schneekloth 2007; Brandl-Bredenbeck et al. 2010; Stöhr und Sixt 2018; Hoschna-Lauenstein 1990). Grundsätzlich gilt, dass eine kurze Distanz zur besuchten Schule die Voraussetzung für eine aktive Schulweggestaltung darstellt (siehe z.b. Ikeda et al. 2019; Larouche et al. 2015; Kallio et al. 2016; Easton und Ferrari 2015; Yang et al. 2016).

Dass zeitintensives tägliches Pendeln eher negative Auswirkungen hat, ist aus der Forschung zur Arbeitsmobilität bekannt. So gibt es in mehreren Studien Hinweise auf einen schlechteren Gesundheitszustand, ein geringeres Leistungsvermögen, eine geringere Zufriedenheit und ein erhöhtes Stresserleben bei Personen, die täglich länger zur Arbeitsstätte pendeln (Badura et al. 2012; Pfaff 2014; Rüger und Schulze 2016; Grobe 2012). Diese Befunde lassen sich auch auf den Schulkontext übertragen. Die überwiegend älteren Studien aus Deutschland und Österreich sowie Studien aus den USA und Schweden postulieren eine geringere Konzentrationsfähigkeit, eine höhere Gereiztheit, eine geringere Aufmerksamkeit, einen schlechteren Gesundheitszustand durch mangelnde Bewegung und eine höhere Belastung aufgrund von längeren Schulwegen oder der Nutzung des Schulbusses (Forschungszentrum Demografischer Wandel (FZDW) 2017; Hoschna-Lauenstein 1990; Graf und Rutenfranz 1958; Caspar, Friedrich und Sikorski 1994; Projektgruppe Belastung 1998; Stöhr und Sixt 2018; Eimer 1980; Mayr Johannes, Hofer und Huemer 1990; Westman et al. 2017; Voulgaris, Smart und Taylor 2017; Ortner und Stork 1980). Negative Auswirkungen des Busfahrens bestätigen auch Rothe (2007) und Hopf (2008) in ihren Arbeiten zu Konflikten und Mobbing (Bullying) im Schulbus und deren (langfristigen) Auswirkungen („Schulbusphänomen"). Im Gegensatz dazu wird eine aktive Schulweggestaltung eher positiv bewertet. So zeigen sich höhere Werte des allgemeinen Wohlbefindens, der Zufriedenheit und Aufmerksamkeit, wenn Schülerinnen und Schüler zu Fuß oder mit dem Fahrrad zur Schule kommen (Stark et al. 2018; Westman et al. 2017; van Dijk et al. 2014).

Der Einfluss des Schulwegs auf die Schulleistung wurde in Deutschland bisher nur wenig erforscht. In einer deskriptiven Studie von 1980 wird von einer verminderten Leistungsfähigkeit bei Grundschulkindern durch lange Schulbusfahrten berichtet (Ortner und Stork 1980). Ebenfalls bezogen auf Grundschulkinder konnten in einer längsschnittlichen Studie Tendenzen einer gesteigerten Konzentrationsfähigkeit bei Schülerinnen und Schüler, die ihren Schulweg zu Fuß bewältigen, gefunden werden. Positive Effekte auf die Lese- oder Mathematikleistungen wurden jedoch nicht bestätigt (Kehne 2011). Ein negativer Einfluss längerer Schulwege, welche mit dem Auto, dem Schulbus oder den öffentlichen Verkehrsmitteln zurückgelegt werden, auf die Schulnoten von Schülerinnen und Schülern der sechsten Klasse wurde in der Studie von Rummer und Herzmann (2015) festgestellt.

Bei der Betrachtung von Studien aus anderen Ländern, sind die Befunde nicht immer eindeutig. Während die meisten einen negativen Zusammenhang der Distanz und Dauer sowie passiven Gestaltung (insbesondere bei der Fahrt mit dem Schulbus) der Schulwege auf die (Hoch)Schulleistung oder die Wahrscheinlichkeit eines erfolgreichen Abschlusses feststellen (Eimer 1980; Kobus, van Ommeren und Rietveld 2015; Falch, Lujala und Strøm 2013; Martínez-Gómez et al. 2011; Costa, Vieira und Vieira 2017; Vieira, Vieira und Raposo 2017; Talen 2001; Yeung und Nguyen-Hoang 2019; Tigre, Sampaio und Menezes 2017; Ebinum und Nelly, Emanuel Akamague, Igboh, Benedict, Ugbong 2017; García-Hermoso et al. 2017), gibt es auch Studien, die von keinem signifikanten (van Dijk et al. 2014; Contreras et al. 2018; Ruiz-Hermosa et al. 2019) oder von einem positiven Zusammenhang berichten (Asahi 2014; Westman et al. 2017). Insgesamt müssen die Ergebnisse dieser Studien jedoch mit Vorsicht betrachtet werden, da oftmals geringe oder selektive Fallzahlen als Datengrundlage dienen, die Erhebungsinstrumente nicht standardisiert oder objektiv sind, wichtige Drittvariablen nicht berücksichtigt werden oder die Variablen nicht ausreichend differenziert sind (z.B. wird bei der aktiven Schulweggestaltung nicht zwischen Fahrradfahren und zu Fuß gehen unterschieden).

Nach Sichtung des Forschungsstandes wird deutlich, dass es zwar Hinweise darauf gibt, dass der Schulweg einen eher negativen Einfluss auf die Schulleistung von Schülerinnen und Schülern hat. Da diese Befunde jedoch zur Mehrheit aus anderen Ländern stammen, teilweise unzureichende Signifikanzen und Robustheit sowie einige weitere Limitationen aufweisen, bedarf es an weiterer Forschung. Zudem wurde die Rolle der sozialen Herkunft im Zusammenhang von Schulweg und Schulleistung bisher noch nicht systematisch berücksichtigt. Das Projekt „Schulwege und ihre Bedeutung für Schulleistungen" soll letztendlich einen Beitrag dazu leisten, diese Forschungslücke zu füllen. Dazu wird in einem ersten Schritt der erwartete Zusammenhang von Schulweg und Schulleistung unter Berücksichtigung der sozialen Herkunft theoretisch fundiert.

3 Theoretischer Rahmen

Da die bisherige Forschung dem Zusammenhang zwischen Schulweg und Schulleistung und insbesondere der Rolle der sozialen Herkunft nur wenig Aufmerksamkeit geschenkt hat, ist eine theoretische Einbettung dieses Sachverhalts gleichermaßen neuartig, wie auch herausfordernd.

Auf Basis der Literatur zu diesem Thema kann der Schulweg hinsichtlich seiner räumlichen Anforderung und zeitlichen Beanspruchung als ein möglicher Kosten- oder auch Belastungsfaktor im Schulalltag gesehen werden (Berndt, Busch und Schönwälder 1982; Projektgruppe Belastung 1998). Dieser Kostenfaktor kann differenziert werden in direkte zeitliche Kosten, Opportunitätskosten und Belastungen in Form von psychischer oder physischer Anstrengung.

Die zeitlichen Kosten sind dabei umso größer, je größer die Distanz zur besuchten Schule ist und je mehr Zeit für den Schulweg benötigt wird. Zentral sind die dadurch entstehenden Opportunitätskosten, wie entgangene Zeit für ausreichend Schlaf, Investitionen in Hausaufgaben oder Lernen oder entspannende Freizeitaktivitäten wie Sport und Spiel. Insbesondere hinsichtlich der Form, wie der Schulweg zurückgelegt wird, sind auch physische oder psychische Anstrengung oder Belastung möglich, was wiederum eine längere Regenerationszeit nach sich zieht. Dies zeigen Befunde aus den bisherigen Forschungsarbeiten, welche vor allem das Busfahren als große (psychische) Belastungsquelle deklarieren (Ortner und Stork 1980; Projektgruppe Belastung 1998; Hopf 2008). Die Kosten als Ganzes wirken auf die Lernumwelt ein und können somit die Schulleistungen von Schülerinnen und Schülern negativ beeinflussen. Die erste Hypothese, die es zu überprüfen gilt lautet demnach wie folgt:

H1: Je länger die Distanz zur Schule, umso geringer sind die Schulleistungen.

Da in der Argumentation des Schulwegs als Kostenfaktor vor allem die Zeit – betrachtet als Investition in gute Schulleistungen – eine große Rolle spielt, stellt sich die Frage, ob und inwiefern kompensatorische Aktivitäten, zum Beispiel in Form von gezielter Unterstützung beim Lernen und den Hausaufgaben, getätigt werden, um die negativen Folgen eines längeren Schulwegs zu minimieren.

Einordnen lässt sich diese Argumentation in den Ansatz der Werterwartungstheorie nach Esser (1999), wonach ein Akteur seine Handlungsalternativen anhand der (subjektiv) erwarteten Kosten und Nutzen bewertet und sich für die Alternative mit der höchsten Werterwartung, also dem höchsten subjektiven Gesamtnutzen entscheidet. Anwendung findet dieser Ansatz häufig zur Erklärung von sozialen Bildungsdisparitäten an den Bildungsübergängen im Lebensverlauf. Demnach unterscheidet sich die Bewertung der subjektiv erwarteten Kosten und Nutzen bei gleicher Schulleistung systematisch nach sozialer Herkunft. Wird davon ausgegangen, dass Familien mit höherem Bildungshintergrund eher daran interessiert sind, ihren Status zu erhalten (Statuserhaltsmotiv), so sollten diese Familien dem Gesamtnutzen höherer Bildung höheres Gewicht beimessen als Familien mit niedrigerem Bildungshintergrund (Boudon 1974). Diese Argumentation lässt sich auch auf andere Entscheidungsprozesse, wie dem der Kompensation eines langen Schulwegs durch gezielte lernunterstützende Aktivitäten anwenden. Ausgehend vom Statuserhaltsmotiv sollten Familien mit höherer sozialer Herkunft bessere Schulleistungen und das damit verbundene Ziel eines erfolgreichen Abschlusses höher gewichten und sich demnach eher für kompensatorische Aktivitäten entscheiden als Familien mit niedrigerer sozialer Herkunft. Zudem weisen Familien mit höherer sozialer Herkunft eine größere Ressourcenausstattung auf, wodurch der Handlungsspielraum erweitert ist und anfallende (monetäre) Kosten leichter getragen werden können (Bourdieu 2012). Im Sinne eines Moderationseffekts der sozialen Herkunft sollten Eltern mit höherer sozialer Herkunft die Kosten eines langen Schulwegs zulasten des Lernerfolgs eher kompensieren und ihnen beispielsweise mittels gezielter Unterstützung bei den Hausaufgaben und beim Lernen, der Finanzierung des Nachhilfeunterrichts oder dem privaten Transport zur Schule eher entgegen steuern als Eltern niedriger sozialer Herkunft. Somit ergeben sich folgende Hypothesen, die es im Verlauf dieser Arbeit zu überprüfen gilt:

H2a: Längere Distanzen haben weniger Einfluss auf die Schulleistungen von Schülerinnen und Schülern mit höherer sozialer Herkunft.

H2b: Längere Distanzen haben einen negativen Einfluss auf die Schulleistungen von Schülerinnen und Schülern mit niedrigerer sozialer Herkunft.

4   Daten und Methode

Datengrundlage

Zur Überprüfung der aufgestellten Hypothesen werden Daten des Nationalen Bildungspanels (NEPS) verwendet (Blossfeld, Roßbach und Maurice 2011). Das NEPS bietet Informationen zu Kompetenzentwicklungen, Bildungsprozessen, -entscheidungen und -renditen über den gesamten Lebensverlauf. Die Analysen zur Beantwortung der Forschungsfrage basieren auf den Daten der SC3[2]. Hier werden Schülerinnen und Schüler mit Eintritt in die Sekundarstufe I, also der fünften Klasse, seit 2010 regelmäßig in bisher neun Wellen befragt sowie ihre Kompetenzen in eigens dafür entwickelten Tests gemessen. Darüber hinaus werden Informationen über Kontextfaktoren in der Familie, Klasse und Schule von den Eltern, Klassen-, Deutsch- und Mathematiklehrerinnen und -lehrern sowie der Schulleitung der Schülerinnen und Schüler durch regelmäßige Befragung erhoben. Die Grundgesamtheit bilden Schülerinnen und Schüler, die im Schuljahr 2011/2012 die sechste Klasse einer weiterführenden Regelschule besuchten. Schülerinnen und Schüler auf Förderschulen und sechsstufigen Grundschulen werden daher aus den Analysen ausgeschlossen. Die Stichprobe der SC3 umfasst somit n=5.335 Schülerinnen und Schüler.

Die Scientific Use Files des NEPS beinhalten keine Angaben zur Entfernung zwischen Wohnort und besuchter Bildungseinrichtung. Im Zuge des Projekts SBS wurden diese Informationen durch Geokodierung der Wohn- und Schuladressen zunächst beispielhaft für die Startkohorte 3 an die vorhandenen Daten angespielt mit dem Ziel, diese, wie auch entsprechende Distanzmaße für die anderen Startkohorten des NEPS, den Nutzerinnen und Nutzern zur Verfügung zu stellen.

---

[2]   Diese Arbeit nutzt Daten des Nationalen Bildungspanels (NEPS): Startkohorte Klasse 5, doi:10.5157/NEPS:SC3:9.0.0. Die Daten des NEPS wurden von 2008 bis 2013 als Teil des Rahmenprogramms zur Förderung der empirischen Bildungsforschung erhoben, welches vom Bundesministerium für Bildung und Forschung (BMBF) finanziert wurde. Seit 2014 wird NEPS vom Leibniz-Institut für Bildungsverläufe e.V. (LIfBi) an der Otto-Friedrich-Universität Bamberg in Kooperation mit einem deutschlandweiten Netzwerk weitergeführt.

Variablen

Zur Abbildung der Schulleistung werden als abhängige Variablen die Deutsch- und Mathematiknoten aus dem Jahresendzeugnis der sechsten Klasse verwendet. Die Entscheidung fällt hier bewusst auf die Schulnoten, da diese über die Kompetenzen hinaus, das gesamte Leistungsverhalten inklusive des sozialen Verhaltens, der Mitarbeit und auch der Motivation über das ganze Schuljahr hinweg berücksichtigen (Deißner 2013; Elsäßer 2017). Der Schulweg wird tagtäglich von den Schülerinnen und Schülern zurückgelegt und hat somit über das ganze Schuljahr Einfluss auf den Schüler oder die Schülerin und dementsprechend auch, wie angenommen, auf die verschiedenen Komponenten der Schulnoten. Es werden die Jahresendnoten der sechsten und nicht bereits der fünften Klasse verwendet, um mögliche Effekte der Eingewöhnung in das neue Schulumfeld durch den Übertritt in die weiterführende Schule zu umgehen. Zudem werden Deutsch- und Mathematiknoten differenziert betrachtet, da sich die Form der Leistungstests und das dafür benötigte Lernverhalten in beiden Fächern deutlich voneinander unterscheiden. So beinhalten die Mathematik-Lerninhalte viele Formeln und Übungsaufgaben, bei welchen es nur eine Möglichkeit der Bearbeitung gibt. Deutsch-Aufgaben in Form von Aufsätzen oder Interpretationen aller Art sind hingegen sehr individuell und subjektiv. Da die Fallzahlen in den schlechteren Noten sehr gering sind[3], wurde jeweils eine Dummy-Variable gebildet, welche die sehr guten und guten Schülerinnen und Schüler (Noten 1 und 2) von den weniger guten Schülerinnen und Schülern (Noten 3 bis 6) unterscheidet. Damit die Schulnoten unabhängig der besuchten Schulform vergleichbar bleiben, wird diese als Kontrollvariable berücksichtigt. Hier wird zwischen den verschiedenen Schulzweigen unterschieden (Hauptschulzweig, Realschulzweig, Gymnasialzweig und unklarer Schulzweig). Die Residualkategorie „unklarer Schulzweig" beinhaltet Schülerinnen und Schüler, welche sich auf Schulen befinden, die keinem eindeutigen Zweig zugeordnet werden können (z.B. Gesamtschulen ohne Trennung nach Schulzweigen).

---

3   Die Fallzahlen der Noten 5 und 6 im Jahresendzeugnis der sechsten Klasse im Fach Deutsch betragen n = 13 (Note 5) bzw. n = 1 (Note 6). Für das Fach Mathematik belaufen sich die Fallzahlen auf n = 42 (Note 5) und n = 1 (Note 6).

Die zentrale unabhängige Variable des Schulwegs wird durch die Distanz (Autostrecke) von der Wohnadresse zur Adresse der besuchten Schule in Kilometer abgebildet. Hier wurden Fälle mit einem Schulweg von über 30km (n=19) aus den Analysen ausgeschlossen, da es sich hierbei um Ausreißer handelt.

Um zu überprüfen, ob und welchen Einfluss der Schulweg auf die Schulnoten im Zusammenspiel mit anderen Einflussfaktoren hat, werden andere aus der Literatur bekannte relevante Determinanten der Schulnoten in die Berechnungen zur Kontrolle aufgenommen. Diese Determinanten können in mehrere Gruppen differenziert werden. Neben familiären Einflussfaktoren, werden individuelle und Einflussfaktoren auf Klassen- oder Schulebene als relevant erachtet (Deißner 2013; Elsäßer 2017). Innerhalb der familiären Einflussfaktoren spielen insbesondere Strukturmerkmale eine wichtige Rolle. Als Indikator für familiäre Strukturmerkmale dient die soziale Herkunft. Diese wird mittels einer Dummy-Variable für den Bildungshintergrund (Eltern mit und ohne (Fach)Hochschulreife) und dem Nettoäquivalenzeinkommen operationalisiert. Da die soziale Herkunft zentral für die Überprüfung der zweiten Hypothese ist, wird das Modell zusätzlich mittels zweier weiterer Faktoren zur Abbildung des sozialen Status berechnet, um die Robustheit des Effekts des sozialen Hintergrunds zu überprüfen. Zum einen wird hierzu der HISEI („Highest International Socio-Economic Index of Occupational Status") verwendet, welcher die Berufe beider Elternteile hinsichtlich ihres Einkommens und notwendigen Bildungsniveaus in eine Skala von 16 (Reinigungskräfte) bis 90 (Richter) einordnet (Ganzeboom, Graaf und Treiman 1992). Zur besseren Vergleichbarkeit mit dem Bildungshintergrund wurde die Skala in „niedriger HISEI" (<=40) und „hoher HISEI" (>40) kategorisiert. Zum anderen wird die EGP-Klassifikation verwendet, welche die Berufe der Eltern hinsichtlich der Art der Tätigkeit, der Stellung im Beruf, der Weisungsbefugnis und den erforderlichen Qualifikationen einteilt (Erikson und Goldthorpe 1992). In den folgenden Analysen wurde die ursprünglich in sieben Gruppen differenzierte Klassifikation in drei Gruppen eingeteilt: EGP I und EGP II bilden die Dienstklasse, EGP V bis VII wurden zur Arbeiterklasse zusammengefasst und EGP III bis IV bilden die Angestellten und Selbstständigen ab.

Die individuellen Einflussfaktoren auf die Schulleistungen können in kognitive und nicht-kognitive Determinanten geteilt werden. Die

Merkmale der ersten Kategorie werden durch die Variablen zur kognitiven Grundfähigkeit des Schlussfolgerns, der Lese- bzw. Mathematikkompetenz[4] (je nachdem, welche abhängige Variable verwendet wird) und dem Vorwissen in Form der Jahresendnoten in der fünften Klasse[5] abgebildet. Die nicht-kognitiven Merkmale sind zum einen die soziodemografischen Angaben zum Geschlecht, dem Alter zum Zeitpunkt der ersten Befragung in der fünften Klasse und dem Migrationshintergrund (Dummy). Zur Operationalisierung der nicht-kognitiven Merkmale werden zudem das schulische Selbstkonzept und das Interesse in den jeweiligen Fächern wie auch die Anstrengungsbereitschaft[6] verwendet. Einflussfaktoren auf Klassenebene können aufgrund zu vieler fehlender Werte in den Lehrerfragebögen und den Angaben zur Klasse nicht berücksichtigt werden. Um unterschiedliche Schulsysteme und Lehrpläne konstant zu halten sowie die residentielle Segregation zu berücksichtigen, gehen noch das jeweilige Bundesland des Schulstandorts, die Region (städtisch versus ländlich[7]) und die Information, ob die besuchte Schule der räumlich nächstgelegenen Schule des jeweiligen Schultyps entspricht, in die Berechnungen ein. Für eine Übersicht über die zentralen Prädiktoren ist in Tabelle 1 eine Variablenbeschreibung nach Anteils- und Mittelwerten zu finden.

---

4   Sowohl die kognitive Grundfähigkeit des Schlussfolgerns, wie auch die Lese- und Mathematikkompetenz sind Ergebnis der entsprechenden Kompetenztestungen. Verwendet wird hier jeweils die Anzahl der richtig beantworteten Aufgaben. Für das Schlussfolgern ergibt sich demnach eine Maximalpunktzahl von 12, für die Lesekompetenz von höchstens 43 und für die Mathematikkompetenz eine maximale Punktzahl von 27.

5   Diese Variable wurde für die Regressionsanalysen rekodiert, sodass ein hoher Wert in den Schulnoten eine sehr gute Leistung bedeutet.

6   Die Variablen des Selbstkonzepts, des Interesses und der Anstrengungsbereitschaft enthalten Werte von 1 bis 4. Es gilt, je höher der Wert, umso höher oder besser das Selbstkonzept, das Interesse und die Anstrengungsbereitschaft.

7   Die Einordnung in die beiden Kategorien „städtisch" und „ländlich" erfolgte über die Einwohnerzahl, wonach Orte mit 20.000 oder mehr Einwohner als „städtisch" und Orte mit weniger als 20.000 Einwohner als „ländlich" kategorisiert wurden.

Sozialwissenschaftliche Datenerhebung im digitalen Zeitalter

Tabelle 1 Beschreibung der zentralen Variablen

Variablen		Stichprobe (n=5335)	Complete Cases (n=1850)
Deutschnote der 6. Klasse (Dummy)	Befriedigend und schlechter	58,15%	52,81%
	Sehr gut/gut	41,85%	47,19%
	Missing	759	0
Mathematiknote der 6. Klasse (Dummy)	Befriedigend und schlechter	59,03%	54,32%
	Sehr gut/gut	40,97%	45,68%
	Missing	761	0
Distanz zur besuchten Schule	med	3,87km	4,14km
	mean	5,59km	5,58km
	sd	5,7km	4,73km
	min	0,13km	0,13km
	max	65,74km	29,27km
	Missing	2145	0
Bildungshintergrund – Hochschulreife (HSR) der Eltern	ohne HSR	45,57%	37,73%
	mit HSR	54,43%	62,27%
	Missing	1466	0
Nettoäquivalenzeinkommen	med	1428,57€	1500€
	mean	1601,65€	1709,11€
	sd	1420,07€	1706,9€
	min	153,85€	217,39€
	max	47619,05€	47619,05€
	Missing	1782	0
Berufsstatus HISEI (hoch vs. niedrig)	niedriger ISEI (<=40)	23,43%	16,97%
	hoher ISEI (>40)	76,57%	83,03%
	Missing	1545	0
Berufsstatus EGP beider Eltern	Arbeiter EGP V-VII	35,54%	30,92%
	Angestellte und Selbstständige EGP III-IV	34,54%	35,78%
	Dienstklasse EGP I + II	29,92%	33,30%
	Missings	1545	0

Quelle: Nationales Bildungspanel (NEPS), Startkohorte 3, eigene Berechnungen

Methode

In einem ersten Schritt werden die zentrale unabhängige wie auch die abhängigen Variablen und ihr Zusammenhang deskriptiv dargestellt. In einem zweiten Schritt wird jeweils für die Deutsch- und die Mathematiknote eine logistische Regression mit geclusterten Standardfehlern für die Klassenzugehörigkeit[8] geschätzt (jeweils Modell 1). Die Koeffizienten werden dabei zur besseren Interpretierbarkeit sowohl als Odds Ratios (OR), wie auch als Average Marginal Effekts (AME) ausgegeben. Der Moderationseffekt der sozialen Herkunft wird zum einen durch eine Interaktion zwischen der Distanz zur besuchten Schule und den verschiedenen Variablen zur sozialen Herkunft überprüft (jeweils Modell 2 bzw. grafische Visualisierung). Zum anderen werden die Regressionen getrennt nach sozialer Herkunft berechnet (jeweils Modelle 3 und 4). In den Tabellen werden jeweils der Bildungshintergrund und das Nettoäquivalenzeinkommen als Indikator für die soziale Herkunft aufgeführt. Zur Überprüfung der Robustheit des Moderationseffekts, wird der Interaktionseffekt unter Verwendung der anderen Indikatoren der sozialen Herkunft (HISEI und EGP-Klassifikation) lediglich grafisch ausgegeben. In einem dritten Schritt wird mittels der Grenzwertoptimierungskurve (ROC) und dem Youden-Index der Schwellenwert der Schulwegdistanz identifiziert, ab welchem ein negativer Einfluss auf die Schulnoten erwartet werden kann. Hierbei wird die Fläche zwischen der Diagonalen und der Optimierungskurve berechnet (Area under curve – AUC; Werte zwischen 0 und 1), wobei ein Wert von 0,5 auf einen reinen Zufallsprozess und Werte nahe 0 oder 1 auf eine perfekte Vorhersage hinweisen. Unter Verwendung der von der ROC-Kurve bereitgestellten Sensitivitäts- und Spezifitätsdaten, kann dann der Youden-Index (maximaler Abstand zwischen der ROC-Kurve und der Diagonalen) und somit auch der Schwellenwert ermittelt werden. Alle Analysen beziehen sich auf Fälle mit vollständigen Angaben und umfassen n=1.850 Beobachtungen.

---

[8] Durch geclusterte Standardfehler wird eine mögliche Abhängigkeit der Schulleistungen von Schülerinnen und Schüler innerhalb einer Klasse berücksichtigt.

5 Erste Ergebnisse

Deskriptive Analysen

Im Schnitt haben Schülerinnen und Schüler in der sechsten Klasse einen Schulweg von 5,58km. Die Distanz ist dabei für Hauptschülerinnen und -schüler mit durchschnittlich 3,84km am kürzesten. Den längsten Schulweg mit knapp 6km haben hingegen Gymnasiasten. Insgesamt haben die meisten Schülerinnen und Schüler (95%) einen Schulweg bis 15km. In der Literatur zur Bildungsbeteiligung wird häufig von residentieller Segregation gesprochen, also der Tatsache, dass höher gebildete Personen eher in städtischen Gebieten leben und somit Zugang zu einer besseren Infrastruktur und demzufolge ihre Kinder einen kürzeren Schulweg zu bewältigen haben (Ditton 2007, Kemper und Weishaupt 2011; Bargel und Kuthe 1992). Andererseits ist bekannt, dass höher gebildete Eltern eher einen weiteren Schulweg in Kauf nehmen, um ihren Kindern eine qualitativ bessere Schule zu ermöglichen (Riedel et al. 2010; Burgess et al. 2015). Dies soll zunächst mit den NEPS-Daten deskriptiv überprüft werden. Es zeigt sich, dass höher gebildete Familien tatsächlich eher in städtischen Gebieten leben, in welchen der Schulweg signifikant kürzer ist als in ländlichen Gebieten. Der Schulweg von Kindern mit höher gebildeten Eltern ist dementsprechend etwas kürzer als der von Kindern mit niedriger gebildeten Eltern (5,55km versus 5,62km). Ein Indiz dafür, dass Familien mit höherem Bildungshintergrund einen längeren Schulweg als Mittel zum Zweck sehen, um eine qualitativ hochwertigere Schule bzw. ein Gymnasium zu besuchen, liefert die Variable, ob die räumlich nächstgelegene Schule der besuchten Schulform auch die besuchte Schule ist. Hier ist der Anteil der Familien mit niedriger Bildungsherkunft signifikant höher als derjenige von Familien mit höherer Bildungsherkunft (67% gegenüber 58%). In den multivariaten Modellen wird für diese Variablen kontrolliert, sodass hiervon keine Verzerrungen zur befürchten sind.

Bei der deskriptiven Betrachtung des Zusammenhangs von Schulweg und Deutschnote, zeigt sich kein deutlicher Einfluss. Eine kleine Tendenz hinsichtlich des erwarteten Effekts lässt sich jedoch beobachten, da Schülerinnen und Schüler mit sehr guten und guten Noten mit 5,54km einen minimal kürzeren Schulweg zu bewältigen haben als Schülerinnen und Schüler mit schlechteren Noten (5,60km). Der Mittelwertvergleich ist hier jedoch nicht signifikant. Auch bei der Mathematiknote ist der Einfluss des Schulwegs sehr gering. Im Gegensatz zur Deutschnote zeigt sich hier jedoch eine umgekehrte Tendenz, da Schülerinnen und Schüler mit sehr guten oder guten Mathematiknoten mit 5,62km einen längeren Schulweg haben, als Schülerinnen und Schüler mit schlechteren Noten (5,53km). Auch hier zeigt der Mittelwertvergleich keine Signifikanz. Wird zusätzlich nach Bildungshintergrund der Familie differenziert (Abbildung 1), wird für die Deutschleistung, entgegen unserer Erwartungen (H2), nur für Familien mit höherem Bildungshintergrund ein negativer Zusammenhang (nicht signifikant) sichtbar, sodass diejenigen mit schlechteren Noten einen längeren Schulweg haben. Für Kinder, deren Eltern keine Hochschulreife haben, zeigt sich eine gegenteilige Tendenz. Bei den Mathematiknoten haben in beiden Bildungsgruppen die Schülerinnen und Schüler mit längeren Schulwegen bessere Noten (nicht signifikant), was der aufgestellten Hypothesen widerspricht. Nun gilt es zu prüfen, ob sich die in den Daten bisher beobachteten Tendenzen auch nach Kontrolle wichtiger Determinanten der Schulnoten und der residentiellen Segregation zeigen.

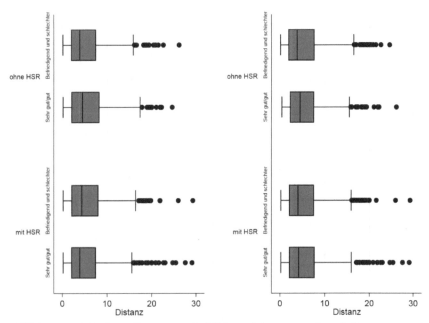

Abbildung 1 Schulwegdistanz nach Bildungshintergrund und Deutsch- und Mathematiknoten

Multivariate Analysen

Nach Berechnung der logistischen Regressionen mit geclusterten Standardfehlern für die Klassenzugehörigkeit und Berücksichtigung der oben aufgelisteten Variablen zu den Determinanten der Schulleistung zeigt sich für die Deutschnote ein schwacher, signifikanter negativer Zusammenhang mit der Distanz des Schulwegs (Tabelle 2, Modell 1). Somit sinkt für Kinder unter Kontrolle aller anderen Variablen die vorhergesagte Wahrscheinlichkeit für sehr gute oder gute Deutschnoten um 0,43 Prozentpunkte, wenn sich die Distanz zur besuchten Schule um einen Kilometer vergrößert. Gleichzeitig ist zu erkennen, dass andere Determinanten erheblich größeren Einfluss auf die Deutschnote haben als der Schulweg. So haben Kinder aus Familien mit höherem Bildungshintergrund, Mädchen, Jüngere, Schülerinnen und Schüler mit besserer Lesekompetenz, besseren Deutschnoten aus dem Vorjahr und stärkerem Selbstkonzept im Fach Deutsch sowie mit besseren Werten in der Anstrengungsbereitschaft höhere Chancen auf eine sehr gute oder gute Deutschnote.

Von besonderem Interesse ist, wie sich der Effekt des Schulwegs nach sozialer Herkunft unterscheidet. Hierzu wurde zum einen das Modell getrennt für Kinder mit Eltern mit und ohne Hochschulzugangsberechtigung berechnet (Tabelle 2, Modelle 3 und 4). Zum anderen wurde der Interaktionseffekt zwischen Distanz und Bildung der Eltern berechnet und graphisch dargestellt (Tabelle 2, Modell 2 und Abbildung 2). Die getrennten Modelle zeigen lediglich einen signifikanten negativen Effekt des Schulwegs auf die Deutschnote bei Kindern mit höherem Bildungshintergrund. Auch die anderen signifikanten Einflussfaktoren zeigen sich eher für diese Gruppe, was allerdings in der höheren Fallzahl begründet sein kann. Betrachtet man den Interaktionseffekt im gemeinsamen Modell (Tabelle 2, Modell 2 und Abbildung 2), so zeigt sich der negative Effekt des Schulwegs, entgegen der Erwartungen, ebenso insbesondere für Schülerinnen und Schüler, deren Eltern die Hochschulreife besitzen. Hier haben Kinder ab einer Distanz von etwa 14km eine geringere Wahrscheinlichkeit sehr gute oder gute Deutschnoten zu erhalten als ihre Mitschülerinnen und Mitschüler mit niedrigerem Bildungshintergrund. Für diese Gruppe bleibt die Wahrscheinlichkeit sehr gute oder gute Deutschnoten zu erreichen mit größer werdender Distanz zur besuchten Schule nahezu konstant.

Tabelle 2 Multivariate logistische Regression: Wahrscheinlichkeit für eine sehr gute/gute Deutschnote

	Modell 1		Modell 2 + Interaktion		Modell 3 Eltern ohne HSR		Modell 4 Eltern mit HSR	
	OR	AME	OR	AME	OR	AME	OR	AME
Schulwegdistanz	0,970+	-0,0043+	1,000	-0,0046*	1,017	0,0027	0,935**	-0,0089**
Eltern mit HSR	1,568**	0,0643**	2,096***	0,0660**				
Nettoäquivalenzeinkommen	1,000*	0,0000*	1,000*	0,00005*	1,000	0,0000	1,000*	0,0000*
Geschlecht - weiblich	1,571***	0,0646***	1,582***	0,0654***	1,271	0,0369	1,712***	0,0709***
Alter	0,589**	-0,0757**	0,588**	-0,0757**	0,780	-0,0383	0,503***	-0,0906***
Migrationshintergrund	1,012	0,0018	1,021	0,0029	1,298	0,0401	0,956	-0,0059
Schlussfolgern	1,013	0,0018	1,014	0,0020	1,023	0,0035	1,012	0,0016
Lesekompetenz	1,047***	0,0066***	1,048***	0,0066***	1,047***	0,0071***	1,051***	0,0066***
Deutschnote Klasse 5	5,701***	0,249***	5,712***	0,249***	4,536***	0,233***	6,655***	0,250***
Selbstkonzept Deutsch	1,569***	0,0644***	1,568***	0,0642***	1,656**	0,0776***	1,594***	0,0615***
Sachinteresse Deutsch	1,143	0,0192	1,144	0,0192	0,952	-0,0076	1,328*	0,0374*
Anstrengungsbereitschaft	1,555***	0,0631***	1,564***	0,0638***	1,407*	0,0526*	1,668***	0,0675***
Interaktion Eltern mit HSR * Schulwegdistanz			0,950+	1				
N	1850		1850		698		1152	
Pseudo R2	0,360		0,361		0,277		0,401	

Quelle: Nationales Bildungspanel (NEPS), Startkohorte 3, eigene Berechnungen

Anm.: + p<0,10; *p<0,05; **p<0,01; ***p<0,001; OR = Odds Ratio; AME = Average Marginal Effects. In allen Modellen ist für Schulzweig, Bundesland der Schule, Region und der Angabe, ob die besuchte Schule die nächstgelegene Schule ist, kontrolliert.

Sozialwissenschaftliche Datenerhebung im digitalen Zeitalter 239

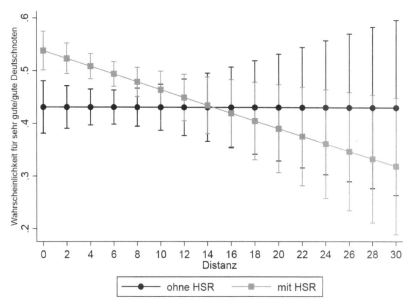

Abbildung 2 Wahrscheinlichkeit für sehr gute/gute Deutschnoten – Interaktionseffekt der Distanz nach Bildungshintergrund

Da das Ergebnis der getrennten Modelle und des Interaktionseffekts in die entgegengesetzte Richtung als ursprünglich vermutet zeigt, wurden die Modelle mit anderen Indikatoren der sozialen Herkunft – statt des Bildungshintergrunds und des Nettoäquivalenzeinkommens mit dem HISEI (Abbildung 3) und der EGP-Klassifikation (Abbildung 4) – berechnet, um die Robustheit des Effekts der sozialen Herkunft zu prüfen. Für alle Indikatoren zeigt sich die gleiche Tendenz: Kinder mit höherer sozialer Herkunft haben mit steigender Distanz zur besuchten Schule eine geringere Chance auf sehr gute oder gute Deutschnoten. Dieser Effekt ist für alle Indikatoren der sozialen Herkunft – jedoch am wenigsten stark unter Verwendung des HISEIs – für Kinder mit höherer sozialer Herkunft stärker als für Kinder mit niedrigerer sozialer Herkunft, wenngleich bei einer sehr geringen Distanz die Wahrscheinlichkeit für sehr gute oder gute Deutschnoten für Schülerinnen und Schüler aus Familien mit höherem sozialen Hintergrund deutlich höher liegt als für Schülerinnen und Schüler aus Familien mit niedrigerer sozialen Herkunft.

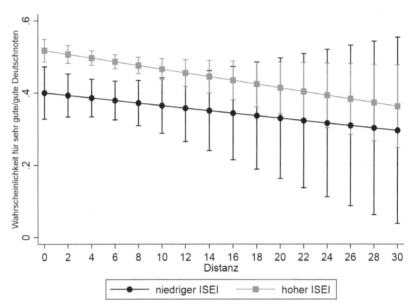

Abbildung 3 Wahrscheinlichkeit für sehr gute/gute Deutschnoten – Interaktionseffekt der Distanz nach HISEI

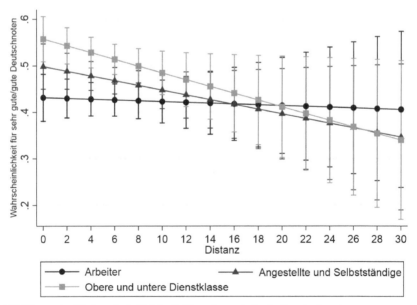

Abbildung 4 Wahrscheinlichkeit für sehr gute/gute Deutschnoten – Interaktionseffekt der Distanz nach EGP

Tabelle 3 zeigt die Analysen zur Mathematiknote. Hier wurde analog zur Berechnung der Deutschnote vorgegangen. Demzufolge bildet das Modell 1 alle Determinanten für das gesamte Analysesample ab. Im Gegensatz zu den Deutschnoten, hat hier der Schulweg keinen signifikanten Einfluss. Entscheidende Faktoren für die Mathematiknote sind den Berechnungen zufolge der Migrationshintergrund, die Mathematikkompetenz, Jahresabschlussnoten aus dem Vorjahr, das Interesse und Selbstkonzept im Fach Mathematik sowie die Anstrengungsbereitschaft.

Differenziert nach Bildungshintergrund zeigen sich auch hier mehr Einflussfaktoren für die Gruppe der Kinder mit höherem Bildungshintergrund als für die Gruppe der Kinder mit niedrigerem Bildungshintergrund (Modelle 3 und 4). Dies könnte aber ebenfalls an der höheren Fallzahl liegen. Da der Schulweg keinen signifikanten Einfluss auf die Mathematiknote zeigt, wurde auf eine graphische Darstellung des Interaktionseffekts der sozialen Herkunft verzichtet. Insgesamt ist dieser Effekt weniger robust und weist höhere p-Werte auf als bei der Deutschnote (Modell 2). Für die Unterscheidung nach vorhandener Hochschulreife und EGP-Klassifikation zeigt sich eine ähnliche Tendenz, wenn auch weniger deutlich, wie die der Deutschnote. Der HISEI zeigt für die Mathematiknoten hingegen den ursprünglich erwarteten Effekt: Kinder mit niedrigerem sozialen Hintergrund haben mit größer werdender Distanz eine signifikant geringere Wahrscheinlichkeit auf sehr gute oder gute Mathematiknoten. Der Effekt für Kinder mit höherem sozialen Hintergrund bleibt jedoch mit steigender Distanz nahezu konstant.

Da es keinen bedeutenden Zusammenhang zwischen Schulweg und Schulleistung gibt, wird auf die Berechnung des kritischen Schwellenwerts an dieser Stelle verzichtet, insbesondere, da auch der jeweilige AUC-Wert auf einen eher zufälligen Prozess hinweist.

Tabelle 3   Multivariate logistische Regression: Wahrscheinlichkeit für eine sehr gute/gute Mathematiknote

	Modell 1		Modell 2 + Interaktion		Modell 3 Eltern ohne HSR		Modell 4 Eltern mit HSR	
	OR	AME	OR	AME	OR	AME	OR	AME
Schulwegdistanz	0,987	-0,0020	0,993	-0,0020	1,002	0,0003	0,978	-0,0034
Eltern mit HSR	1,140	0,0204	1,201	0,0206				
Nettoäquivalenzeinkommen	1,000+	-0,0000+	1,000+	-0,0000+	1,000	-0,0000	1,000+	-0,0000+
Geschlecht - weiblich	0,823	-0,0302	0,825	-0,0299	0,789	-0,0370	0,853	-0,0239
Alter	0,837	-0,0277	0,836	-0,0278	0,855	-0,0245	0,778	-0,0380
Migrationshintergrund	0,649*	-0,0671*	0,650*	-0,0670*	0,990	-0,0016	0,489**	-0,108**
Schlussfolgern	1,021	0,0033	1,021	0,0033	0,952	-0,0076	1,075+	0,0110+
Lesekompetenz	1,103***	0,0152***	1,103***	0,0152***	1,087**	0,0131**	1,110***	0,0157***
Mathenote Klasse 5	3,724***	0,204***	3,720***	0,204***	3,520***	0,196***	3,963***	0,208***
Selbstkonzept Mathe	1,264**	0,0364**	1,264**	0,0364**	1,241	0,0337	1,314*	0,0412*
Sachinteresse Mathe	1,457***	0,0585***	1,459***	0,0587***	1,538***	0,0672***	1,390**	0,0498**
Anstrengungsbereitschaft	2,062***	0,112***	2,063***	0,113***	2,069***	0,113***	2,044***	0,108***
Interaktion								
Eltern mit HSR*Schulwegdistanz			0,991					
N	1850		1850		698		1152	
Pseudo R^2	0,314		0,314		0,293		0,333	

Quelle: Nationales Bildungspanel (NEPS), Startkohorte 3, eigene Berechnungen

Anm.: + $p<0{,}10$; * $p<0{,}05$; ** $p<0{,}01$; *** $p<0{,}001$; OR = Odds Ratio; AME = Average Marginal Effects. In allen Modellen ist für Schulzweig, Bundesland der Schule, Region und der Angabe, ob die besuchte Schule die nächstgelegene Schule ist, kontrolliert.

6 Der Schulweg als Einflussfaktor auf Schulleistungen?

Die Ergebnisse der deskriptiven und Regressionsanalysen zeigen insgesamt keinen bedeutenden Zusammenhang zwischen Schulweg und Schulleistungen. Die erste aufgestellte Hypothese, je länger die Distanz zur Schule, umso geringer die Schulleistungen, kann nur für die Deutschnote bestätigt werden. Im Vergleich zu anderen Determinanten der Schulleistung, ist der Effekt jedoch sehr gering und auch nur schwach signifikant. Für das Fach Mathematik zeigt sich kein signifikanter Einfluss des Schulwegs auf die Schulleistung. Eine mögliche Erklärung hierfür könnte in den unterschiedlichen Lerninhalten der Schulnoten liegen und die Möglichkeit den Schulweg als Lernweg zu begreifen. Dies ist für Mathematikaufgaben wahrscheinlicher, da die Zeit des (passiven) Schulwegs zum Einprägen von Formeln oder zum Abschreiben von Hausaufgaben genutzt werden kann. Aufgrund der Subjektivität und Individualität von Deutschaufgaben kann der Schulweg in diesem Schulfach weniger als Lerngelegenheit gesehen werden.

Die zweite Hypothese, dass längere Distanzen weniger Einfluss auf die Schulleistungen von Schülerinnen und Schülern mit höherer sozialer Herkunft und einen negativen Einfluss auf die Schulleistungen von Schülerinnen und Schülern mit niedrigerer sozialer Herkunft haben, konnte in den Interaktionseffekten und getrennt berechneten Modellen nicht bestätigt werden. Es zeigt sich vielmehr eine Tendenz in die gegenteilige Richtung, sodass der negative Effekt der Schulwegdistanz bei Kindern mit höherer sozialer Herkunft auftritt und der Schulweg für Kinder mit niedrigerer sozialer Herkunft weniger von Bedeutung ist (zumindest für die Schulleistungen im Fach Deutsch). Eine mögliche Erklärung könnte in der Wahl des Transportmittels liegen. Denkbar ist, dass Schülerinnen und Schüler mit höherer sozialer Herkunft eher von ihren Eltern mit dem Auto zur Schule gebracht werden und Schülerinnen und Schüler mit niedrigerer sozialer Herkunft die gleiche Strecke aktiv zurücklegen. Aus der bisherigen Forschung ist bekannt, dass eine aktive Schulweggestaltung mit positiven Auswirkungen einhergeht. Somit würden Schülerinnen und Schüler mit niedriger sozialer Herkunft von der physischen Aktivität auf dem Schulweg profitieren. Eine Kontrolle des Transportmittels wäre somit dringend notwendig, ist aufgrund der fehlenden Informationen hier jedoch nicht möglich.

Neben dieser Einschränkung, gibt es noch weitere Limitationen, die bei der Interpretation der Ergebnisse zu beachten sind: Zum einen handelt es sich um erste Ergebnisse, welche aufgrund der Complete Case-Analysen positiv selektiert sind. Das heißt, durch die Einschränkung des Analysesamples auf Fälle mit vollständigen Informationen sind Kinder mit schlechteren Schulleistungen, niedrigerer sozialer Herkunft, Hauptschülerinnen und -schüler, Schülerinnen und Schüler mit schlechteren kognitiven Fähigkeiten und mit Migrationshintergrund unterrepräsentiert (siehe dazu Tabelle 1). Die bisherige Forschung zum Thema Schulweg, wie auch der theoretische Rahmen haben zudem gezeigt, dass weniger die Distanz des Schulwegs, sondern vielmehr die für den Schulweg verwendete Zeit und wie sie genutzt wird, von Bedeutung sind. Diese Informationen standen in den hier verwendeten Daten jedoch nicht zur Verfügung, sollten aber in zukünftigen Untersuchungen dringend berücksichtigt werden. Forschungsarbeiten zu den Determinanten der Schulleistungen weisen darüber hinaus auf Lehrer- und Klassenmerkmale als entscheidende Einflussfaktoren hin. Aufgrund einer Großzahl fehlender Werte und der mangelnden hierarchischen Datenstruktur (teilweise nur ein Kind pro Klasse) konnten diese Informationen jedoch nicht in den Analysen kontrolliert werden. Nichtsdestotrotz hat sich gezeigt, dass der Schulweg und somit der räumliche Bezug generell ein interessanter Untersuchungsgegenstand in der Forschung zu den Determinanten der Schulleistung von Schülerinnen und Schülern sein kann. Aufgrund der unbefriedigenden Datenlage wären jedoch weitere Forschungsarbeiten in diesem Bereich unter Berücksichtigung der hier angegebenen Limitationen notwendig.

6 Schlussfolgerung – Das Potenzial georeferenzierter Daten für die empirische Bildungsforschung

Immer mehr Studien (z.B. SOEP oder Mikrozensus) erweitern ihr Datenangebot um kleinräumigere strukturelle Informationen mittels Verfahren der Georeferenzierung. So können beispielsweise Nachbarschaftseffekte oder Opportunitätsstrukturen in Analysen der empirischen Bildungsforschung besser abgebildet werden. Durch Geokodierung von Anschriften können zudem Distanzen kalkuliert und an die vorhandenen Umfragedaten angespielt werden. Das Projekt „Schulwege und ihre Bedeutung für Schulleistungen (SBS)" hat zum Ziel die NEPS-Daten mit Distanzen anzureichern, damit Entfernungen zu relevanten Bildungseinrichtungen in den Analysen von Bildungsforscherinnen und -forschern eingebunden werden können. Dies wurde in diesem Beitrag beispielhaft für die Daten der Startkohorte 3 des NEPS unter Bearbeitung der Frage, ob der Schulweg eine Determinante der Schulleistung von Schülerinnen und Schülern der sechsten Klasse darstellt, durchgeführt. Auch wenn die Ergebnisse in diesem Fall auf keinen bedeutenden Zusammenhang zwischen Schulweg und Schulnoten hinweisen, könnte die Entfernung zu relevanten Bildungseinrichtungen in anderen Lebensphasen des Bildungsverlaufs, zum Beispiel im Hinblick auf wichtige Bildungsentscheidungen, dennoch eine größere Rolle spielen. Aus diesem Grund sollen die Scientific Use Files der verschiedenen Startkohorten des NEPS (SC1 Neugeborene, SC2 Kindergarten, SC3 Klasse 5, SC4 Klasse 9, SC5 Studierende und SC6 Erwachsene) um die Möglichkeit raumbezogener Analysen mit Blick auf zwei Dimensionen erweitert werden. Zum einen sollen Distanzen zu den je aktuell besuchten Einrichtungen generiert werden. Zum anderen sollen Distanzen zu den räumlich nächstgelegenen Einrichtungen und die Anzahl an Bildungseinrichtungen in bestimmten Umkreisen zur Abbildung des objektiven Bildungsangebots für relevante Bildungsentscheidungen bereitgestellt werden. Voraussetzung für die Berechnung dieser Distanzmaße ist immer eine vorhandene Wohnadresse. Im Falle der ersten Dimension bedarf es zudem einer korrekten Anschrift der besuchten Bildungseinrichtung. Für die Berechnung der Entfernung zu den nächstgelegenen Bildungseinrichtungen und der Anzahl der Einrichtungen in bestimmten Umkreisen werden zudem vollständige und valide Listen des vorhandenen Bildungsangebots mit zugehöriger Adressen für die verschiedenen Zeitpunkte der Bildungsentscheidungen benötigt. Welche Distanzmaße in den verschiedenen Startkohorten des NEPS sinnvoll, relevant und aufgrund vorhandener, valider Adressen möglich sind, wird in der weiteren Projektlaufzeit geprüft. Daraufhin sollen die entsprechenden Distanzmaße berechnet und an die vorhandenen Daten der Startkohorten angespielt werden, sodass sie jeder Nutzerin und jedem Nutzer mit Interesse an raumbezogener Bildungsforschung zur Verfügung stehen.

Literatur

Andersson, E., Malmberg, B., & Östh, J. (2012). Travel to school distances in Sweden 2000–2006: Changing school geography with equality implications. *Journal of Transport Geography, 23*, 35–43.

Asahi, K. (2014). *The impact of better school accessibility on student outcomes* (SERC Discussion Papers 156).

Badura, B., Ducki, A., Schröder, H., Klose, J., & Meyer, M. (2012). *Fehlzeiten-Report 2012: Gesundheit in der flexiblen Arbeitswelt: Chancen nutzen, Risiken minimieren*. Berlin, Heidelberg: Springer.

Bargel, T., & Kuthe, M. (1992). Regionale Disparitäten und Ungleichheiten im Schulwesen. In P. Zedler & T. Bargel (Hrsg.), *Strukturprobleme, Disparitäten, Grundbildung in der Sekundarstufe I* (S. 41–105). Weinheim: Deutscher Studien Verlag.

Baumert, J., Artelt, C., Klieme, E., Neubrand, M., Prenzel, M., Schiefele, U., et al. (2002). *PISA 2000 - Die Länder der Bundesrepublik Deutschland im Vergleich*. Wiesbaden, s.l.: VS Verlag für Sozialwissenschaften.

Berndt, J., Busch, D.W., & Schönwälder, H.-G. (Hrsg.) (1982). *Schul-Arbeit: Belastung und Beanspruchung von Schülern*. Braunschweig: Westermann.

Blossfeld, H.-P., Roßbach, H.-G., & Maurice, J. von (2011). Education as a Lifelong Process: The German National Educational Panel Study (NEPS). *Zeitschrift für Erziehungswissenschaft, Sonderheft 14*.

Boudon, R. (1974). *Education, opportunity, and social inequality: Changing prospects in Western society*. New York: Wiley.

Bourdieu, P. (2012). Ökonomisches Kapital, kulturelles Kapital, soziales Kapital. In U. Bauer, U.H. Bittlingmayer, & A. Scherr (Hrsg.), *Handbuch Bildungs- und Erziehungssoziologie* (S. 229–242). Wiesbaden: VS Verlag für Sozialwissenschaften.

Brandl-Bredenbeck, H.-P., Brettschneider, W.-D., Keßler, C., & Stefani, M. (2010). *Kinder heute: Bewegungsmuffel, Fastfoodjunkies, Medienfreaks? Eine Lebensstilanalyse*. Aachen: Meyer & Meyer.

Burgess, S., Greaves, E., Vignoles, A., & Wilson, D. (2015). What Parents Want: School Preferences and School Choice. *The Economic Journal, 125*(587), 1262–1289.

Caspar, R., Friedrich, R., & Sikorski, P.B. (1994). *Zeitliche Beanspruchung von Schülern: Untersuchungen des Zeitaufwands für die Schule*. Stuttgart: Landesamt für Erziehung und Unterricht.

Contreras, D., Hojman, D., Matas, M., Rodriguez, P., & Suárez, N. (2018). *The impact of commuting time over educational achievement: A machine learning approach*. Working Paper. University of Chile, Santiago de Chile.

Costa, R.P., Vieira, C., & Vieira, I. (2017). How far is too far? An analysis of students' perceptions of the impact of distance between university and family home on academic performance. *European Review Of Applied Sociology, 10*(15), 28–40.

Dahrendorf, R. (1965). *Bildungs ist Bürgerrecht*. Hamburg: Nannen-Verlag.

Deißner, D. (2013). Theoretischer und empirischer Hintergrund. In D. Deißner (Hrsg.), *Chancen bilden* (S. 189–214). Wiesbaden: Springer Fachmedien.

Ditton, H. (2007). Schulwahlentscheidungen unter sozial-regionalen Bedingungen. In O. Böhm-Kasper, C. Schuchart, & U. Schulzeck (Hrsg.), *Kontexte von Bildung: Erweiterte Perspektiven in der Bildungsforschung* (S. 21–38). Münster: Waxmann.

Easton, S., & Ferrari, E. (2015). Children's travel to school - The interaction of individual, neighbourhood and school factors. *Transport Policy, 44*, 9–18.

Ebinum, S.U., & Nelly, Emanuel Akamague, Igboh, Benedict, Ugbong (2017). The Relationship Between School Distance And Academic Achievement Of Primary School Pupils In Ovia North-East Lga, Edo State, Nigeria. *International Journal of Advanced Research and Publications, 1*(5), 427–435.

Eimer, A. (1980). *Der Fahrschüler - Die Einflüsse des morgendlichen Schulweges auf das Aufmerksamkeits-Belastungsniveau von Pflichtschülern*. Wien: Universität Wien.

Elsäßer, S. (2017). *Komponenten von schulischen Leistungen: Eine Analyse zu Einflussfaktoren auf die Notengebung in der Grundschule*. Dissertation. München: Universitätsbibliothek.

Erikson, R., & Goldthorpe, J.H. (1992). *The constant flux: A study of class mobility in industrial societies*. Oxford: Clarendon Press.

Esser, H. (1999). *Soziologie. Spezielle Grundlagen. Band 1: Situationslogik und Handeln*. Frankfurt am Main: Campus.

Falch, T., Lujala, P., & Strøm, B. (2013). Geographical constraints and educational attainment. *Regional Science and Urban Economics, 43*(1), 164–176.

Forschungszentrum Demografischer Wandel (FZDW) (2017). *Newsletter zur Panelstudie Gesundheitsverhalten und Unfallgeschehen im Schulalter (GUS)*. Frankfurt am Main.

Ganzeboom, H.B., Graaf, P.M. de, & Treiman, D.J. (1992). A standard international socio-economic index of occupational status. *Social Science Research, 21*(1), 1–56.

García-Hermoso, A., Saavedra, J.M., Olloquequi, J., & Ramírez-Vélez, R. (2017). Associations between the duration of active commuting to school and academic achievement in rural Chilean adolescents. *Environmental Health and Preventive Medicine, 22*(1), 31.

Gebers, K., & Graze, P. (2019). Statistische Datengewinnung durch die Nutzung Geografischer Informationen. *WISTA - Wissenschaft und Statistik*(4), 11–18.

Graf, O., & Rutenfranz, J. (1958). *Zur Frage der Belastung von Jugendlichen*. Köln und Opladen: Westdeutscher Verlag.

Grobe, T. (2012). *Gesundheitsreport der Techniker Krankenkasse mit Daten und Fakten zu Arbeitsunfähigkeiten und Arzneiverordnungen: Schwerpunktthema: Mobilität, Flexibilität, Gesundheit*. Hamburg: Techniker Krankenkasse.

Hopf, K. (2008). *Wenn der Schulweg zur Qual wird: Empirische Untersuchung zum Schulbusphänomen*. Saarbrücken: VDM Verlag Dr. Müller.

Hoschna-Lauenstein, A. (1990). *Belastung und Erholung bei Schulkindern in einem oberbayerischen Landkreis (Rosenheimer Studie): „Der Schulweg"*. Dissertation. München: LMU.

Ikeda, E., Hinckson, E., Witten, K., & Smith, M. (2019). Assessment of direct and indirect associations between children active school travel and environmental, household and child factors using structural equation modelling. *International Journal of Behavioral Nutrition and Physical Activity, 16*(16), 32.

Kallio, J., Turpeinen, S., Hakonen, H., & Tammelin, T. (2016). Active commuting to school in Finland, the potential for physical activity increase in different seasons. *International Journal of Circumpolar Health, 75*(33319), 1–7.

Kaufmann-Hayoz, R., Hofmann, H., Haefeli, U., Oetterli, M., Steiner, R., & Albisser, R. (2010). *Der Verkehr aus Sicht der Kinder: Der Schulweg von Primarschulkindernin der Schweiz*. Bern: Bundesamt für Straßen.

Kehne, M. (2011). *Zur Wirkung von Alltagsaktivität auf kognitive Leistungen von Kindern: Eine empirische Untersuchung am Beispiel des aktiven Schulwegs*. Dissertation. Aachen: Meyer & Meyer.

Kemper, T., & Weishaupt, H. (2011). Region und soziale Ungleichheit. In H. Reinders, H. Ditton, C. Gräsel, & B. Gniewosz (Hrsg.), *Empirische Bildungsforschung: Gegenstandsbereiche* (S. 209–219). Wiesbaden: VS Verlag für Sozialwissenschaften / Springer Fachmedien.

Kobus, M.B., van Ommeren, J.N., & Rietveld, P. (2015). Student commute time, university presence and academic achievement. *Regional Science and Urban Economics, 52*, 129–140.

Larouche, R., Sarmiento, O.L., Broyles, S.T., Denstel, K.D., Church, T.S., Barreira, T.V., et al. (2015). Are the correlates of active school transport context-specific? *International Journal of Obesity Supplements, 5*(2), 89–99.

Leven, I., & Schneekloth, U. (2007). Die Schule - frühe Vergabe von Lebenschancen. In K. Hurrelmann (Hrsg.), *Kinder in Deutschland 2007: 1. World-Vision-Kinderstudie* (S. 111–142). Frankfurt am Main: Fischer.

Martínez-Gómez, D., Ruiz, J.R., Gómez-Martínez, S., Chillón, P., Rey-López, J.P., Díaz, L.E., et al. (2011). Active commuting to school and cognitive performance in adolescents: The AVENA study. *Archives of Pediatrics & Adolescent Medicine, 165*(4), 300–305.

Mayr Johannes, Hofer, M., & Huemer, G. (1990). Schul-Arbeit: Wie lange brauchen Schüler für ihre schulbezogenen Tätigkeiten? *Unser Weg, 45*(1), 4–7.

Mehdizadeh, M., Mamdoohi, A., & Nordfjaern, T. (2017). Walking time to school, children's active school travel and their related factors. *Journal of Transport & Health, 6*, 313–326.

Ortner, R., & Stork, B. (1980). *Zur Frage der gesundheitlichen Belastung von Grundschulkindern durch das Schulbusfahren*. Bamberg: Universität Bamberg.

Pfaff, S. (2014). Pendelentfernung, Lebenszufriedenheit und Entlohnung: Eine Längsschnittuntersuchung mit den Daten des SOEP von 1998 bis 2008. *Zeitschrift für Soziologie, 43*(2), 113–130.

Projektgruppe Belastung (Hrsg.) (1998). *Belastung in der Schule? Eine Untersuchung an Hauptschulen, Realschulen und Gymnasien Baden-Württembergs*. Weinheim: Deutscher Studien-Verlag.

Riedel, A., Schneider, K., Schuchart, C., & Weishaupt, H. (2010). School choice in German primary schools. How binding are school districts? *Journal for Educational Research Online Volume 2, 1*, 94–120.

Rodríguez-López, C., Salas-Fariña, Z.M., Villa-González, E., Borges-Cosic, M., Herrador-Colmenero, M., Medina-Casaubón, J., et al. (2017). The threshold distance associated with walking from home to school. *Health Education & Behavior, 44*(6), 857–866.

Rothe, K. (2007). *Bullying auf dem Schulweg: das Schulbus-Phänomen Erstellung eines Persönlichkeitsprofils von Tätern und Opfern: eine empirische Studie in Thüringen.* Jena: Universität Jena.

Rüger, H., & Schulze, A. (2016). Zusammenhang von beruflicher Pendelmobilität mit Stresserleben und Gesundheit. *Prävention und Gesundheitsförderung, 11*(1), 27–33.

Ruiz-Hermosa, A., Álvarez-Bueno, C., Cavero-Redondo, I., Martínez-Vizcaíno, V., Redondo-Tébar, A., & Sánchez-López, M. (2019). Active commuting to and from school, cognitive performance, and academic achievement in children and adolescents: A systematic review and meta-analysis of observational Studies. *International Journal of Environmental Research and Public Health, 16*(10).

Rummer, R., & Herzmann, P. (2015). Beeinflusst die Dauer des Schulwegs die Schulnoten. *Zeitschrift für Schulentwicklung und Schulmanagement, 24*(3), 221–223.

Sixt, M., Bayer, M., & Müller, D. (Hrsg.) (2018). *Bildungsentscheidungen und lokales Angebot: Die Bedeutung der Infrastruktur für Bildungsentscheidungen im Lebensverlauf.* Münster: Waxmann.

Stark, J., Meschik, M., Singleton, P.A., & Schützhofer, B. (2018). Active school travel, attitudes and psychological well-being of children. *Transportation Research Part F: Traffic Psychology and Behaviour, 56*, 453–465.

Statistische Ämter des Bundes und der Länder (2020). Krankenhausatlas 2016. Statistische Ämter des Bundes und der Länder. https://krankenhausatlas.statistikportal.de/.

Statistisches Bundesamt (Destatis) (2018). *Ihr Nutzen. Unser Auftrag.* Wiesbaden.

Stöhr, I., & Sixt, M. (2018). Exkurs: Schulwege im Kontext von Belastung und Beanspruchung. In M. Sixt, M. Bayer, & D. Müller (Hrsg.), *Bildungsentscheidungen und lokales Angebot: Die Bedeutung der Infrastruktur für Bildungsentscheidungen im Lebensverlauf* (S. 115–137). Münster: Waxmann.

Talen, E. (2001). School, community, and spatial equity: An empirical investigation of access to elementary schools in West Virginia. *Annals of the Association of American Geographers, 91*(3), 465–486.

Tigre, R., Sampaio, B., & Menezes, T. (2017). The impact of commuting time on youth's school Performance. *Journal of Regional Science, 57*(1), 28–47.

van Dijk, M.L., De Groot, Renate H M, van Acker, F., Savelberg, Hans H C M, & Kirschner, P.A. (2014). Active commuting to school, cognitive performance, and academic achievement: an observational study in Dutch adolescents using accelerometers. *BMC public health, 14*(799).

vbw - Vereinigung der Bayerischen Wirtschaft e.V. (2019). *Region und Bildung. Mythos Stadt - Land: Gutachten.* Münster: Waxmann.

Vieira, C., Vieira, I., & Raposo, L. (2017). Distance and academic performance in higher education. *Spatial Economic Analysis, 13*(1), 60–79.

Voulgaris, C.T., Smart, M.J., & Taylor, B.D. (2017). Tired of Commuting? Relationships among Journeys to School, Sleep, and Exercise among American Teenagers. *Journal of Planning Education and Research, 39*(2), 142–154.

Westman, J., Olsson, L.E., Gärling, T., & Friman, M. (2017). Children's travel to school: Satisfaction, current mood, and cognitive performance. *Transportation, 44*(6), 1365–1382.

Yang, Y., Ivey, S.S., Levy, M.C., Royne, M.B., & Klesges, L.M. (2016). Active travel to school: findings from the survey of US health behavior in school-aged Children, 2009-2010. *The Journal of School Health, 86*(6), 464–471.

Yeung, R., & Nguyen-Hoang, P. (2019). It's the journey, not the destination: The effect of school travel mode on student achievement. *Journal of Urbanism: International Research on Placemaking and Urban Sustainability, 5*(6), 1–17.

Give a Little, Take a Little?
A Factorial Survey Experiment on Students' Willingness to Use an AI-based Advisory System and to Share Data

Edgar Treischl, Sven Laumer, Daniel Schömer, Jonas Weigert, Karl Wilbers & Tobias Wolbring

Friedrich-Alexander-Universität Erlangen-Nürnberg

Abstract

Given its ability to handle a large amount of data, artificial intelligence (AI) has the potential to improve data-driven decisions under various situations. The present research identifies the necessary conditions for the implementation of an AI-based advisory system (AS) in higher education. Using a factorial survey design, we examine experimentally varied features of an AI-based AS to explore students' *willingness to use* it and students' *willingness to share* their data as a core challenge for successful implementation. Theoretically, we focus on the perceived costs and benefits to explain students' intention, but we also highlight the role of trust and privacy concerns in regard to collecting data for the AS. In terms of benefits, information about the *predictive power* of the AS significantly increases students' intention to use the tool and to share data and thus offers an incentive for students to share data. Moreover, a disproportionately long *survey duration* and *survey topics* that seem unrelated to the AS reduce students' willingness to share data. With respect to trust and privacy concerns, our results indicate that providing *transparent information* about the AS has no effect on students' willingness to share data, while aspects regarding who has *access* to the AS results and a long period of *data storage* reduce students' intentions to share data. Based on these findings, we advise universities to communicate students' expected benefits from a system to implement the AS, but we also recommend seriously considering students' privacy concerns. Who has access to the data and the results of the AS should be transparent, as well as for what reason and how long. Otherwise, a substantial and probably selective part of the student body may not use the tool or share data due to privacy concerns.

Keywords: Willingness to share data, advisory systems in higher education, privacy concerns

1 Introduction

Artificial intelligence (AI) – understood as consisting of intelligent self-learning machines – has the potential to support and improve data-driven decisions in various situations due to its capacity to handle an enormous amount of data: among other uses, AI has been used to develop *traffic management systems* (Nallaperuma et al. 2019) and *industrial plants* (Acatech 2020), to enhance *leukaemia diagnosis* (Chin Neoh et al. 2015), and to handle *flood management* (Sajjad and Simonovic 2006). In higher education, studies show that AI can provide guidance for *choosing a field of study* (Romero and Ventura 2020), provide *performance feedback* to reduce the dropout rate (Alyahyan and Düştegör 2020), or make recommendations to help students in *choosing elective courses* (Jiang et al. 2019). The combination of these approaches in the context of an AI-based advisory system (AS) can thus improve decision making in higher education. For example, an AI-based AS can be implemented in a higher educational online system and help students find a suitable course based on process-produced course selection and exam data of the past. The present study identifies the necessary conditions for designing and implementing such an AI-based AS in higher education. In particular, we focus on students' willingness to use (WTU) such a system and students' willingness to share data (WTSD) to improve AI-based recommendations.

Depending on the nature of the outcome and available data sources, higher education may rely on process-produced data as part of a data warehouse (Guitart and Conesa 2016), but in some instances, additional data (e.g., via user surveys) are beneficial for boosting the predictive power of an AI-based AS. Especially in higher education, fine-grained data about students can circumvent the fact that the social inequalities of previous educational decisions may induce bias in the AS, reproduce pre-existing inequalities, or lead to discrimination against certain social groups (see, e.g., Ntoutsi et al. 2020, for a short introduction to bias in AI systems). For instance, an AI-based AS may provide biased recommendations depending on the ascriptive characteristics of the student body if patterns of discrimination can be found in the data (Hu and Rangwala 2020).

In addition to methodological aspects, the successful implementation of an AS should consider its target consumers and ask under which circumstances they will use an AI-based AS. Some students may not understand how the AS works, not trust its capacity to predict an outcome, or see no benefit from using such a tool. Furthermore, the AS may induce serious concerns about data privacy and confidentiality (Tsai et al. 2020) if students are asked to share additional data with the AS. Some students may not share personal information, even if they would profit from using the AS. Consequently, a selective part of the student body may refuse to use the AS or to share data, which may distort the predictions of the AI. Moreover, the AI-based AS cannot take the peculiarities of different social groups into account and may not meet the needs of a diverse student body if certain groups are underrepresented in the data. Thus, students' WTU and WTSD with an AI-based AS are key aspects for its successful implementation in higher education.

To the best of our knowledge, there is no empirical research regarding students' WTU and WTSD in designing an AI-based AS. Building on the findings from survey methodological research and a rational-choice framework, this paper seeks to explain students' WTU and WTSD, especially regarding the trade-off between diverging dimensions that either increase or decrease students' intention. From a rational-choice perspective, students use the AS tool and share data as long as the perceived benefits do not exceed the perceived risks and costs (see also Bélanger and Crossler 2011), which is why students have to weigh several aspects simultaneously: some students will not use AI-based AS or share data because of privacy and confidentiality concerns. However, tailored information from the AI-based AS supports students in navigating their course of study, which is crucial information that can leverage students' attitudes, even if they have privacy concerns. How do students weigh the different aspects of an AI-based AS, do students' attitudes or the design aspects of the AI-based AS affect students' decision to share data, and how do they resolve the emerging trade-off?

To study this consideration process, we conduct a factorial survey experiment and examine students' WTU and WTSD. The latter makes it possible to disentangle the impact of diverging determinants on students' WTU and WTSD. We confront students under the experimentally varied conditions of an AI-based AS to consider how likely they are to use the AS and share data. We focus on three groups of potential determinants in the factorial experiment. First, we pay attention to the determinants that influence students' WTU and WTSD in broad terms. By relying on findings from survey methodological research and technology acceptance models, we examine under which circumstances students will use the new technology, and we transfer the findings in previous research to the new technology. Second, the design and implementation of an AI-based AS may either discourage or encourage students to use the tool and share data. Therefore, we focus on the design-related factors of the AS. For example, some students may not know how an AI-based AS works, which is why we analyse whether transparent information about the AS increases students' WTU. Ultimately, the sharing of personal information may affect privacy concerns and issues of confidentiality. Thus, students' attitudes and the design aspects of the AI-based AS may raise privacy concerns, and both may determine how likely or unlikely students will be to share data.

The remainder of this paper is structured as follows. First, we provide a brief overview of the theoretical aspects and findings of previous research that are crucial to explain students' WTU and WTSD and derive eight hypotheses. Next, we provide more information about our research design and details about the data collection process. Subsequently, we present the findings of the factorial survey experiment. Finally, we provide an extended summary and discuss the prevailing limitations.

2   Students' Willingness to Use and to Share Data

To date, research on the prerequisites for designing and implementing an AI-based AS in higher education is scarce (Ifenthaler 2017; Bates et al. 2020). Previous research has addressed under which circumstances people use new technologies, and survey research has analysed under which conditions people take part in a survey and share information.

Insights from both research branches seem crucial for the development of an AI-based AS. Unfortunately, the possibility of transferring the findings from previous research is limited since students are often not the target population or the examined technologies differ substantially from an AI-based AS in higher education (e.g., an AI-based system to support learning). To develop a theoretical framework to explain students' decisions, we discuss findings from survey methodological research and technological acceptance models regarding the *perceived benefits* and *costs* of using an AI-based AS and sharing data. As Figure 1 shows, we will particularly focus on the question of what kind of feedback or recommendation students expect to obtain from the AI-based AS and why it is likely that recommendations from the AS will create an incentive for students to use the tool, despite the costs inherent when sharing personal information. We extend these theoretical considerations with a brief discussion on *trust and data privacy concerns,* with a focus on the design aspects of the AI-based AS that may induce such additional costs.

Students' perceived benefits	• Systematic feedback and recommendations
	• Predictive quality of the AI-based AS
Students' perceived costs	• Time to provide additional data
	• Costs that depend on the topic of data collection
Trust and privacy concerns	• Information transparency of the AI-based AS
	• Access to the results of the AI-based AS
	• Concerns about data storage and potential misuse

Figure 1   Overview of benefits, costs, trust and privacy concerns

2.1 Perceived Benefits of an AI-based AS

For survey methodology, it is crucial to understand under which circumstances people agree to reveal information about themselves and are willing to participate in surveys. Therefore, several theories have been developed to explain survey participation (for an overview, see Albaum and Smith 2012), including social exchange theory, which was first introduced by Dillman (1978) in survey methodological research. Developed by Blau (1964), Homans (1961), and Thibaut and Kelly (1959), social exchange theory can be interpreted as a rational choice framework. People will participate in a survey if the expected benefit of survey participation (e.g., an incentive) exceeds the costs of responding (e.g., time to fill out the survey). From this viewpoint, one may conclude that students' WTU and WTSD strongly depend on the expected reward from using the AS. Thus, the prediction outcome of the AS should have a strong impact on students' WTU and WTSD. Tailored information that supports students in navigating their course of study should create a strong incentive.

A broad variety of research has aimed to explain under which circumstances consumers use new technologies and accept innovations, with the technological acceptance model (TAM) proposed by Davis (1989) being one of the most prominent approaches. The TAM states that two key features—*perceived ease of use* and *perceived usefulness of the new technology*—have a significant impact on a consumer's intention to accept and use new technology. By focusing on aspects that likely affect the technology acceptance of consumers (e.g., social aspects; see Venkatesh et al. 2012), the TAM has been extended several times on theoretical grounds, which is why we cannot discuss its development in detail. For instance, the TAM has been used to study the adoption of internet banking (Al-Ajam and Nor 2013), physicians' technology acceptance for e-health (Dünnebeil et al. 2012), and the acceptance of internet of things technology (Gao and Bai 2014). Many empirical studies have adapted the TAM—and other theoretical variations of the TAM—to different kinds of technologies, but to the best of our knowledge, students' acceptance of an AI-based AS has not been examined thus far.

In line with both research traditions, we include two dimensions in the factorial survey that both aim to increase students' perceived usefulness—or in the terminology of rational choice, - students' benefit from using an AI-based AS. First, students' perceived benefit should be influenced by what kind of *prediction* is made by the AI-based AS. An AS may, for instance, recommend suitable *courses to attend* or give *overall performance feedback* in addition to course recommendations. Performance feedback focuses on students' academic success, which may have a higher perceived benefit, even though course choices are also important for students' academic success (e.g., Babad and Tayeb 2003, Brown and Kosovich 2015). We expect that students have a greater benefit if the

AS gives both course recommendations and performance feedback compared to an AS that gives only course recommendations. Thus, as a first hypothesis, we propose the following:

H1: An AI-based AS that gives course recommendations and performance feedback increases students' WTU and WTSD more than does an AS that gives only course recommendations.

In addition to the prediction outcome, students' perceived benefit may depend on the quality of the prediction, which also provides an explanation for why students should share data with the AS in the first place. Concerns regarding the predictive power of the AS may arise, especially if learning data do not fit the individual case or if little is known about a student (e.g., at the beginning of the course of study). Students may not perceive the AS recommendation as being useful if its predictive power is low (for an overview of the performance metrics used for predictions in higher education, see Alyahyan and Düştegör 2020). Students may see no benefit of using a tool with high uncertainty about its prediction, even if the outcome would be valuable for them. Thus, we include and vary information about the predictive power of the AS, which can be increased if students share data. In terms of students' WTSD, we propose the following:

H2: The higher the predictive power of an AS is, the higher students' WTU and WTSD.

2.2 Perceived Costs of Collecting Data

As the rational choice framework underlines, asking students to share data increases the costs they face. Thus, we included *the duration* and *topic* of a survey that was used to collect additional data for the AS as dimensions in the factorial survey.

The time needed to complete a questionnaire is of great concern for survey researchers. Long questionnaires increase response burden and, consequently, may decrease response rates and response quality. For example, previous research shows that the expected length of a survey has an impact on how many respondents will participate. Based on a survey experiment, Crawford et al. (2001) reported that the number of survey respondents was significantly reduced when people were told that the survey would take approximately 20 minutes compared to 8–10 minutes. However, the empirical research is not unambiguous in terms of the effect of questionnaire length on response rates (e.g., Henninger and Sung 2012, for the effects of mail surveys). Rather than being concerned about questionnaire length in general terms, survey researchers have pointed out that the optimal length of a questionnaire depends, among other things, on the *survey mode, respondent interest* in the topic, and the *perceived benefit of participating*. Therefore, an "ideal length is (...) highly context dependent" (Manzo and Burke 2012, p. 340). However, keeping other aspects constant that discourage or encourage students to respond, we assume that survey duration has a negative effect on students' WTSD:

H3: The longer the additional data collection process takes, the lower students' WTSD.

In accordance with survey research (Keusch 2013, Marcus et al. 2016), it seems also likely that students' willingness to share additional information may depend on the nature of the information that they are asked to provide. Students may not share any personal information if they have little interest in the AI-based AS or the topic of an additional survey. Moreover, it is plausible to assume that students will not provide data or at least skip some survey items in the case of sensitive topics and questions (e.g., asking for students' contact information versus their body measurements; see Schudy and Utikal 2017). Students' perceptions of sensitivity may not differ from those of other populations, and some may refuse to provide answers to sensitive questions like those related to drug use or alcohol consumption (e.g., McNeeley 2012, p. 378). However, asking students to share data may extend the number of sensitive topics since students may not want to share some specific information with their university or the sponsor of the AI-based AS. We include six different survey topics in the factorial survey: questions about *learning behaviour, personal problems during studies, social contacts, personality traits, personal interest in content and subject matter,* and *professional future*. We assume that students' WTSD is lowest if the survey focuses on topics like personality traits and personal problems during studies because students may perceive them as sensitive, or they may not recognize why such topics are relevant to their alma mater. Furthermore, we assume that topics such as learning behaviour or questions about students' professional future seem more appropriate to ask since they seem to be related to an AS prediction. Hence, we propose the following:

H4: Students have a higher WTSD if the requested information is obviously related to the outcome of an AI-based AS.

2.3 Trust and Privacy Concerns

In addition to the discussed costs of survey participation, survey research highlights that trust and privacy concerns are an important issue in regard to data collection (e.g., processing data via an online survey; see Couper et al. 2008, Couper and Singer 2013).[1] Asking students to reveal information about themselves may provoke concerns about (data) privacy and related risks of abuse. Consequently, students may become uncertain as to whether it is worth using an AS if they have to share information (see Acquisti et al. 2015 for a short review). Against this background, we assume that students' attitudes about privacy concerns explain why some students have a lower WTSD since they feel like their privacy norms are being violated by being asked to share data. To measure students' privacy concerns, we included a short section with the three items proposed by Dinev et al. (2013) in the survey. In terms of a hypothesis, we propose the following:

H5: Students with greater concerns about (data) privacy have lower WTSD than those with lesser concerns about (data) privacy.

In addition to students' attitudes, the different design aspects of an AI-based AS potentially decrease or increase students' WTU and WTSD. Do students understand how an AI-based AS works, and are the principals behind the procedure *transparent* (enough)? Who has *access to the results* if they use the tool and share data? How long will their *data be stored?* We include all three dimensions in the factorial survey. In terms of transparency, incorrect, misleading or missing information about the AS can lower students' trust in it, especially if they have the impression that they have to "buy a pig in a poke". Depending on students' prior experience and knowledge, they may need more information on how AI

---

[1] As social exchange theory outlines, people have to trust that they will obtain a reward for the exchange, so costs, rewards and trust are the three key aspects of social exchange.

works or why more data are needed. Providing full information about the AS—accessible to everybody—may additionally send a signal of professionalism and trustworthiness. For this reason, we included *transparency* as a dimension in the factorial survey experiment. We varied the level of provided and accessible information to explain the technical aspects behind the AS:

> H6: The greater the transparency of the technical aspects behind the AS is, the higher students' WTU and WTSD.[2]

Students' WTU and WTSD may also depend on the question of who has access to the results of the AS. Privacy concerns are context dependent, which means that sharing information depends on not only the nature of the information but also the receiver of the information. In line with this, survey research has emphasized that familiarity with and trust in the survey sponsor affect the decision to participate in surveys (for reviews on the factors influencing participation in web surveys, see Fan and Yan 2010, Keusch 2015). For example, Keusch et al. (2019) examined under which conditions smartphone users are willing to participate in passive mobile data collection. They reported higher willingness to participate rates if universities ask users to share data compared to a market research company that asks users the same question (see Keusch et al. 2019, p. 230). In higher education, an AI-based AS is implemented by a familiar and trusted institution, which may be the reason that students have few privacy concerns. Students will probably use the tool and share data if they are the only stakeholders who have access to the results and if data privacy can be guaranteed. However, in higher education, different official members of an institution may have access to the data and results. Thus, we assume that students' WTU and WTSD decrease with an increasing number of formal university staff members who have access to the results:

> H7: The higher the number of formal university members that have access to students' AS results, the lower students' WTU and WTSD.

---

2   An opposite effect is also possible. The more information that is provided on the algorithm and how it works, the less willing individuals may become to follow AI-based recommendations (see Ochmann et al. 2020).

Ultimately, students' WTSD may be triggered by data storage and time aspects. In accordance with the General Data Protection Regulation (GDPR), there are clear rules regarding how data must be processed and stored. At any time, students have the right to withdraw their consent, which would lead to the deletion of all provided information. However, many people are not familiar with the GDPR and their individual rights. Therefore, we inserted the following sentence as a baseline in the factorial survey experiment, without any further information about data storage: "All criteria of the GDPR are fulfilled". We expect that students' WTSD will increase if a vignette highlights that the data can be deleted after the prediction, even though students have this right—in accordance with the GDPR—at any time. Furthermore, we assume that an increasing amount of time of data storage lowers students' WTSD. We believe that an AI-based AS will not induce any data privacy concerns if the data will be deleted immediately after the prediction. In terms of learning and predictive power, it seems unwise to delete the data after the prediction. However, we believe that students' WTSD will be highest if the data are deleted immediately after the prediction, and they may feel that they will lose control of their private information, especially if the data are (permanently) saved. Thus, we propose the following:

H8: The longer students' data is saved, the lower students' WTSD.

3 Data and Methods

The factorial survey experiment was implemented in a survey at the School of Business and Economics at FAU Erlangen-Nürnberg. Instead of relying on a sample of students, we invited all enrolled students of the "Socioeconomics" programme in the summer term 2020. By email, students were asked to participate in an online survey. Overall, 478 students were invited, and 69 students participated, which led to a response rate of 14.4%. On average, students were 24 years old (SD=3.25); approximately 60% (40%) of the students were enrolled in a BA (MA) programme, and in accordance with the higher share of female students in the social sciences, most students who participated in the survey were female (75%).

Factorial survey experiments have become quite popular in the social sciences, with many different applications (for reviews see Wallander 2009, Treischl and Wolbring 2020). In the factorial survey experiment, respondents are asked to assess a situation based on a description of the situation (see Mutz 2011, Auspurg and Hinz 2015). Each of these descriptions—so-called vignettes—contain one or several *dimensions* (independent variables) with corresponding *levels*, which may have an impact on respondents' assessment of the vignette. To estimate the causal effect of the discussed dimensions on students' WTU and WTSD, we ask students *to imagine that the university administration examines under which circumstances an AS may help them.* Based on the vignette description, students are first asked to rate how likely *they will be to use* an AI-based AS, regardless of whether they will voluntarily answer further questions and, in a second step, how *likely they will be to share data* for the AI-based AS. These two questions measure students' WTU and WTSD, respectively, on an 11-point scale ranging from very unlikely (0%) to very likely (100%) and are the dependent variables in the results section. Figure 2 presents an illustration of the research design based on an example of a vignette.

Overall, seven dimensions are included in the factorial survey: [1] *prediction outcome,* [2] *prediction quality,* [3] *survey duration,* [4] *survey topic,* [5] *data storage,* [6] *transparency, and* [7] *access to the results* (see Table 1). All dimensions with all corresponding levels are summarized in Table 1. Based on these levels, we generate the vignette universe, which contains all vignettes from all combinations of the considered dimensions and levels. The combinations of all vignette dimensions and levels (2 x 3 x 3 x 6 x 3 x 3 x 4) lead to 3,888 different scenarios. Due to this large universe, we draw a sample of 100 vignettes from it. Using *SAS,* we generate a fractionalized experimental, D-efficient design to maximize the statistical efficiency of the vignette sample (e.g., Su and Steiner 2018). This technique uses computer algorithms to draw a sample of vignettes, which is uncorrelated (orthogonality) and numerically balanced (level balance) and thus is an efficient sample of the vignette universe.

> Imagine that your university wants to introduce such an online platform to support students. Using the platform, you will receive [1] individual module suggestions* in the elective (compulsory) area and individual relative performance feedback. For this purpose, your university will use already available data, i.e., sociodemographic personal characteristics and study history data (module choice and examination results).
>
> The prediction of the online platform can be improved by [2] 50% by voluntarily answering additional questions. A [3] 20-minute questionnaire on [4] your interests in content and subject matter would serve as an additional basis for data analysis.
>
> During the development of the online platform, it is ensured that all criteria of the basic data protection regulation (DSGVO) are fulfilled. The data will be [5] stored permanently as anonymous data for the further development of studies and teaching at your university.
>
> Further background information on how the online platform works [6] is freely accessible to everyone on the platform's homepage. All results of the prediction are [7] only accessible to you.
>
> 1 Regardless of whether you answer the additional voluntary questions or not, how likely are you to use this online platform? Response scale: 11-point scale ranging from very unlikely (0%) up to very likely (100%).
>
> 2 How likely are you to voluntarily answer the above questions? Response scale: 11-point scale ranging from very unlikely (0%) up to very likely (100%).

*The underlined text illustrates the experimental variation in the vignettes.

Figure 2 Example of an AI-based AS vignette

From this sample, we assign students randomly to five vignettes in a row (*within*-subject design). The current state of research shows that five ratings per person is a small number of ratings (see Treischl and Wolbring 2020; Wallander 2009) and is, thus, unlikely to provoke survey fatigue or learning effects (see Auspurg and Hinz 2015). Overall, 69 students rate 5 scenarios, which leads to 345 observations in the analysis sample. The next section reports the results of the factorial survey experiment based on a multilevel regression analysis to account for the nesting of vignette ratings (level 1) within individuals (level 2) caused by the within-subject design.[3] The multilevel models contain individual random intercepts but no random slopes and are estimated with the *xtreg* command in *Stata* version 16.

In addition to the factorial survey module, the survey contains questions about trust and privacy concerns that enter the analysis as level-2 variables. Based on a short scale to measure perceived privacy concerns regarding websites (see Dinev et al. 2013), we ask students to assess the following statements on a 7-point Likert-type scale: "*I feel I have enough privacy when I use the AS*", "*I am comfortable with the amount of privacy I have when I use the AS*", and "*I think my online privacy is preserved when I use the AS*". Based on these three items, we generate an additive index (Cronbach's α =0.69, mean = 3.50; SD = 1.18) to measure students' *privacy concerns*.

---

[3] In case of a within-subject design, the standard errors of a linear regression analysis are biased due to the hierarchical data structure. Participants rated several scenarios, which makes individual observations no longer statistically independent (see Auspurg and Hinz 2015). To address this problem, either linear regression analysis needed to be adjusted with clustered standard errors (e.g., Maas and Hox 2004) or specific analysis techniques for clustered data, such as multilevel regression analysis (e.g., Snijders and Bosker 2012), needed to be used.

Table 1 Dimensions and Levels of the Factorial Survey

Number	Dimension	Levels	Number of Levels
1	Prediction Outcome	• Course suggestions • Course suggestions & performance feedback	2
2	Prediction Quality	• 5, 25, or 50 % increase of predictive power	3
3	Survey Duration	• 10, 20, or 30 minutes	3
4	Survey Topic	• Learning behaviour • Personal problems (e.g., psychological stress) • Social contacts during your studies • Personality traits • Interests in content and subject matter • Professional future	6
5	Data Storage	• "GDPR" baseline • The data is deleted after the forecast • The data is stored until the end of your studies • The data is stored permanently as anonymous data	4
6	Transparency	• Information is not provided in detail • Information is provided after agreeing to the terms of use • Information are freely accessible on the homepage	3
7	Access to the Results	• Student • Student and program coordinator • Student, program coordinator, and – in anonymous form – the Dean of Studies	3

4 Results

Without considering the impact of the individual dimensions of the factorial survey, students rated both vignette scenarios very positively. Figure 3 shows the distribution of both vignette ratings based on histograms. A large number of students stated that they would use the described AS and share data. On average, students rated the WTU scenarios at 7.69 (SD= 2.66), while students' rating regarding their WTSD was slightly lower at 7.26 (SD = 3.14).

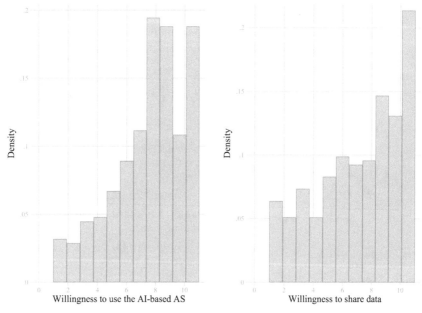

Figure 3   Distributions of the vignette ratings

The vignette ratings are positively skewed, but in accordance with concerns about (data) privacy (H5), we find that students' WTU and WTSD depend on their attitudes about data privacy. For instance, students with *fewer privacy concerns* than the average student rated their WTU as 8.06, while those with *more privacy concerns* than the average student rated the vignette as 6.16 (t = -5.80; SE = 0.36) on average. If we take this first result regarding privacy concerns into account, students' vignette ratings are more evenly distributed, even though a positive tendency remains.[4]

In the next three subsections, we discuss the impact of the varied dimensions in the factorial survey experiment on students' WTU and WTSD separately for a) the perceived benefits, b) the perceived costs, and c) with regard to trust and privacy concerns.

4.1 Perceived Benefits of an AI-based AS

Table 2 contains two models: Model 1 summarizes the results for students' WTU, while students' WTSD is the dependent variable in Model 2. In contrast to H1, the variation in the prediction outcome—course recommendation verses course recommendation and relative performance feedback—has no significant impact on students' WTU and WTSD. Based on insights from qualitative pretests, we want to underline that the students in our sample did not have any form of AS available at the time of survey, which may be the reason that an additional prediction outcome such as performance feedback did not increase students' willingness. Many students from the pretest stated that they wanted to use the AS, regardless of the prediction outcome, which is also in line with the overall vignette ratings. Therefore, we believe that both AS outcomes are beneficial from students' point of view, which may explain why there is no significant difference between the two levels.

---

4 However, a causal interpretation of the effect of privacy concerns on WTU and WTSD is not warranted since privacy attitudes were measured after students assessed the factorial survey. Hence, the answers to the privacy questions may be endogenous.

Table 2 Results on perceived benefits and costs (unstandardized coeff.)

	Model 1 WTU	Model 2 WTSD
Prediction outcome (level 1)		
(Ref.: Course Recommendation only)		
Course & Performance Feedback	0.270 (1.31)	-0.224 (-0.90)
Predictive Power (level 1)		
(Ref.: 5%)		
25 %	1.077*** (4.09)	1.761*** (5.50)
50%	1.395***	2.236***
Survey Duration (level 1)		
(Ref.: 10-minutes)		
20 Minutes		-1.272*** (-4.26)
30 Minutes		-1.335*** (-4.43)
Survey Topics (level 1)		
(Ref: Learning)		
Problems		-0.631 (-1.43)
Social Contacts		-0.952* (-2.30)
Personality Traits		-0.775 (-1.87)
Interests		0.042 (0.10)
Future		-0.045 (-0.11)
N Vignettes/Persons	345/69	345/69
$R^2_{between}$	0.01	0.05
R^2_{within}	0.17	0.30

Notes: Multilevel regression analysis was performed with the vignette rating (1 very unlikely - 11 = very likely) as the dependent variable and all factorial dimensions as independent variables. Model 1 estimates the results on students' willingness to use (WTU) the AI-based AS, while Model 2 shows the results on students' willingness to share data (WTSD). Z statistics are in parentheses; * $p < 0.05$, ** $p < 0.01$, and *** $p < 0.001$.

In terms of prediction quality, H2 cannot be rejected. A higher predictive power of the AI-based AS significantly increased students' WTU and WTSD. Students rated the scenario as 4.98 for vignettes with the lowest prediction quality, while students' WTSD increased by approximately 20%, and scenarios with the highest prediction quality were rated as 7.06. Interestingly, predictive power has an impact on both students' WTU and WTSD, even though sharing data is not necessary to use the described tool. If we compare the coefficients for students' WTU and WTSD, they are not significantly different from each other, even though the effect is stronger for the latter. Thus, our results indicate that a higher prediction quality is accompanied by a higher WTU the tool, regardless of whether additional data are needed.

4.2   Perceived Costs of Data Collection

In line with the discussed costs of survey participation (H3), *survey duration* has a significant negative effect on students' WTSD, as Model 2 in Table 2 shows. For example, a survey duration of 20 minutes reduces students' WTSD by 1.27 points on average compared to the reference category. With regard to the other dimensions, survey duration has a substantial impact (not reported in Table 2: approximately 9% of within-subject variance) on the vignette rating, even though it helps less in explaining the variance between students (approximately 4%).

Moreover, we assumed that students' WTSD depends on the nature of the information and thus on the *survey topic* (H4). We assumed that topics that seem unrelated to the AS may reduce students' willingness to share data. Empirically, collecting data on *social contacts* has a negative impact on students' WTSD. This topic significantly reduced students' vignette ratings by 4-6%, while personal problems also had a negative but weaker impact on students' WTSD, even though the coefficient did not reach the conventional significance level (p = 0.07). The remaining topics did not differ in their impact on students' WTSD compared to the "learning" reference category.

4.3   Privacy Concerns about Sharing Data

In terms of privacy concerns, we assumed that the three AS design aspects—*transparency, data access, and data storage (H6-H8)*—influence students' decisions. At least for the students in our sample, *transparency* did not have a significant effect on their WTU (Model 1) or WTSD (Model 2), as Table 3 shows. Thus, an AS that does not provide any details on how the tool works faces slightly lower students' WTU and WTSD, but transparency is not a key variable for explaining under which circumstances the observed students may use the AS or share data. In particular, if we compare the latter with regard to the remaining design aspects.

Table 3 Results on privacy concerns (unstandardized coeff.)

	Model 1 WTU	Model 2 WTSD	Model 3 WTSD
Transparency (level 1) *(Ref.: After consent)*			
No details	0.023 (0.09)	-0.097 (-0.32)	0.165 (0.55)
Freely accessible	0.102 (0.42)	-0.003 (-0.01)	-0.019 (-0.07)
Access to the Results (level 1) *(Ref: Students & Coordinator)*			
Students	1.070*** (4.45)	0.886** (3.03)	0.830** (2.89)
Student, Coordinator & Dean	0.158 (0.64)	0.105 (0.35)	0.162 (0.55)
Data Storage (level 1) *(Ref: GDPR only)*			
Deleted on request		0.619 (1.71)	0.482 (1.34)
End of study		-0.049 (-0.15)	0.023 (0.07)
Permanently saved		-0.470 (-1.34)	-0.465 (-1.36)
Privacy Concerns Index (level 2)			0.685*** (4.33)
N Vignettes/Persons	345/69	345/69	345/69
$R^2_{between}$	0.01	0.05	0.29
R^2_{within}	0.17	0.30	0.30

Notes: Multilevel regression analysis was performed with the vignette rating (1 very unlikely - 11 = very likely) as the dependent variable and all factorial dimensions as independent variables. Model 1 estimates the results on students' willingness to use (WTU) the AI-based AS, while Model 2 and 3 shows the results on students' willingness to share data (WTSD). Z statistics are in parentheses; * $p < 0.05$, ** $p < 0.01$, and *** $p < 0.001$.

The *access to the results* (H7) dimension has a significant effect on students' WTU and WTSD, especially the level at which "students are the only stakeholders with access to the results" increases their willingness to share data significantly compared to "students and a coordinator" as the reference group. In contrast to our hypothesis, it seems that students' WTSD is reduced regardless of whether a coordinator or both a coordinator and the dean have access to the results of the AS. The latter is not significantly different from the reference group but becomes significant if we use "students" as the reference group. In both instances, students' WTSD is reduced by approximately 7–11%. Thus, the students in our sample do not differentiate between institutional members, and it seems more important for them whether other university members can see their results at all. Moreover, one may expect that access to the results has a stronger effect on students' willingness to use the AS, but if we compare the coefficients of both models, the estimates are not significantly different.

Next, we asked whether *data storage* has an impact on students' WTSD (H8). No level of the dimension has a statistically significant effect on students' WTSD compared to the reference group of vignettes that contain only information about the *GDPR*. However, if we set the level—*deleting the data after the prediction*—as a new baseline for comparing the effects of the different levels, one level of data storage has a significant effect on students' vignette rating. If the data are permanently stored, students' WTSD is significantly reduced by approximately 5% (not reported in the table). From a substantial point of view, the same applies to vignette ratings without information about data storage, even though the procedure would be in accordance with the GDPR. However, the latter reduces students' WTSD, but it passes the conventional significance level. Thus, these further analyses highlight that only most outstanding data storage levels affect students since their WTSD is significantly lower when the data are permanently stored. Therefore, we conclude that at least some students are not aware of the GDPR since they can ask to delete the data anytime on request, regardless of how long the data are planned to be stored.

Ultimately, we assumed that students have a lower willingness to share data since they may consider their privacy norms as being violated when being asked to share data (H5). For this reason, we included the *privacy concern index* in Model 3. In accordance with our hypothesis and first descriptive results, students' attitudes about privacy concerns are strongly correlated with their WTSD, especially in terms of explained variance. All dimensions of the factorial survey experiment explained approximately 30% of the within-subject variance in students' WTSD data, while only 5% of the variance between students could be explained. As Model 3 shows, the explained variance between students is increased substantially if we include the privacy concerns index. As a robustness check, Model 3 also controls for students' sex, year of birth, parent educational background, number of vignette ratings, and interview duration. The effect of privacy concerns and all other reported findings in the results section remain substantially the same.

Table 4 Summary of theoretical predictions and empirical results

H1	An AI-based AS that gives course recommendations and performance feedback increases students' WTU and WTSD more than does an AS that gives only course recommendations.	X
H2	The higher the predictive power of an AS is, the higher students' WTU and WTSD.	V
H3	The longer the additional data collection process takes, the lower students' WTSD.	V
H4	Students have a higher WTSD if the requested information is obviously related to the outcome of an AI-based AS.	(V)
H5	Students with greater concerns about (data) privacy have lower WTSD than those with lesser concerns about (data) privacy.	V
H6	The greater the transparency of the technical aspects behind the AS is, the higher students' WTU and WTSD.	X
H7	The higher the number of formal university members that have access to students' AS results, the lower students' WTU and WTSD.	(V)
H8	The longer students' data is saved, the lower students' WTSD.	X

Notes: V indicates the empirical corroboration of the hypothesis, and X is conflicting empirical evidence. V or X in brackets indicates that the evidence is pointing in one direction but is not completely unambiguous.

Table 4 summarizes the results with respect to theoretical expectations. As can be seen, five out of eight theoretical predictions found at least partial empirical corroboration, while considerations about the predictive outcome (H1), transparency (H6), and data storage (H8) found no empirical support.

5 Conclusions

This paper examined students' WTU an AI-based AS and WTSD to improve the recommendation system. We applied a factorial survey experiment to focus on students' rational consideration process of perceived costs and benefits, which explains why they do (not) use the AI-based AS and do (not) share data. In terms of benefits, the *predictive power* of the AS significantly increased students' WTU and WTSD and, thus, offered an incentive for why students should share data in the first place. Moreover, students' WTSD depends on the perceived costs of the data collection process. From students' point of view, a disproportionately large *survey duration* or some *survey topics* that seem unrelated to the AS reduce their WTSD. In addition, we highlighted the role of trust and privacy concerns in regard to collecting additional data. Both students' privacy attitudes in general terms and design aspects of the AS may violate students' privacy norms and consequently reduce their WTU and WTSD. We found that *transparency* has no effect on students' WTSD, while concerns regarding *access* to the AS results and very long *data storage* plans reduce students' WTSD.

We advise keeping the limitations of the conducted factorial survey experiment in mind. Our findings are in accordance with a broad part of the survey methodological literature, which makes us confident that data limitations do not change the discussed findings substantially. However, this study relies on a small number of participants, and only a fraction of all invited students took part in the survey. Even though the reported response rate is not unusually low, it is important to acknowledge that only a small number of participants were allocated to each of the vignette modules in the survey. Thus, irrespective of general concerns due to the response rate, it is important to underline that more observations will increase the statistical power and thus the precision to estimate the impact of the factorial survey dimensions.

A second limitation is related to the hypothetical nature of the factorial survey. Many researchers question whether the proposed intentions of hypothetical situations reveal information about actual behaviour (e.g., Collett and Childs 2011). To date, several studies have focused on such predictive validity concerns with inconclusive findings (e.g., Hainmueller et al. 2015; Pager and Quillian 2005). From this perspective, the current state of research does not allow us to generally reject the idea of studying the determinants of students' WTU and WTSD with factorial survey experiments. However, it is worth emphasizing that this study examines students' intention and not their behaviour. This weak spot is also a strength of the factorial survey experiment, making it possible to examine students' intentions on theoretical grounds. Furthermore, we can identify AS design and implementation aspects, which may have an impact on students' WTU and WTSD, without the costs of implementing the tool.

References

Acatech. (2020). *Künstliche Intelligenz in der Industrie (AI in Industry)*. Report: Munich.

Acquisti, A., Brandimarte, L., & Loewenstein, G. (2015). Privacy and Human Behavior in the Age of Information. *Science, 347*(6221), 509–514. https://doi.org/10.1126/science.aaa1465

Al-Ajam, A. S., & Nor, K. M. (2013). Internet Banking Adoption: Integrating Technology Acceptance Model and Trust. *European Journal of Business and Management, 5*(3), 207–215.

Albaum, G., & Smith, S. M. (2012). Why People Agree to Participate in Surveys. In L. Gideon (Ed.), *Handbook of survey methodology for the social sciences* (pp. 179–193). Springer. https://doi.org/10.1007/978-1-4614-3876-2_11

Alyahyan, E., & Düştegör, D. (2020). Predicting Academic Success in Higher Education: Literature Review and Best Practices. *International Journal of Educational Technology in Higher Education, 17*(1), 1–21. https://doi.org/10.1186/s41239-020-0177-7

Auspurg, K., & Hinz, T. (2015). *Factorial Survey Experiments*. Sage.

Babad, E., & Tayeb, A. (2003). Experimental Analysis of Students' Course Selection. *British Journal of Educational Psychology, 73*(3), 373–393. https://doi.org/10.1348/000709903322275894

Bates, T., Cobo, C., Mariño, O., & Wheeler, S. (2020). Can Artificial Intelligence Transform Higher Education? *International Journal of Educational Technology in Higher Education, 17*(1), 1–12. https://doi.org/10.1186/s41239-020-00218-x

Bélanger, F., & Crossler, R. E. (2011). Privacy in the Digital Age: A Review of Information Privacy Research in Information Systems. *MIS Quarterly, 35*(4), 1017–1042. https://doi.org/10.2307/41409971

Blau, P. M. (1964). *Exchange and power in social life*. Wiley.

Brown, C. L., & Kosovich, S. M. (2015). The Impact of Professor Reputation and Section Attributes on Student Course Selection. *Research in Higher Education, 56*(5), 496–509. https://doi.org/10.1007/s11162-014-9356-5

Chin Neoh, S., Srisukkham, W., Zhang, L., Todryk, S., Greystoke, B., Peng Lim, C., Alamgir Hossain, M., & Aslam, N. (2015). An Intelligent Decision Support System for Leukaemia Diagnosis using Microscopic Blood Images. *Scientific Reports, 5*, 14938. https://doi.org/10.1038/srep14938

Collett, J. L., & Childs, E. (2011). Minding the Gap: Meaning, Affect, and the Potential Shortcomings of Vignettes. *Social Science Research, 40*(2), 513–522. https://doi.org/10.1016/j.ssresearch.2010.08.008

Couper, M. P., & Singer, E. (2013). Informed Consent for Web Paradata Use. *Survey Research Methods, 7*(1), 57–67. https://doi.org/10.18148/SRM/2013.V7I1.5138

Couper, M. P., Singer, E., Conrad, F. G., & Groves, R. M. (2008). Risk of Disclosure, Perceptions of Risk, and Concerns about Privacy and Confidentiality as Factors in Survey Participation. *Journal of Official Statistics, 24*(2), 255–275.

Crawford, S. D., Couper, M. P., & Lamias, M. J. (2001). Web Surveys: Perception of Burden. *Social Science Computer Review, 19*(2), 146–162. https://doi.org/10.1177/089443930101900202

Davis, F. D. (1989). Perceived Usefulness, Perceived Ease of Use, and User Acceptance of Information Technology. *MIS Quarterly, 13*(3), 319–340. https://doi.org/10.2307/249008

Dillman, D. A. (1978). *Mail and telephone surveys: The total design method.* Wiley.

Dinev, T., Xu, H., Smith, J. H., & Hart, P. (2013). Information Privacy and Correlates: An Empirical Attempt to Bridge and Distinguish Privacy-related Concepts. *European Journal of Information Systems, 22*(3), 295–316. https://doi.org/10.1057/ejis.2012.23

Dünnebeil, S., Sunyaev, A., Blohm, I., Leimeister, J. M., & Krcmar, H. (2012). Determinants of Physicians' Technology Acceptance for E-health in Ambulatory Care. *International Journal of Medical Informatics, 81*(11), 746–760. https://doi.org/10.1016/j.ijmedinf.2012.02.002

Fan, W., & Yan, Z. (2010). Factors Affecting Response Rates of the Web Survey: A Systematic Review. *Computers in Human Behavior, 26*(2), 132–139. https://doi.org/10.1016/j.chb.2009.10.015

Gao, L., & Bai, X. (2014). A Unified Perspective on the Factors Influencing Consumer Acceptance of Internet of Things Technology. *Asia Pacific Journal of Marketing and Logistics, 2*(26), 211–231. https://doi.org/10.1108/APJML-06-2013-0061

Guitart, I., & Conesa, J. (2016). Adoption of Business Strategies to Provide Analytical Systems for Teachers in the Context of Universities. *International Journal of Emerging Technologies in Learning, 11*(7), 34–40. https://doi.org/10.3991/ijet.v11i07.5887

Hainmueller, J., Hangartner, D., & Yamamoto, T. (2015). Validating Vignette and Conjoint Survey Experiments against Real-world Behavior. *Proceedings of the National Academy of Sciences of the United States of America, 112*(8), 2395–2400. https://doi.org/10.1073/pnas.1416587112

Henninger, A., & Sung, H.-E. (2012). Mail Survey in Social Research. In L. Gideon (Ed.), *Handbook of survey methodology for the social sciences* (pp. 297–311). Springer. https://doi.org/10.1007/978-1-4614-3876-2_17

Homans, G. C. (1961). *Social behavior: Its elementary forms.* Harcourt, Brace & World.

Hu, Q., & Rangwala, H. (2020). Towards Fair Educational Data Mining: A Case Study on Detecting At-risk Students. In A. Rafferty, J. Whitehill, V. Cavalli-Sforza, & C. Romero (Chairs), *Proceedings of the 13th International Conference on Educational Data Mining (EDM 2020).*

Ifenthaler, D. (2017). Are Higher Education Institutions Prepared for Learning Analytics? *TechTrends, 61*(4), 366–371. https://doi.org/10.1007/s11528-016-0154-0

Jiang, W., Pardos, Z. A., & Wei, Q. (2019). Goal-based Course Recommendation. In 9th International Conference on Learning Analytics and Knowledge (Chair), *Proceedings of the 9th International Conference on Learning Analytics & Knowledge*.

Keusch, F. (2013). The Role of Topic Interest and Topic Salience in Online Panel Web Surveys. *International Journal of Market Research, 55*(1), 59–80. https://doi.org/10.2501/IJMR-2013-007

Keusch, F. (2015). Why Do People Participate in Web Surveys? Applying Survey Participation Theory to Internet Survey Data Collection. *Management Review Quarterly, 65*(3), 183–216. https://doi.org/10.1007/s11301-014-0111-y

Keusch, F., Struminskaya, B., Antoun, Christopher, Couper, Mick, P., & Kreuter, F. (2019). Willingness to Participate in Passive Mobile Data Collection. *Public Opinion Quarterly, 83*(1), 210–235. https://doi.org/10.1093/poq/nfz007

Maas, C. J., & Hox, J. J. (2004). The Influence of Violations of Assumptions on Multilevel Parameter Estimates and their Standard Errors. *Computational Statistics & Data Analysis, 46*(3), 427–440. https://doi.org/10.1016/j.csda.2003.08.006

Manzo, A. N., & Burke, J. M. (2012). Increasing Response Rate in Web-Based/Internet Surveys. In L. Gideon (Ed.), *Handbook of survey methodology for the social sciences* (pp. 327–343). Springer. https://doi.org/10.1007/978-1-4614-3876-2_19

Marcus, B., Bosnjak, M., Lindner, S., Pilischenko, S., & Schütz, A. (2016). Compensating for Low Topic Interest and Long Surveys. *Social Science Computer Review, 25*(3), 372–383. https://doi.org/10.1177/0894439307297606

McNeeley, S. (2012). Sensitive Issues in Surveys: Reducing Refusals While Increasing Reliability and Quality of Responses to Sensitive Survey Items. In L. Gideon (Ed.), *Handbook of survey methodology for the social sciences* (pp. 377–396). Springer. https://doi.org/10.1007/978-1-4614-3876-2_22

Mutz, D. C. (2011). *Population-based survey experiments*. Princeton University Press. https://doi.org/10.1515/9781400840489

Nallaperuma, D., Nawaratne, R., Bandaragoda, T., Adikari, A., Nguyen, S., Kempitiya, T., Silva, D. de, Alahakoon, D., & Pothuhera, D. (2019). Online Incremental Machine Learning Platform for Big Data-Driven Smart Traffic Management. *IEEE Transactions on Intelligent Transportation Systems, 20*(12), 4679–4690. https://doi.org/10.1109/TITS.2019.2924883

Ntoutsi, E., Fafalios, P., Gadiraju, U., Iosifidis, V., Nejdl, W., Vidal, M.-E., Ruggieri, S., Turini, F., Papadopoulos, S., Krasanakis, E., Kompatsiaris, I., Kinder-Kurlanda, K., Wagner, C., Karimi, F., Fernandez, M., Alani, H., Berendt, B., Kruegel, T., Heinze, C., Broelemann, K., Kasneci, G., Tiropanis, T., & Staab, S. (2020). Bias in Data-driven Artificial Intelligence Systems: An Introductory Survey. *WIREs Data Mining and Knowledge Discovery, 10*(3), 1–14. https://doi.org/10.1002/widm.1356

Ochmann, J., Michels, L., Zilker, S., Tiefenbeck, V., & Laumer, S. (2020). The Influence of Algorithm Aversion and Anthropomorphic Agent Design on the Acceptance of AI-based Job Recommendations. *Proceedings of the 41st International Conference on Information Systems (ICIS) (Hyderabad, Indien).*

Pager, D., & Quillian, L. (2005). Walking the Talk? What Employers Say Versus What They Do. *American Sociological Review, 70*(3), 355–380. https://doi.org/10.1177/000312240507000301

Romero, C., & Ventura, S. (2020). Educational Data Mining and Learning Analytics: An Updated Survey. *WIREs Data Mining and Knowledge Discovery, 10*(3). https://doi.org/10.1002/widm.1355

Sajjad, A., & Simonovic, S. P. (2006). An Intelligent Decision Support System for Management of Floods. *Water Resources Management, 20*(3), 391–410. https://doi.org/10.1007/s11269-006-0326-3

Schudy, S., & Utikal, V. (2017). 'You must not know about me'—On the willingness to share personal data. *Journal of Economic Behavior & Organization, 141*, 1–13. https://doi.org/10.1016/j.jebo.2017.05.023

Snijders, T. A. B., & Bosker, R. J. (2012). *Multilevel analysis: An introduction to basic and advanced multilevel modeling.* Sage.

Su, D., & Steiner, P. M. (2018). An Evaluation of Experimental Designs for Constructing Vignette Sets in Factorial Surveys. *Sociological Methods & Research, 1.* https://doi.org/10.1177/0049124117746427

Thibaut, J. W., & Kelly, H. H. (1959). *The social psychology of groups.* Wiley.

Treischl, E., & Wolbring, T. (2020). Past, Present and Future of Factorial Surveys: A Methodological Review for the Social Sciences. *Methods Data Analysis (Submitted October 2020)*.

Tsai, Y.-S., Whitelock-Wainwright, A., & Gašević, D. (2020). The Privacy Paradox and its Implications for Learning Analytics. In 10th International Conference on Learning Analytics and Knowledge (Chair), *Proceedings of the 10th International Conference on Learning Analytics & Knowledge*.

Venkatesh, V., Thong, J. Y. L., & Xu, X. (2012). Consumer Acceptance and Use of Information Technology: Extending the Unified Theory of Acceptance and Use of Technology, *MIS Quarterly, 36*(1), 157–178. https://doi.org/10.2307/41410412

Wallander, L. (2009). 25 Years of Factorial Surveys in Sociology: A Review. *Social Science Research, 38*(3), 505–520. https://doi.org/10.1016/j.ssresearch.2009.03.004

Acknowledgements

We gratefully acknowledge funding for this study by the Volkswagen Foundation (Initiative "Artificial Intelligence and the Society of the Future"). We would like to thank Sarah Glaab, Juliane Kühn and Philipp Überall for excellent research assistance and Heinz Leitgöb for helpful comments on the paper.

Autorenverzeichnis

Sebastian Bähr
: Institut für Arbeitsmarkt- und Berufsforschung (IAB), Regensburger Str. 104, 90478 Nürnberg
sebastian.baehr@iab.de

Alexander Brand
: Stiftung Universität Hildesheim, Institut für Sozialwissenschaften, Universitätsplatz 1, 31141 Hildesheim
alexander.brand@uni-hildesheim.de

Carina Cornesse
: Universität Mannheim, B6, 30-32, 68131 Mannheim
carina.cornesse@uni-mannheim.de

Niklas Dörner
: Otto-Friedrich-Universität Bamberg, Studierender der Fakultät Sozial- und Wirtschaftswissenschaften, Feldkirchenstraße 21, 96052 Bamberg
niklas-sebastian.doerner@stud.uni-bamberg.de

Corinna Drummer, Leibniz-Institut für Bildungsverläufe e.V. (LIfBi), Wilhelmsplatz 3, 96047 Bamberg
bildungsforschung@lifbi.de

Frank Faulbaum
: Universität Duisburg-Essen, Institut für Soziologie, Lotharstraße 63, 47048 Duisburg
frank.faulbaum@uni-due.de

Georg-Christoph Haas
: Institut für Arbeitsmarkt- und Berufsforschung (IAB), Regensburger Str. 104, 90478 Nürnberg
Universität Mannheim, B6, 30-32, 68131 Mannheim
georg-christoph.haas@iab.de

Stefan Jünger
: GESIS – Leibniz-Institut für Sozialwissenschaften, Unter Sachsenhausen 6-8, 50667 Köln
stefan.juenger@gesis.org

Florian Keusch
: Universität Mannheim, A5, 6, 68159 Mannheim
f.keusch@uni-mannheim.de

© Der/die Herausgeber bzw. der/die Autor(en), exklusiv lizenziert durch Springer Fachmedien Wiesbaden GmbH, ein Teil von Springer Nature 2021
T. Wolbring et al. (Hrsg.), *Sozialwissenschaftliche Datenerhebung im digitalen Zeitalter*, Schriftenreihe der ASI – Arbeitsgemeinschaft Sozialwissenschaftlicher Institute, https://doi.org/10.1007/978-3-658-34396-5

Frauke Kreuter,
  Institut für Arbeitsmarkt- und Berufsforschung (IAB),
  Regensburger Str. 104, 90478 Nürnberg
  Joint Program in Survey Methodology, University of Maryland,
  1218 LeFrak Hall, 7251 Preinkert Dr., College Park, MD 20742,
  United States
  Ludwig-Maximilians-Universität München, Ludwigstraße 33,
  80539 München
  fkreuter@umd.edu

Sven Laumer
  Fachbereich Wirtschaftswissenschaften, Schöller-
  Stiftungslehrstuhl für Wirtschaftsinformatik, insb.
  Digitalisierung in Wirtschaft und Gesellschaft, FAU Erlangen-
  Nürnberg, Fürther Str. 248, 90429 Nürnberg
  sven.laumer@fau.de

Heinz Leitgöb
  Universität Eichstätt-Ingolstadt, Fachgebiet Soziologie
  Kapuzinergasse 2, 85072 Eichstätt
  heinz.leitgoeb@ku.de

Sonja Malich,
  Institut für Arbeitsmarkt- und Berufsforschung (IAB),
  Regensburger Str. 104, 90478 Nürnberg
  sonja.malich@iab.de

Verena Ortmanns
  GESIS - Leibniz-Institut für Sozialwissenschaften,
  Postfach 122155, 68072 Mannheim
  verena.ortmanns@gesis.org

Ines Schaurer
  GESIS - Leibniz-Institut für Sozialwissenschaften,
  Postfach 122155, 68072 Mannheim
  ines.schaurer@gesis.org

Silke L. Schneider
  GESIS - Leibniz-Institut für Sozialwissenschaften,
  Postfach 122155, 68072 Mannheim
  silke.schneider@gesis.org

Daniel Schömer
  Fachbereich Wirtschaftswissenschaften,
  Schöller-Stiftungslehrstuhl für Wirtschaftsinformatik, insb.

Digitalisierung in Wirtschaft und Gesellschaft, FAU Erlangen-
Nürnberg, Fürther Str. 248, 90429 Nürnberg
daniel.schoemer@fau.de

Ranjit K. Singh
GESIS – Leibniz-Institut für Sozialwissenschaften,
Postfach 122155, 68072 Mannheim
ranjit.singh@gesis.org

Mark Trappmann
Institut für Arbeitsmarkt- und Berufsforschung (IAB),
Regensburger Str. 104, 90478 Nürnberg
Otto-Friedrich Universität Bamberg, Feldkirchenstraße 21,
96052 Bamberg
mark.trappmann@iab.de

Edgar Treischl
Fachbereich Wirtschafts- und Sozialwissenschaften, Lehrstuhl
für Empirische Wirtschaftssoziologie, FAU Erlangen-Nürnberg,
Findelgasse 7/9, 90402 Nürnberg
edgar.treischl@fau.de

Jonas Weigert
Fachbereich Wirtschafts- und Sozialwissenschaften, Lehrstuhl
für Wirtschaftspädagogik und Personalentwicklung, FAU
Erlangen-Nürnberg, Lange Gasse 20, 90403 Nürnberg
jonas.weigert@fau.de

Alexander Wenz
Universität Mannheim, A 5, 6, Gebäudeteil B, 68131 Mannheim
a.wenz@uni-mannheim.de

Oliver Wieczorek
Otto-Friedrich-Universität Bamberg, Fakultät Sozial- und
Wirtschaftswissenschaften, Lehrstuhl für Soziologie,
insbesondere soziologische Theorie. Feldkirchenstraße 21,
96052 Bamberg
Zeppelin Universität Friedrichhafen, Seniorprofessur für
Gesellschaftstheorie und komparative Makrosoziologie,
Am Seemooser Horn 20, 88045 Friedrichshafen
oliver.wieczorek@uni-bamberg.de

Karl Wilbers
Fachbereich Wirtschafts- und Sozialwissenschaften, Lehrstuhl
für Wirtschaftspädagogik und Personalentwicklung, FAU

Erlangen-Nürnberg, Lange Gasse 20, 90403 Nürnberg
karl.wilbers@fau.de

Tobias Wolbring
Fachbereich Wirtschafts- und Sozialwissenschaften, Lehrstuhl
für Empirische Wirtschaftssoziologie, FAU Erlangen-Nürnberg,
Findelgasse 7/9, 90402 Nürnberg
tobias.wolbring@fau.de